高等教育“十二五”创新型规划教材·电气工程及其自动化系列

PIC 单片机原理与接口技术

石广范　主　编

哈爾濱工業大學出版社

内 容 简 介

本书以国内外企业中大量应用的PIC系列单片机为例，采用软硬件结合的实验平台，由浅入深地讲解了单片机的历史、硬件结构、汇编语言、单片机C语言、开发环境和各种接口技术等内容。本书涵盖了中档系列单片机的大部分功能模块，图解清楚，讲解透彻，案例丰富实用，能够使用户快速、全面地掌握PIC单片机各个方面功能的应用。本书易学易用，以注重创新实践为目标，例题大多采用汇编语言和C语言编写，其中大部分例题还提供了流程图，便于读者理清编程思路。书中的电路图既可以在硬件实验板上运行，也可以在Proteus ISIS模拟软件上运行，易于验证和模仿。

本书既可作为工科院校本专科生单片机课程的教材，也可供从事电气工程及其自动化、自动控制、智能仪器仪表、机电一体化等方面工作人员参考。

图书在版编目(CIP)数据

PIC单片机原理与接口技术/石广范主编. —哈尔滨：哈尔滨工业大学出版社，2012.5(2023.12重印)

ISBN 978-7-5603-3646-6

Ⅰ.①P… Ⅱ.①石… Ⅲ.①单片微型计算机-基础理论-高等数学-教材 ②单片微型计算机-接口-高等学校-教材 Ⅳ.①TP368.1

中国版本图书馆CIP数据核字(2012)第154059号

策划编辑 王桂芝 赵文斌
责任编辑 刘 瑶
出版发行 哈尔滨工业大学出版社
社 址 哈尔滨市南岗区复华四道街10号 邮编150006
传 真 0451-86414749
网 址 http://hitpress.hit.edu.cn
印 刷 哈尔滨市颉升高印刷有限公司
开 本 787 mm×1 092 mm 1/16 印张 13.75 字数 340 千字
版 次 2012年5月第1版 2023年12月第4次印刷
书 号 ISBN 978-7-5603-3646-6
定 价 48.00元

普通高等教育“十二五”创新型规划教材
电气工程及其自动化系列
编 委 会

序

随着产业国际竞争的加剧和电子信息科学技术的飞速发展，电气工程及其自动化领域的国际交流日益广泛，而对能够参与国际化工程项目的工程师的需求越来越迫切，这自然对高等学校电气工程及其自动化专业人才的培养提出了更高的要求。

根据《国家中长期教育改革和发展规划纲要(2010—2020)》及教育部“卓越工程师教育培养计划”文件精神，为适应当前课程教学改革与创新人才培养的需要，使“理论教学”与“实践能力培养”相结合，哈尔滨工业大学出版社邀请东北三省十几所高校电气工程及其自动化专业的优秀教师编写了《普通高等教育“十二五”创新型规划教材·电气工程及其自动化系列》教材。该系列教材具有以下特色：

1. 强调平台化完整的知识体系。系列教材涵盖电气工程及其自动化专业的主要技术理论基础课程与实践课程，以专业基础课程为平台，与专业应用课、实践课有机结合，构成了一个通识教育和专业教育的完整教学课程体系。

2. 突出实践思想。系列教材以“项目为牵引”，把科研、科技创新、工程实践成果纳入教材，以“问题、任务”为驱动，让学生带着问题主动学习，在“做中学”，进而将所学理论知识与实践统一起来，适应企业需要，适应社会需求。

3. 培养工程意识。系列教材结合企业需要，注重学生在校工程实践基础知识的学习和新工艺流程、标准规范方面的培训，以缩短学生由毕业生到工程技术人员转换的时间，尽快达到企业岗位目标需求。如从学校出发，为学生设置“专业课导论”之类的铺垫性课程；又如从企业工程实践出发，为学生设置“电气工程师导论”之类的引导性课程，帮助学生尽快熟悉工程知识，并与所学理论有机结合起来。同时注重仿真方法在教学中的应用，以解决教学实验设备因昂贵而不足、不全的问题，使学生容易理解实际工作过程。

本系列教材是哈尔滨工业大学等东北三省十几所高校多年从事电气工程及其自动化专业教学科研工作的多位教授、专家们集体智慧的结晶，也是他们长期教学经验、工作成果的总结与展示。

我深信：这套教材的出版，对于推动电气工程及其自动化专业的教学改革、提高人才培养质量，必将起到重要的推动作用。

教育部高等学校电子信息与电气学科教学指导委员会委员
电气工程及其自动化专业教学指导分委员会副主任委员

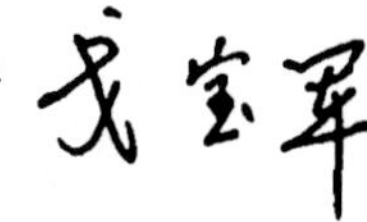

2011 年 7 月

前　言

在单片机领域,PIC 是 Microchip 公司推出的一系列单片机的总称。PIC 单片机具有指令简洁、可靠性高、功耗低、驱动能力强、接口丰富、产品系列多等优点,能满足各类用户的需要。其8位单片机的出货量近几年来一直保持世界第一。本书以 PIC 单片机中档型号 PIC16F877A 为例全面地讲解单片机的结构组成、基本原理、软硬件设计方法和单片机常用接口的使用方法,以 MPLAB 开发软件和“HI-TECH PICC ”编译器作为软件开发平台,以 ICD2 作为硬件电路开发平台,为读者搭建一个完整的单片机学习、开发环境。

全书共分为 10 章:第 1 章概述 PIC 单片机的由来和发展现状;第 2 章讲解 PIC 单片机的硬件结构;第 3 章介绍单片机开发所用到的软硬件工具的用法;第 4 章介绍汇编语言及其程序设计,讲解 PIC 中档单片机的 35 条汇编指令用法、MPASM 汇编语言程序设计方法、相关伪指令和常见汇编子程序;第 5 章介绍单片机的 C 语言基础,重点讲解 C 语言常用库函数和多文件项目管理;第 6 章介绍输入输出端口的用法,通过讲解数码管的控制以及按键的读取让读者掌握软硬件结合的设计思想;第 7 章介绍中断系统,先讲解 PIC 单片机中断的处理过程并介绍相关寄存器,然后以 INT 中断和 PORTB 电平变化中断为例来讲解中断系统的使用方法;第 8 章重点讲解 PIC 单片机中定时器 0 模块和 WDT 的用法;第 9 章讲解 ADC 与 DAC 的用法,并以 PIC16F877A 内置的模数转换器(ADC)和 DAC0832 芯片为例讲解其外围电路设计和操作时序;第 10 章讲解常用的串行通信协议 USART 在 PIC 单片机上的实现和使用方法。

本书作者都是长期使用 PIC 单片机进行教学、科研的一线教师,有着丰富的教学、科研经验。在内容选择上,本书详略得当地讲解了 PIC 中档单片机及其各种常见接口的设计、编程方法,便于读者对单片机及其接口有一个全面的认识;在内容编排上,按照学习的规律,循序渐进,由浅入深;在编程语言选择上,很多例子都采用汇编语言和 C 语言两种语言描述,便于读者从原理的学习过渡到实际的开发。例子中的 C 语言代码尽量遵从代码编写规范,遵守易于阅读、便于复用的原则，具有较强的实用价值。通过对本书的学习，能够使读者快速掌握 PIC 单片机及各种接口模块的使用方法。

本书由黑龙江大学电气工程研究所所长石广范教授担任主编，闫广明、韩洪涛、苏勋文、刘丹丹担任副主编。其中第 1、2 章由石广范编写，第 3、4、8 章由黑龙江大学闫广明编写，第 5 章由黑龙江科技学院刘丹丹编写，第 6、7 章由东方学院韩洪涛编写，第 9、10 章由黑龙江科技学院苏勋文编写。全书由石广范教授统稿。哈尔滨工业大学张毅刚教授对书稿提出了许多宝贵的建议和修改意见，在此表示衷心的感谢。

由于作者的水平有限，书中的疏漏或不足之处在所难免，敬请读者批评指正。

编　者

2012 年 4 月

目　录

第1章 单片机概述

本章重点:单片机技术的特点及发展趋势;PIC单片机的基本特性。

本章难点:微型计算机的基本工作原理。

1.1 单片机的定义

单片机又称微电脑或单片微型计算机,国际上统称为微控制器(MCU)。单片机就是把中央处理器(CPU)、随机存取存储器(RAM)、只读存储器(ROM)、输入/输出端口(I/O)等主要的计算机功能部件通过总线集成在一块集成电路上,从而形成一部完整的微型计算机。单片机是大规模集成电路技术发展的结晶。单片机具有体积小、价格低、可靠性高、应用广泛、通用性强等特点。

虽然单片机的设计目标主要是体现嵌入式的控制能力,满足智能控制方面的需求,但是其仍然具备通用微型计算机的全部特征。下面先通过了解微型计算机的结构和原理来初步学习单片机的原理。

1.2 微型计算机概述

1.2.1 微型计算机的基本结构

微型计算机由硬件系统和软件系统两大部分组成,一般把二者构成的系统称为微型计算机系统。

微型计算机的硬件结构如图1.1所示。其主要是由CPU,RAM,ROM,I/O接口和I/O设备组成,各组成部分之间通过地址总线(Address Bus,AB)、数据总线(Data Bus,DB)、控制总线(Control Bus,CB)联系在一起。这种总线结构具有设计简单、灵活性好、易于扩展、便于故障检测和维修等特点。

微型计算机的软件包括系统软件和应用软件两大类。软件存储在ROM中,在CPU的控制下实现对RAM和I/O接口的访问控制,进而完成特定的功能。软件与硬件相辅相成,缺一不可,共同构成微型计算机系统。

1.2.2 微型计算机的工作原理

微型计算机的工作过程就是不断地取指令和执行指令的过程。指令是计算机能够识别的

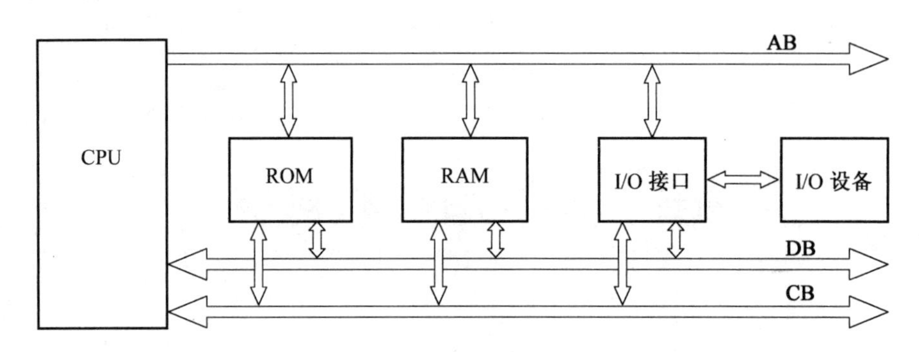

图 1.1　微型计算机的系统结构框图

命令,如命令计算机执行算术运算、逻辑运算、程序跳转等。目前在数字式计算机中,指令以二进制形式编码,存储在 ROM 中。若干条指令有机地组合在一起就构成了程序。计算机执行程序时只要给出程序第一条指令的地址,控制器就可依据 ROM 中的指令顺序周而复始地取出指令、分析指令、执行指令,直到一个程序执行结束为止。

1.2.3　二进制编码

在数字式计算机中,指令和数据都采用二进制编码。不同的 CPU 其指令编码可能不同。

为了使计算机中的数据能与人类所能识别的文字建立一一对应的关系,需要对数字、字母和字符进行编码。用二进制代码对数据进行编码的方法很多,二进制数的位数越长,所能编码的数字、字母和字符就越多。常用的二进制编码有 BCD 码、ASCII 码等。

1. BCD 码

用二进制编码表示的十进制数称为 BCD(Binary Coded Decimal)码。BCD 码保留了十进制的权,用 4 位二进制数给 0 ~9 这 10 个数字编码。BCD 码种类较多,如有 8421 码、2421 码和余 3 码等。最常用的是 8421BCD 码(以后简称 BCD 码),组成它的 4 位二进制数码的权分别是 8,4,2,1(表 1.1)。

表 1.1　8421 码与十进制数的对应关系表

十进制数	8421 码	十进制数	8421 码	十进制数	8421 码
0	0000	6	0110	12	00010010
1	0001	7	0111	13	00010011
2	0010	8	1000	14	00010100
3	0011	9	1001	15	00010101
4	0100	10	00010000	16	00010110
5	0101	11	00010001	17	00010111

2. ASCII 码

ASCII 码是美国信息交换标准代码(American Standard Coded for Information Interchange)的简称,已成为国际通用的英文、数字、符号标准编码。

ASCII 码采用 7 位二进制编码,可为 128 个字符编码,这 128 个字符分为两类,即图形字符和控制字符,见表 1.2。

图形字符包括 10 个十进制数、52 个大小写英文字母和 34 个其他字符,共计 96 个。图形字符具有特定的形状，通过与特定的字形库匹配可以在显示器上显示。

控制字符包括回车、换行、退格等，共32个。控制字符没有特定的形状，但有一定的控制作用，不能在显示器上显示。

表1.2 ASCII码字符表

	高3位	0	1	2	3	4	5	6	7
低4位	字符	000	001	010	011	100	101	110	111
0	0000	NUL	DLE	SP	0	@	P	、	p
1	0001	SOH	DC1	!	1	A	Q	a	q
2	0010	STX	DC2	“	2	B	R	b	r
3	0011	ETX	DC3	#	3	C	S	c	s
4	0100	EOT	DC4	$	4	D	T	d	t
5	0101	ENQ	NAK	%	5	E	U	e	u
6	0110	ACK	SYN	&	6	F	V	f	v
7	0111	BEL	ETB	‘	7	G	W	g	w
8	1000	BS	CAN	(	8	H	X	h	x
9	1001	HT	EM	)	9	I	Y	i	y
A	1010	LF	SUB	*	:	J	Z	j	z
B	1011	VT	ESC	+	;	K	[	k	{
C	1100	FF	FS	,	<	L	\	l	|
D	1101	CR	GS	−	=	M	]	m	}
E	1110	SO	RS	.	>	N	↑	n	~
F	1111	SI	US	/	?	O	←	o	DEL

1.3 单片机的发展历史及分类

1.3.1 微型计算机与单片机

从第一台电子计算机于1946年问世至今，计算机的发展日新月异，已经历了由电子管计算机、晶体管计算机、集成电路计算机到大规模集成电路计算机四代。为了适应不同的需求，计算机技术逐步发展形成通用计算机系统和嵌入式计算机系统两大分支。

通用计算机系统以追求高速度、高性能、海量存储为目的，如个人计算机、网络服务器、笔记本电脑等。

嵌入式计算机系统是面对测控对象嵌入到应用系统中的计算机系统的统称，简称嵌入式系统（Embedded System）。其追求的是可靠的控制能力、合理的性价比和嵌入能力。

嵌入式计算机系统又分为：工业控制计算机、PU模块、嵌入式微处理器（Embedded Processor）、嵌入式微控制器（Embedded Microcontrollers）。嵌入式微控制器是嵌入式系统概念广泛使用后，给传统单片机定位的称呼；单片机是经典的嵌入式系统，它也是随着计算机技术的发展逐渐发展起来的。

1.3.2 单片机技术的发展历程

第一阶段（1974～1976年）——初始阶段。以4位单片机为主，功能比较简单。如1974年美国Fairchild公司生产的第一台单片机F8，采用双片形式，功能简单。

第二阶段(1976～1978 年)——探索阶段。单芯片形式,低档 8 位单片机。如 1976 年美国 Intel 公司生产的 MCS-48 系列单片机,这是第一台完全的 8 位单片机。MCS-48 的推出是在工控领域的探索,此后各种 8 位单片机纷纷应运而生。

第三阶段(1978～1982 年)——完善阶段。提高电路的集成度,增加 8 位单片机的功能。如 Intel 公司在 MCS-48 的基础上推出了完善的高档 8 位单片机系列 MCS-51。

第四阶段(1982～1990 年)——巩固和发展阶段。巩固发展 8 位单片机,推出 16 位单片机,向微控制器发展,强化了智能控制器的特征 。如将 ADC,DAC,PWM,WDT,DMA 集成到单片机 。

第五阶段(1990 年至今)——全面发展阶段。适合不同领域要求的单片机,如各种高速、大存储容量、强运算能力的 8 位/16 位/32 位通用型单片机,还有用于单一领域的廉价的专用型单片机。

1.3.3 单片机的应用领域

单片机以高性能、高速度、体积小、价格低廉、可重复编程和功能扩展方便等优点,获得非常广泛的应用。这里仅列举其常见应用领域(并不局限于这些领域)。

1. 智能仪器

单片机用于各种仪器仪表,使仪器仪表智能化,可以提高测量的自动化程度和精度,简化仪器仪表的硬件结构,减小体积,提高其性价比。例如,智能电表、智能水表、温度智能控制仪表、医用仪表、汽车电子设备、数字示波器等。又如,在普通模拟示波器的基础上用单片机改造成数字存储示波器,它克服了普通模拟示波器的缺点,并增加了许多功能,如可以显示大量的预触发信息,可以长期储存波形,可以在打印机或绘图仪上制作硬拷贝以供编制文件使用,可以将采集的波形和操作人员手工或示波器全自动采集的参考波形进行比较,波形信息可用数学方法进行处理。

2. 通信设备

单片机与通信技术相结合促使通信设备的智能控制水平大大提高,它广泛应用于通信的各个领域。例如,移动电话机、调制解调器、传真机、复印机、打印机、固定电话机等。又如,传统的电话机只能实现简单的拨号、响铃、通话等功能,使用单片机后,可以开发出来电显示、存储电话号码、时钟显示、音乐响铃、免提、重拨、声控等功能。

3. 家用电器

传统的家电配上单片机以后,提高了智能化程度,增加了功能,使人们生活更加方便、舒适、丰富多彩。例如,洗衣机、电冰箱、电子玩具、照相机、微波炉、电视机、录像机、音响设备、程控玩具、游戏机等。又如,单片机控制的全自动洗衣机集加水、浸泡、洗涤、脱水于一体,能自动完成洗衣全过程。更高档的全自动洗衣机还在单片机中采用了模糊技术,即洗衣机内的单片机能对传感器提供的信息进行逻辑推理,自动判断衣服质地、质量、脏污程度,从而自动选择最佳的洗涤时间、进水量、漂洗次数、脱水时间,并显示洗涤剂的用量,达到整个洗涤过程自动化,使用方便,节能节水。

4. 工业控制

机电一体化是机械工业发展的方向。机电一体化产品是指集机械技术、电子技术、计算机技术于一体,具有智能化特征的机电产品。例如,微机控制的车床、钻床等。单片机作为产品中的控制器，能充分发挥其体积小、可靠性高、功能强等优点，可大大提高机器的自动化、智能化程度。单片机广泛应用于导弹的导航装置，飞机上各种仪表的控制，计算机的网络通信与数据传输，机器人、工业自动化过程的实时控制和数据处理等。在这些实时控制系统中，都可以用单片机作为控制器，单片机的实时数据处理能力和控制功能，可使系统保持在最佳工作状态，提高系统的工作效率和产品质量。在比较复杂的系统中，常采用分布式多机系统。多机系统一般由若干台功能各异的单片机组成，各自完成特定的任务，它们通过串行通信相互联系，协调工作。单片机在这种系统中往往作为一个终端机，安装在系统的某些节点上，对现场信息进行实时测量和控制。单片机的高可靠性和强抗干扰能力，使它可以置于恶劣环境的前端工作。

1.3.4　常用的单片机产品介绍

自世界上第一片单片机诞生以来，单片机不断推陈出新，目前已有几百个系列、上千种型号。目前应用比较广、影响比较大的有如下几种。

1. PIC 单片机

Microchip 的 8 位单片机的主要产品是 PIC16 系列、PIC18 系列 8 位单片机，CPU 采用 RISC 结构，分别仅有 35,58 条指令，采用 Harvard 双总线结构，运行速度快，工作电压低，功耗低，具有较大的输入输出直接驱动能力，FLASH 在线编程调试，体积小、接口丰富、品种繁多。它适用于各个档次、价格敏感的产品。在办公自动化设备、消费电子产品、电讯通信、智能仪器仪表、汽车电子、金融电子、工业控制不同领域都有广泛的应用。PIC 系列单片机目前在世界单片机市场份额排名第一，发展非常迅速。

2. Motorola 单片机

Motorola 目前是世界上仅次于 Microchip 的第二大单片机厂商。从 M6800 开始，Motorola 开发了广泛的品种，包括 4 位、8 位、16 位、32 位的单片机，其中典型的代表有：8 位机 M6805，M68HC05 系列；8 位增强型 M68HC11，M68HC12；16 位机 M68HC16；32 位机 M683XX。Motorola 单片机的特点之一是抗干扰能力强，更适合于工业控制领域及恶劣的环境 。

3. 8051 单片机

8051 单片机最早由 Intel 公司推出，其后，多家公司购买了 8051 的内核设计，使得以 8051 为内核的系列单片机种类繁多，应用非常广泛。常见的 51 内核的单片机厂家有 ATMEL、NXP（原 Philips 半导体事业部）、ST、STC、SST、LG、华邦、瑞萨等。

4. ARM 单片机

ARM（Advanced RISC Machines）原本是微处理器设计企业，但其主要产品是销售其设计的一系列 32 位单片机的知识产权（Intellectual Property，IP）。由于多家公司都购买了其知识产权来生产各自的 32 位单片机，所以人们习惯上把以 ARM 公司的 IP 为内核的控制器称为 ARM 单片机，其特点为高性能、廉价、耗能低、接口丰富等。ARM 单片机适用于多种领域，如移动式应用、消费/教育类多媒体、DSP 及嵌入控制等。

5. AVR 单片机

AVR 是 ATMEL 公司生产的增强型 RISC 单片机，也采用 FLASH 作为程序存储器，可随时编程（烧写），使用户的产品设计容易，更新换代方便。AVR 单片机采用的增强性 RISC 结构，使其具有高速处理能力，在一个时钟周期内可执行复杂的指令，每兆赫兹可实现 1 MIPS 的处理能力。AVR 单片机工作电压为 2.7 ~6.0 V,可以实现耗电最优化。AVR 单片机也具有丰富的接口,内置 USART,SPI,I^2C,A/D 等模块。AVR 单片机广泛应用于计算机外部设备、工业实时控制、仪器仪表、通信设备、家用电器、宇航设备等领域。

上面这些产品有很多类似之处,但又各有特色,用户可以根据需要选择。如此庞大的单片机家族,其实只要熟练掌握一种单片机的使用方法,便可以举一反三、触类旁通,对其他型号的单片机也能够快速上手。这里推荐以 PIC 单片机作为入门选择。

1.4 PIC 单片机简介

PIC 单片机(Peripheral Interface Controller)是由美国 Microchip 公司推出的单片机系列产品,它采用了 RISC 结构的嵌入式微控制器,其高速度、低电压、低功耗、大电流、完善的接口、采用 FLASH 存储器和低价位 OTP 技术等都体现出单片机产业的新趋势。目前,PIC 系列单片机在世界单片机市场的份额一直处于领先地位。PIC 单片机从覆盖市场出发,已有 3 个(又称 3 层次)系列多种型号的产品问世,所以在全球都可以看到 PIC 单片机从计算机的外设、家电控制、电讯通信、智能仪器、汽车电子到金融电子各个领域的广泛应用。现今的 PIC 单片机已经是世界上最有影响力的嵌入式微控制器之一。

PIC 单片机之所以能够得到广泛应用,是与其完善的内核、优异的特性和过硬的技术支持分不开的。PIC 系列单片机不但可以满足用户的各种需要,而且易学易用。PIC 单片机具有统一的免费集成开发环境 MPLAB IDE,从其中档产品 PIC16F877A 单片机作为切入点来学习,对单片机初学者来说,会感到轻松自如。其优势主要体现在以下几个方面。

(1)PIC 单片机最大的特点是不搞单纯的功能堆积,而是从实际出发,重视产品的性能与价格比,靠发展多种型号来满足不同层次的应用要求。其系列单片机产品多达几百个型号,从最小的 6 脚单片机到 32 位的高性能单片机应有尽有。

(2)PIC 单片机的精简指令集使其执行效率大为提高。PIC 系列 8 位 CMOS 单片机具有独特的 RISC 结构,数据总线和指令总线分离的哈佛总线(Harvard)结构,使指令具有单字长的特性,且允许指令码的位数可多于 8 位的数据位数,这与传统的采用 CISC 结构的 8 位单片机相比,可以达到 2∶1 的代码压缩,速度提高 4 倍。

(3)产品上市零等待(Zero Time to Market)。PIC 单片机采用 PIC 的低价 OTP 型芯片,可使单片机在其应用程序开发完成后立刻使该产品上市。

(4)提供了在线调试编程接口(ICSP),这使得产品的调试和升级变得非常方便。

(5)引脚具有较高的驱动能力和防瞬态能力。通用输入输出引脚的拉/灌电流能力可达 25 mA,这可以直接驱动发光二极管等小功率元件。其引脚甚至可以通过限流电阻接至 220 V 交流电源,可直接与继电器控制电路相连,不需要光电耦合器隔离,给应用设计带来极大方便。

(6)彻底的保密性。PIC 单片机以保密熔丝来保护代码,用户在烧入代码后熔断熔丝,其他人再也无法读出,除非恢复熔丝。目前,PIC 单片机采用熔丝深埋工艺,恢复熔丝的可能性极小。

(7)自带看门狗定时器,可以用来提高程序运行的可靠性。

(8)睡眠和低功耗模式。便于设计电池供电产品,其某些型号采用 XLP 技术(eXtreme Low Power),使其低功耗性能可与 TI 公司的 MSP430 相媲美。

此外，Microchip公司还推出了多款16位单片机、数字信号控制器(简称dsPIC)和32位单片机。这更为工程师使用PIC单片机提供了长远的信心支持。

1.4.1　PIC 8位单片机的分类

PIC 8位单片机产品共有3个档次的架构，即低端架构、中端架构和高端架构，见表1.3。

表1.3　PIC 8位单片机各档次性能一览表

项目	低端架构	中端架构	高端架构
引脚数目	6～40	8～64	18～100
中断系统	无	一级中断	带硬件自动上下文切换的多优先级中断
性　能	5 MIPS	5 MIPS	最高16 MIPS
指令条数	33，12位	35，14位	83，16位
程序存储器	最大3 KB	最大14 KB	最大128 KB
数据存储器	最大138 Bytes	最大368 Bytes	最大4 KB
硬件堆栈	2级	8级	32级
功能模块	比较器、8位ADC、数据存储器、内部振荡器	在低端产品基础上还包括以下功能模块：10位ADC、SPI/I^2C、UART、PWMs、LCD驱动、运算放大器	在加强型中端产品基础上还包括以下功能模块：12位ADC、8×8硬件乘法器、CAN、CTMU、USB、Ethernet(以太网接口)
亮点特色	超低的价格	最佳的性价比	高性能，为C编程优化的硬件结构，多种高级外设模块
种　类	16	58	193
系　列	PIC10，PIC12，PIC16	PIC12，PIC16	PIC18

1. 低端架构

该档次产品的特点是低价位，如PIC16C5X，适用于各种对成本要求严格的消费类产品选用。例如，PIC10F200是世界第一个6脚的低价位单片机，因其体积很小，完全可以应用在以前不能使用单片机的产品领域，并能取代标准逻辑及计时组件或传统的机械定时器及开关。

2. 中端架构

该档次产品是PIC 8位机中性价比最高的系列。它是在低端产品上进行了改进，并保持了很高的兼容性。外部结构也是多种多样，从6引脚到68引脚的各种封装——俱全。如PIC16F887，该级产品其性价比很高，如内部带有14 K程序存储器、368字节数据存储器、256字节EEPROM、3个定时/计数器、14路A/D转换器、两路模拟比较器、两路增强型CCP、一路增强型USART、在线调试编程接口、I^2C和SPI等。PIC中级系列产品适用于各种高、中和低档的电子产品的设计。

3. 高端架构

该档次产品主要包括 PIC18 系列单片机,它是 Microchip 公司目前主要发展的产品,其型号众多,性能优异,运算速度快,可适用于高速数字运算的应用场合,加之它具备一个指令周期内可以完成 8×8(位)二进制乘法运算能力,所以可取代某些低端 DSP 产品。再有 PIC18 单片机具有丰富的 I/O 控制功能,并可外接扩展 EPROM 和 RAM,使它成为目前 8 位单片机中性能最高的机种之一,所以很适用于高、中档的电子设备。

上述的 3 档次的 PIC 8 位单片机还具有很高的代码兼容性,用户很容易将代码从某一型号转换到另一型号中。

1.4.2 PIC16F877A 单片机的基本特性

PIC16F877A 是一款功能完备、性价比高的 PIC 8 位中档单片机。其基本特性包括两大部分:微控制器内核特性和外设模块特性。

微控制器内核特性包括以下内容:

(1)基于哈佛总线结构的 RISC CPU;
(2)全部 35 条指令,每条指令占 1 个字节,程序字长 14 位;
(3)除程序分支指令为两个指令周期外,其余均为单周期指令;
(4)工作频率为 0～20 MHz ,用户可选多种时钟振荡器;
(5)程序存储器空间最大物理可寻址范围为 8 192 (8 K×14)程序字节;
(6)数据存储器空间达 368 个字节,使用寄存器文档的概念;
(7)内置 256 字节的 EEPROM;
(8)引脚输出与低端产品 PIC16C74/77 等兼容;
(9)多达 14 个中断源的中断系统;
(10)8 级硬件堆栈用于保护和恢复程序计数器;
(11)直接、间接和相对寻址方式;
(12)具有上电复位电路(POR);
(13)具有上电定时器(PWRT)和振荡器启动定时器(OST);
(14)具有独立 RC 时钟的看门狗定时器(WDT);
(15)可编程代码保护;
(16)低功耗休眠模式;
(17)低功耗、高速 CMOS FLASH/EEPROM 工艺;
(18)全静态设计;
(19)在线串行编程(ICSP)、支持在线调试,具有低电压编程能力;
(20)FLASH 可自编程;
(21)运行电压范围从 2.0 V(LF 型号)到 5.5 V 均可;
(22)拉/灌电流能力达 25 mA;
(23)使用温度包含商用和工业用温度范围;
(24)在 5 V,4 MHz 时典型功耗小于 2 mA;
(25)在 3 V,32 KHz 时典型值小于 20 μA;

(26)典型的稳态电流值小于 1 μA。

外设模块特性包括以下内容:

(1)Timer 0:带有预分频器的 8 位定时器/计数器;

(2)Timer 1:带有预分频器的 16 位定时器/计数器,在使用外部晶振时,在休眠期间仍能工作;

(3)Timer 2:带有 8 位预分频器和 8 位后分频器的 8 位定时器/计数器;

(4)两路 CCP:包括 16 位的捕捉器、16 位的比较器和 10 位的 PWM 模块;

(5)10 位的 8 通道模数转换器(ADC);

(6)带有 SPI(主/从模式)和 I^2C(主/从模式)的 MSSP 模块;

(7)带有 RD,WR 和 CS 控制的 8 位宽的并行从动端口;

(8)带有欠压复位的欠压检测电路(BOR)。

所有 PIC 8 位中档单片机都有一个同样的运算控制和执行内核,各种型号所不同的是其配属的外围功能模块各不相同。这样做的目的是可以让用户按照具体产品设计的要求,选择最恰当的一款着手设计工作。由于其执行内核相同,所以各款芯片之间可以方便地移植。在 PIC16F877A 上开发的程序,稍作修改就可以移植到其他中低端芯片上使用。

本章小结

本章首先简介了微型计算机的结构和原理,并介绍了计算机中常用的两种二进制编码:BCD 码和 ASCII 码。

其次介绍了单片机的发展历史。单片机发展到目前,其发展历程大致分为初始阶段、探索阶段、完善阶段、巩固发展阶段和全面发展阶段。

单片机的应用领域非常广泛,包括智能仪器、通信设备、家用电器、工业控制等领域,从民用到工业、军事、航空航天都具有广泛的应用。

根据不同领域的单片机的需求不同,单片机的品种也多种多样,从性价比高的商用级芯片到高可靠性的工业级芯片,应有尽有。

PIC 单片机作为一种高性价比的单片机,其产品系列多种多样、指令简洁、易于入门、执行效率高、外围接口丰富、性价比高,非常适合工业和商业应用。

思考与练习

1. 名词解释:单片机、CPU、ROM、RAM、BCD 码、ASCII 码。
2. 绘制出微型计算机的基本结构。
3. 简述单片机技术的 5 个发展阶段。
4. 单片机的应用领域有哪些?请各举一例说明。
5. 简述 PIC16F877A 单片机的基本特性。
6. PIC 8 位单片机分几个档次?分别介绍各个档次产品的特点。
7. 参考 ASCII 表,分别采用十六进制数和十进制数的形式写出以下字符的 ASCII 码:

‘0’　‘1’　‘9’　‘A’　‘B’　‘Z’　‘a’　‘b’　‘z’　回车符　换行符

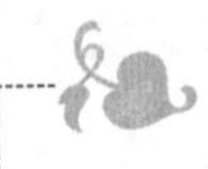

第2章　PIC单片机硬件结构

本章重点:PIC单片机的硬件结构。

本章难点:各个通用输入输出端口电路结构的区别。

2.1　PIC单片机硬件的基本结构

PIC16F877A的基本硬件结构如图2.1所示。

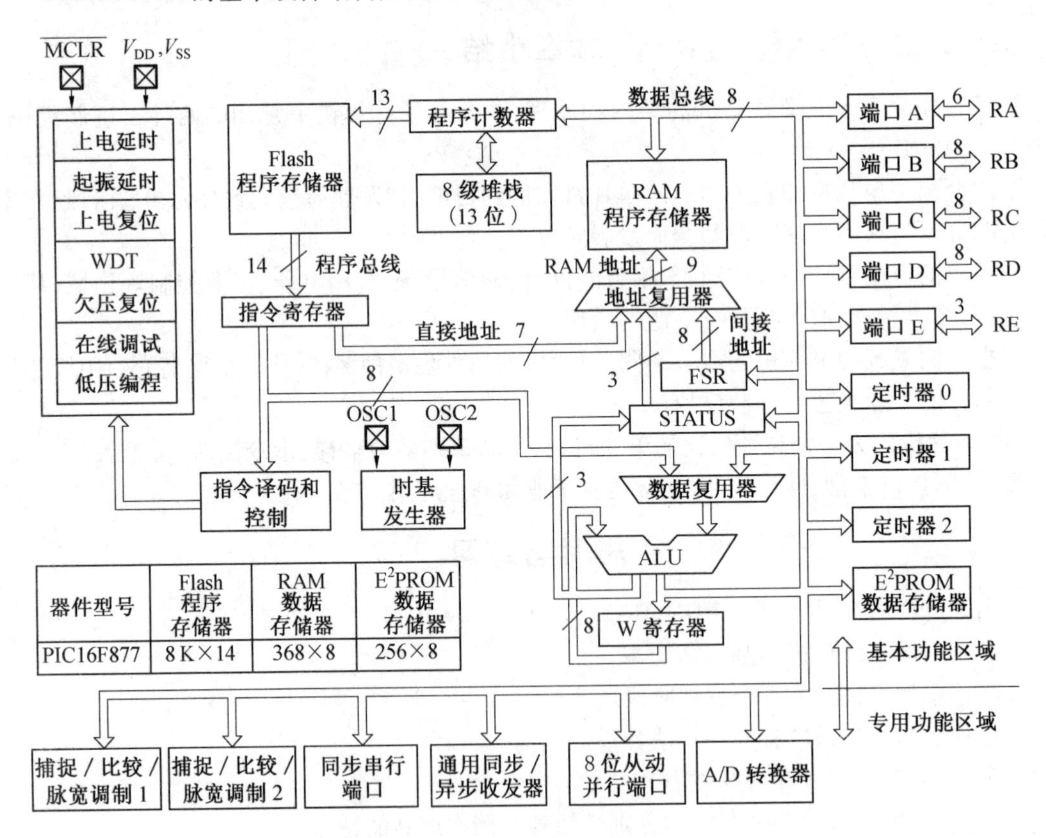

器件型号	Flash程序存储器	RAM数据存储器	E^2PROM数据存储器
PIC16F877	8 K×14	368×8	256×8

图2.1　PIC16F877A的基本硬件结构图

从其执行功能考虑,可以将PIC单片机内部分为两大区域:基本功能区域和专用功能区域。

基本功能区域主要包括以下8个部分:

(1)中央处理器(包括控制器和运算器);
(2)程序存储器区域;
(3)数据存储器区域;
(4)EEPROM 数据存储器区域;
(5)通用输入输出端口模块;
(6)多功能定时器模块;
(7)复位模块;
(8)在线调试、低压编程模块。
专用功能区域主要包括以下 5 个部分:
(1)2 个 CCP 模块,即捕捉、比较和脉宽调制模块;
(2)1 个同步串行接口,支持 SPI 与 I^2C;
(3)1 个通用同步/异步通信接口 USART;
(4)1 个并行从动口;
(5)8 路 10 位 A/D 转换器。
下面分别介绍这些硬件模块的基本结构。

2.2　PIC 单片机的引脚

PIC16F877A 根据其封装不同,引脚数目也不同。其 PDIP 封装(图 2.2)共 40 个引脚;PLCC 封装(图 2.3)和 QFP(图 2.4)封装都有 44 个引脚。44 个引脚封装中有 4 个未连接引脚(NC),所以实际只有 40 个引脚。

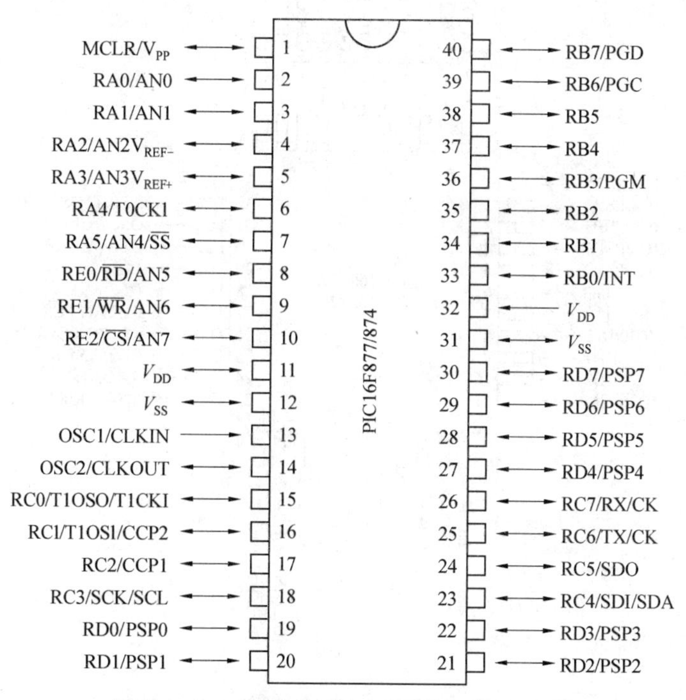

图 2.2　PIC16F877A 的 PDIP 封装引脚分布图

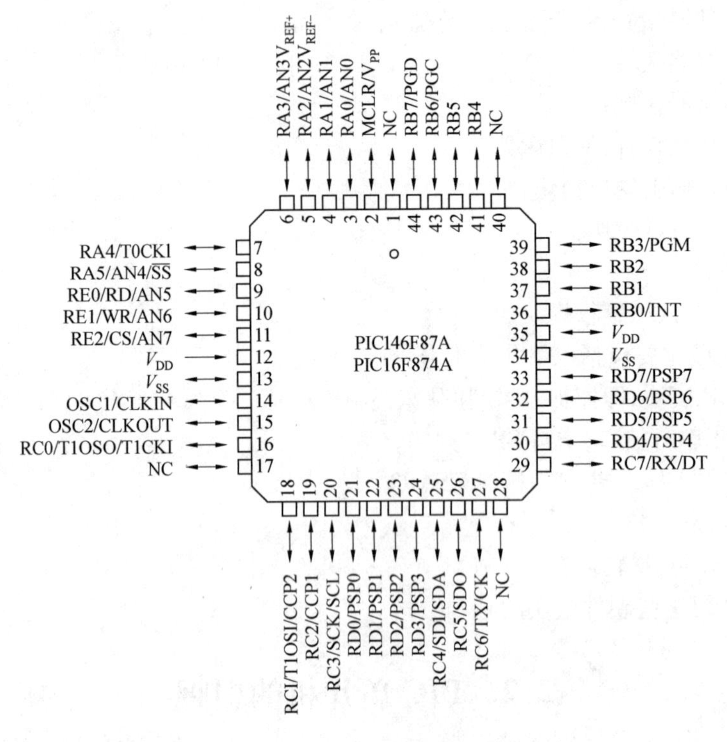

图 2.3　PIC16F877A 的 PLCC 封装引脚分布图

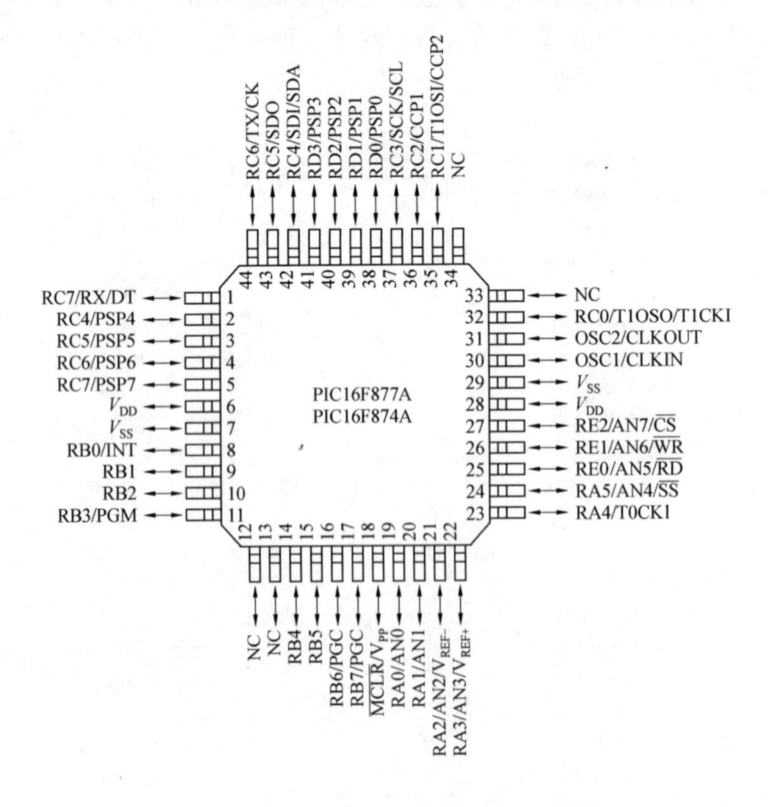

图 2.4　PIC16F877A 的 QFP 封装引脚分布图

PIC16F877A 的 40 个引脚共分 4 类:电源引脚、晶振引脚、复位引脚和 I/O 引脚。

(1)电源引脚。包括 V_{DD} 和 V_{SS},其中 V_{DD} 用于接+5 V 电源,V_{SS} 接地。需要注意的是,PIC16F877A 有两组电源引脚。

(2)晶振引脚。包括 OSC1 与 OSC2,其中 OSC1 用做外部晶振输入,OSC2 在晶体振荡器方式下接晶体振荡器或者陶瓷振荡器,在 RC 振荡器方式下可输出频率为 1/4 主频(1/4 Fosc)的脉冲。

(3)复位引脚。$\overline{MCLR}/V_{PP}$ 是芯片复位/编程电源输入引脚,低电平复位单片机,正常工作时应为高电平状态。当单片机处于编程模式时,$\overline{MCLR}/V_{PP}$ 用做编程电压,一般为+13 V,通常由编程器提供。

(4)I/O 复用引脚。包括端口 A 共 6 只引脚,端口 B 共 8 只引脚,端口 C 共 8 只引脚,端口 D 共 8 只引脚,端口 E 共 3 只引脚。这些引脚多为功能复用引脚,具体功能在相应模块中详细介绍。

2.3　PIC 单片机的微处理器

同其他计算机一样,PIC16F877A 的微处理器也是由控制器和运算器两大部分构成。

控制器负责协调单片机内各个部件的动作时序,可以理解为硬件体系的后台动作。

运算器的核心部件就是算术逻辑单元(ALU),用它可以对工作寄存器(W)和任何数据存储器中的两个数进行算术(如加、减等)和逻辑运算(如与、或、非等),也就是说,PIC 的 ALU 可以直接访问数据存储器,其数据存储器就相当于其他微处理器中的寄存器,所以在 PIC 单片机中把数据存储器又称为文件寄存器(File Register)。

ALU 的字长是 8 位。在有两个操作数的指令中,典型的情况是一个操作数在工作寄存器 W 中,而另一个操作数是在数据存储器中,或者是一个立即数。在只有一个操作数的情况下,该数或者是在工作寄存器 W 中,或者是在数据存储器中。W 寄存器是一个专用于 ALU 操作的寄存器,它是不可寻址的。根据所执行的指令,ALU 还可能会影响图 2.1 中状态寄存器 STATUS 的进位标志(C)、全零标志(Z)等。

与 ALU 关联的特殊功能寄存器主要有以下 3 个。

(1)工作寄存器(W)。它相当于其他单片机中的“累加器 A”,是数据传送的桥梁,是最为繁忙的工作单元。在运算前,W 可以暂存准备参加运算的一个操作数(称为源操作数);在运算后,W 可以暂存运算的结果。

(2)状态寄存器(STATUS)。它反映最近一次算术逻辑运算结果的状态特征,例如,是否产生进位或借位用 C 标志位表示,结果是否为零用 Z 标志位表示,是否半进位或半借位用 DC 标志位表示。该寄存器在其他单片机中又称为标志寄存器或程序状态字(PSW)寄存器。另外,状态寄存器还包括数据存储器区域的选择信息 IRP,RP1 和 RP0,其中 RP0 和 RP1 用做直接寻址,RP0 与 FSR 配合用做间接寻址。

(3)间接寻址寄存器(FSR)。FSR 是与 INDF 寄存器完成间接寻址的专用寄存器,用于存放间接地址,即预先将要访问单元的地址存入该寄存器。具体用法请参考后文汇编语言程序设计中的寻址方式内容。

2.4 PIC 单片机的存储器结构

PIC16F877A 的存储器分为 3 部分:程序存储器、数据存储器和 EEPROM 数据存储器模块。

2.4.1 程序存储器区域

PIC16F877A 的程序存储器采用的是 FLASH 存储器,主要存放由用户预先编制好的程序和一些固定不变的数据。FLASH 程序存储器可以通过编程器重复烧写,PIC16F877A 其理论擦写次数可达 10 万次,非常便于学习和研发使用。

PIC16F877A 的程序存储器共有 8 K×14 位程序单元空间,即 0000H ~ 1FFFH(H 为十六进制数后缀),如图 2.5 所示。

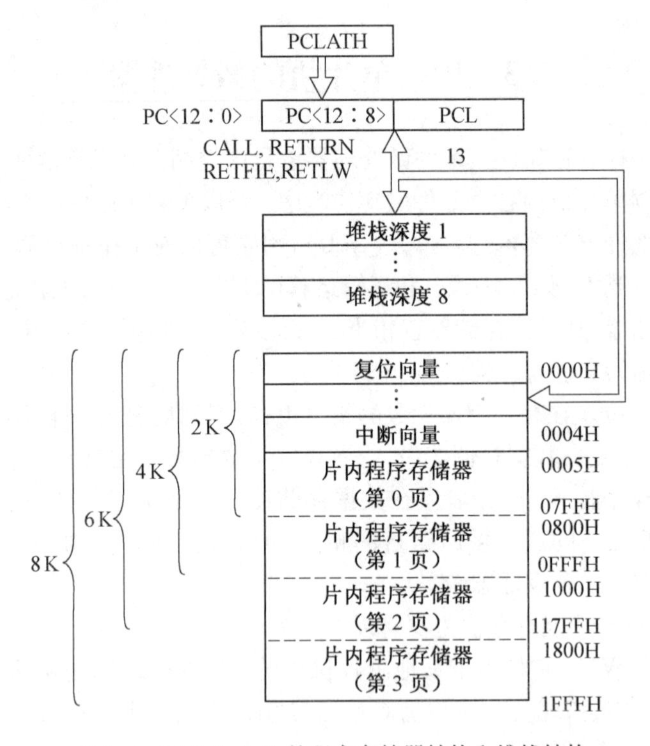

图 2.5 PIC16F877A 的程序存储器结构和堆栈结构

通过图 2.5 可知,由程序计数器 PC 提供 13 条地址线进行单元选择,每个单元宽 14 位,能够存放一条 PIC 单片机机器指令。PC 由 PCL 寄存器(存放 PC 的低 8 位)和 PCLATH 寄存器(存放 PC 的高 5 位)构成,共 13 位。

在系统上电或其他复位情况下,PC 均从 0000H 地址单元开始工作。地址 0000H 称为"复位向量"。

当系统响应中断时,PC 指向地址 0004H,此地址称为"中断向量"。当 PC 指向中断向量时,PCLATH 寄存器的值并不会被修改。这意味着在中断服务程序中,在改写 PC 实现程序跳转前,应按目的地址所处的实际程序页面先设定 PCLATH 寄存器。在中断服务程序修改

PCLATH 寄存器前，应将原 PCLATH 的内容保存起来，以便从中断服务程序返回时恢复 PCLATH。

如果遇到调用子程序或系统产生中断时，控制器将把当前程序断点处的地址送入 8 级×14 位的硬件堆栈区域进行保护。此硬件堆栈是一个独立的存储区域，无法用软件直接操作，只能通过子程序调用或中断事件来自动压栈，在子程序或中断服务程序中执行返回指令后，系统会自动把断点地址出栈放到 PC 中，使主程序得以继续执行。

PIC16F87X 系列单片机的程序存储器空间为 8 K 字节，但是 CALL 和 GOTO 指令只有 11 位地址范围，这 11 位地址只允许在 2 K 存储空间范围内跳转。为了使 CALL 和 GOTO 指令可以访问整个 8 K 的程序存储地址范围，必须有另外两位来指定程序存储器页。PIC 单片机将 PCLATH<4:3>位作为页面选择位，在执行 CALL 或 GOTO 指令前，用户必须确保正确设置页面选择位 PCLATH<4:3>，以便指向需要的程序存储页面。当执行一条返回指令时，整个 13 位 PC 地址值都从堆栈弹出，不需要再对 PCLATH<4:3>位进行设置。

2.4.2　数据存储器区域

PIC16F877A 数据存储器也可以称之为 RAM(随机存储器)，用于存取 CPU 在执行程序过程中产生的中间数据或预置的参数。但由于 RAM 可以由 ALU 直接访问，所以其每个存储单元除具备普通存储器功能之外，还能实现移位、置位、复位和位测试等通常只有寄存器才能完成的操作。这种结构使 PIC 单片机访问 RAM 与其他单片机相比具有很高的效率。

PIC16F877A 共有 512 字节单元空间(包括无效的地址单元)，即 000H ~ 1FFH，如图 2.6 所示，实际有效单元为 368 字节(包括被映射的地址)。

PIC16F877A 的数据存储器分为 4 个存储区，术语称为 4 个 BANK。每个 BANK 包括特殊功能寄存器和通用寄存器。使用直接寻址时，为在这些 BANK 之间切换，需要设置状态寄存器的 RP0，RP1 位以选择需要的 BANK。状态寄存器的 IRP 位用于间接寻址。

每个 BANK 最多可有 128 字节(7FH)。特殊功能寄存器安排在每个 BANK 的低地址单元；通用寄存器安排在高地址单元。所有数据存储器都使用静态 RAM，所有 BANK 都包括特殊功能寄存器。为了减少程序代码和提高存取速度，BANK0 中某些使用率高的特殊功能寄存器映射在其他 BANK 中，如 INDF，INTCON 在 BANK0，BANK1，BANK2，BANK3 中都有映射。

所有 BANK 的最后 16 字节都映射到 BANK 0 中，这 16 字节称为公用 RAM。对公用 RAM 的读写不必考虑当前 BANK 的选择，通常把中断程序中现场切换用的临时数据保存在这个区域，这可以降低用于现场切换的软件开销。

特殊功能寄存器与通用寄存器统一编址，这虽然提高了通用寄存器的操作效率，但是也存在误操作的风险，若把特殊寄存器占用的地址误用做通用寄存器，则会导致程序异常。所以建议用户要记清楚在 PIC 单片机中哪些地址是可以用做通用寄存器的，尤其是采用汇编语言编程时。

2.4.3　EEPROM 数据存储器模块

PIC16F877A 嵌入了一个 256×8 位 EEPROM 数据存储器模块。它通常用来保存单片机系统的重要运行参数。它与 RAM 最大的差异在于存储的内容在掉电时也不会丢失。由于 PIC 单片机指令集没有提供现成的机器指令来直接访问 EEPROM，必须通过相关特殊功能寄存器

Bank0	寄存器地址	Bank1	寄存器地址	Bank2	寄存器地址	Bank3	寄存器地址
INDF	00H	INDF	80H	INDF	100H	INDF	180H
RMR0	01H	OPTION_REG	81H	TMR0	101H	OPTION_REG	181H
PCL	02H	PCL	82H	PCL	102H	PCL	182H
STATUS	03H	STATUS	83H	STATUS	103H	STATUS	183H
FSR	04H	FSR	84H	FSR	104H	FSR	184H
PORTA	05H	TRISA	85H		105H		185H
PORTB	06H	TRISB	86H	PORTB	106H	TRISB	186H
PORTC	07H	TRISC	87H		107H		187H
PORTD	08H	TRISD	88H		108H		188H
PORTE	09H	TRISE	89H		109H		189H
PCLATH	0AH	PCLATH	8AH	PCLATH	10AH	PCLATH	18AH
INTCON	0BH	INTCON	8BH	INTCON	10BH	INTCON	18BH
PIR1	0CH	PIE1	8CH	EEDATA	10CH	EECON1	18CH
PIR2	0DH	PIE2	8DH	EEADR	10DH	EECON2	18DH
TMR1L	0EH	PCON	8EH	EEDATH	10EH	保留区域	18EH
TMR1H	0FH		8FH	EEADRH	10FH	保留区域	18FH
T1CON	10H		90H	共16字节的通用寄存器区域	110H	共16节的通用寄存器区域	190H
TMR2	11H	SSPCON2	91H		111H		191H
T2CON	12H	PR2	92H		112H		192H
SSPBUF	13H	SSPADD	93H		113H		193H
SSPCON	14H	SSPSTAT	94H		114H		194H
CCPR1L	15H		95H		115H		195H
CCPR1H	16H		96H		116H		196H
CCP1CON	17H		97H		117H		197H
RCSTA	18H	TXSTA	98H		118H		198H
TXREG	19H	SPBRG	99H		119H		199H
RCREG	1AH		9AH		11AH		19AH
CCPR2L	1BH		9BH		11BH		19BH
CCPR2H	1CH		9CH		11CH		19CH
CCP2CON	1DH		9DH		11DH		19DH
ADRESH	1EH	ADRESL	9EH		11EH		19EH
ADCON0	1FH	ADCON1	9FH		11FH		19FH
共96字节的通用寄存器区域	20H	共80字节的通用寄存器区域	A0H	共80字节的通用寄存器区域	120H	共80字节的通用寄存器区域	1A0H
			EFH		16FH		1EFH
		映射到Bank0	F0H	映射到Bank0	170H	映射到Bank0	1E0H
	7FH		FFH		17FH		1FFH

图 2.6　PIC16F877A 的数据存储器结构

(EEADR,EECON1,EECON2 和 EEDATA)来访问。

2.5　PIC 单片机的中断系统

PIC16F877A 的中断系统结构非常简洁,如图 2.7 所示。

GIE 是总中断控制位,GIE 为 0 时,中断系统关闭;GIE 为 1 时,中断系统工作。PEIE 信号与 GIE 类似,称为外围中断信号使能位,它决定 PEIE 左侧的信号最终能否向 CPU 输出中断信号。

PIC 单片机具有丰富的中断源,所有的中断都有自己的中断允许位(以 E 结尾的信号)和

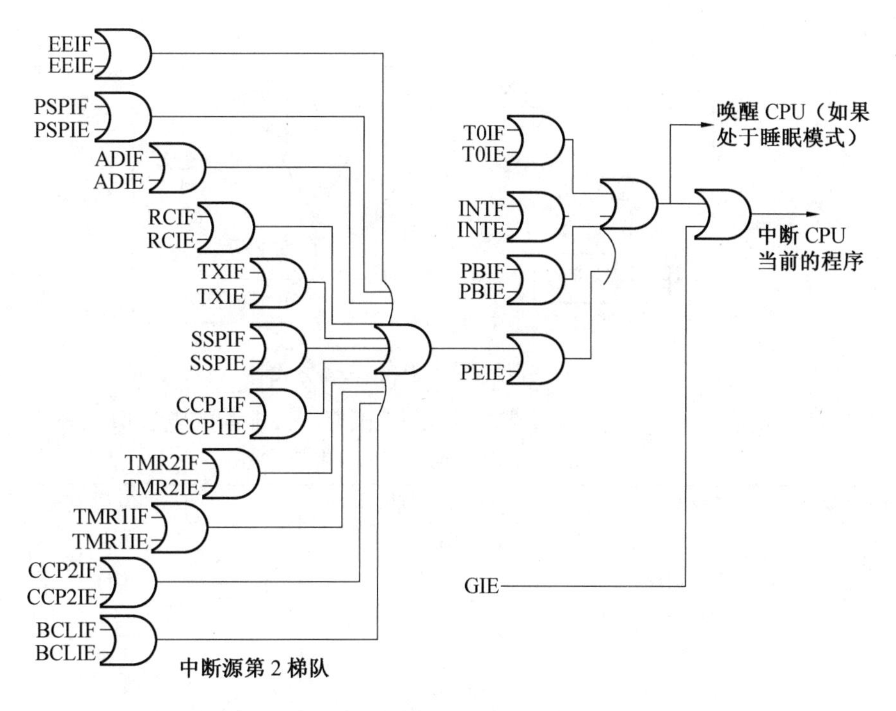

图 2.7　中断系统逻辑关系图

中断标志位(以 F 结尾的信号)。当 CPU 响应中断时,微处理器将下一条要执行的指令压入硬件堆栈,GIE 会自动被清零,程序指针自动跳转至中断向量处执行程序。中断标志位不能用硬件清零而只能用软件清零,当执行中断返回指令 RETFIE 时, GIE 会被自动置 1 而重新开放中断。

根据图 2.7 可知,PIC 单片机的中断源没有硬件优先级,具体先处理哪个中断源,由软件判断顺序决定。

2.6　PIC 单片机的时钟电路

时钟对于单片机而言就像心脏对于人的作用一样,单片机要工作就必须有一个正常工作的时钟电路支持,单片机按照时钟节拍一步一步地执行程序。对于这样的时钟,在 PIC 单片机上有多种工作配置方式(表 2.1),具体采用何种方式由外部电路与单片机内部的配置寄存器相关位共同决定。

表 2.1　PIC 单片机晶振配置方式

振荡模式	增益量	适用器件	参考振荡频率范围
LP	最低	低频晶体(低功耗设计用)	<200 kHz
XT	适中	晶体/陶瓷谐振器	100 kHz ~4 MHz
HS	最高	高速晶体/陶瓷谐振器	>2 MHz
RC		RC 振荡电路	<4 MHz

在 LP,XT 和 HS 这 3 种方式下,需要在单片机引脚 OSC1 和 OSC2 的两端接一只石英晶体或陶瓷谐振器。如图 2.8 所示,其中只有在 HS 方式下才需要在振荡回路中加入电阻 R_S

(100 Ω<R_S<1 000 Ω)。

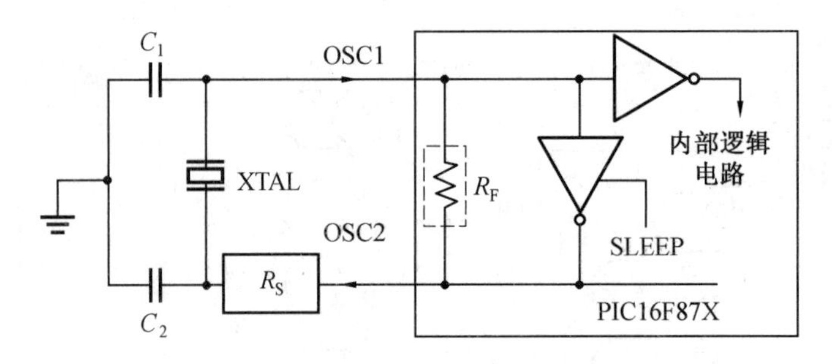

图 2.8　外接晶体/陶瓷谐振器方式

图 2.8 中匹配电容 C_1,C_2 大小与所选用的晶体频率有关,推荐的电容值见表 2.2。

表 2.2　晶振匹配电容的参考值

晶振类型	晶振频率	C_1 的取值范围	C_2 的取值范围
LP	32 kHz	33 pF	33 pF
	200 kHz	15 pF	15 pF
XT	200 kHz	47 ~ 68 pF	47 ~ 68 pF
	1 MHz	15 pF	15 pF
HS	4 MHz	15 pF	15 pF
	8 MHz	15 ~ 33 pF	15 ~ 33 pF
	20 MHz	15 ~ 33 pF	15 ~ 33 pF

在 LP,XT 和 HS 这 3 种振荡器方式下,各种 PIC 系列微控制器芯片既可以外接晶体振荡器,也可以直接由外部时钟源获得时钟。若用外部时钟源,可把外部时钟源输出接芯片的 OSC1 引脚,此时 OSC2 引脚悬空即可(图 2.9)。

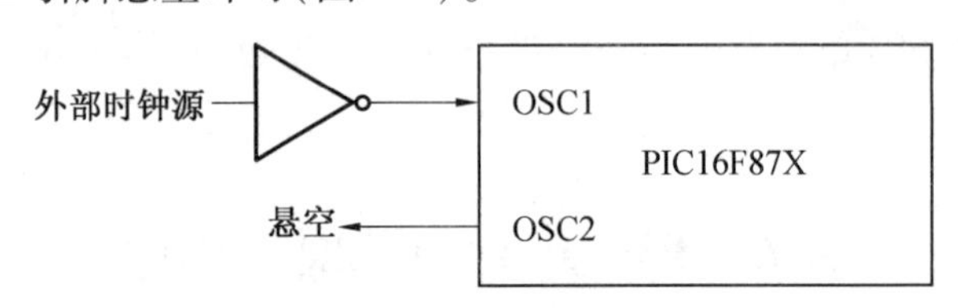

图 2.9　外部时钟源与 PIC 单片机连接方式

在 RC 方式下,可以在 OSC1 引脚加入一个电阻和一个电容构成简单的 RC 振荡器(图 2.10)。其最大特点是外电路简单,但其频率特性受电源电压、环境温度、电路分布参数等很多因素制约,所以 RC 振荡器主要应用于对时间精度要求不高的场合。

对于 RC 振荡器的电阻和电容的选择,厂家推荐的电阻 R_{EXT}取值在 3 ~ 100 kΩ 之间。当 R_{EXT}<22 kΩ 时,振荡器的工作可能会变得不稳定或停振;当 R_{EXT}>1 MΩ 时,振荡器易受到干扰。RC 振荡器产生的振荡频率 F_{OSC} 经内部 4 分频电路分频后从 OSC2/CLKOUT 输出 $F_{OSC}/4$ 振荡信号,此信号可以用做其他逻辑电路的同步信号。

虽然 RC 振荡器不够精确,但是也有其优点:在单片机从 SLEEP 状态唤醒时,RC 振荡器可以立刻起振,能使系统立刻投入工作,而其他的振荡方式则有或多或少的延时(毫秒级),这种延时很容易影响单片机的正常运行。所以建议对于需要芯片休眠/唤醒的系统在时钟选择时,工作时钟首选 RC 振荡器,其次为 LC 振荡,然后是陶瓷谐振器,最后才考虑使用晶体振荡器。

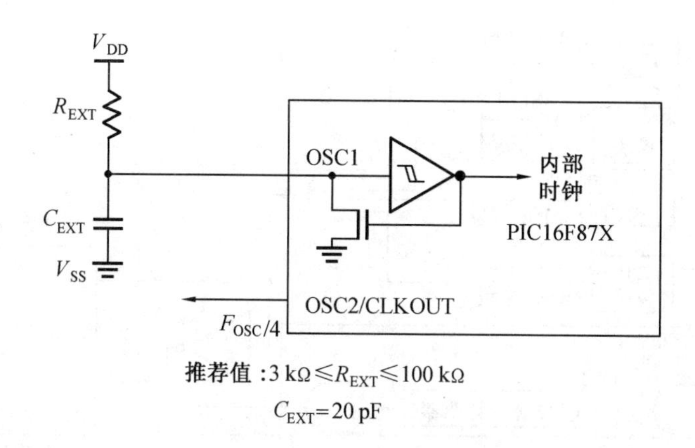

图 2.10　RC 振荡模式电路接法

由于 RC 振荡器具有以上优点，所以在实际应用中也会被选用。但是由于 RC 振荡器频率受制约因素很多，很难用一个固定的公式推算出某个频率对应的具体电阻电容值。一般在设计过程中，先要确定需要的频率，然后选取一个合适的电容，最后用电位器替代电阻，调整电位器并用示波器或频率计来观察，直到显示结果与目标频率相近为止。而后把电位器用相近的固定阻值电阻替代。

建议 RC 振荡器的工作频率一般不要超过 4 MHz，如果频率过高，则不易稳定。

2.7　PIC 单片机的复位和复位电路

复位是指单片机的硬件初始化操作，使程序指针指向程序存储器地址 0 后开始逐步地取指、执行、取指、执行等。若单片机复位不正确，单片机就不会工作，无法执行程序，可能会出现“死机”、“程序跑飞”等现象。由此可见，复位对于单片机而言是非常重要的。

PIC 单片机在设计时充分考虑到了复位的重要性，为了提高系统可靠性，简化复位电路设计难度，在 PIC 单片机片内已经包含有完整的上电复位电路，如图 2.11 所示。其中包括上电复位(POR)、上电延时定时器(PWRT)、欠压复位(BOR)和起振延时定时器(OST)及 WDT 超时复位。合理地使用这些功能模块能够极大地提高系统的可靠性。现分别介绍如下。

(1)上电复位。器件检测到 V_{DD} 电压上升时，会产生一个上电复位脉冲。要使用上电复位功能，可直接(也可以通过一个电阻)将 $\overline{MCLR}$ 引脚与电源 V_{DD} 相连，如图 2.12 所示。这样可以节省一般用于产生一个上电复位所需的外接电阻、电容元件。其中若 $\overline{MCLR}/V_{PP}$ 不做编程电源，则电阻 R 也可以省略。

(2)上电延时定时器。上电复位或欠压复位时，上电延时定时器通过 10 位脉冲计数器提供固定的 72 ms 延时来保证系统的可靠复位。上电延时模块是基于电容效应，当系统芯片加电后，V_{DD} 电压会有一个逐渐上升的过程，只有达到 1.5 ~ 1.8 V 后，上电复位电路才能自动产生一个复位脉冲，使单片机复位。

(3)欠压复位。为了保障系统程序安全、可靠运行，当 V_{DD} 掉电跌落到 V_{BOR}(大约 4 V)的时间大于 T_{BOR}(大约 100 μs)时，如果欠压复位(又称掉电复位)功能处于使能方式，将自动产生一个复位信号并使芯片保持在复位状态；而此时如果 V_{DD} 掉电跌落到 V_{BOR} 以下的时间小于

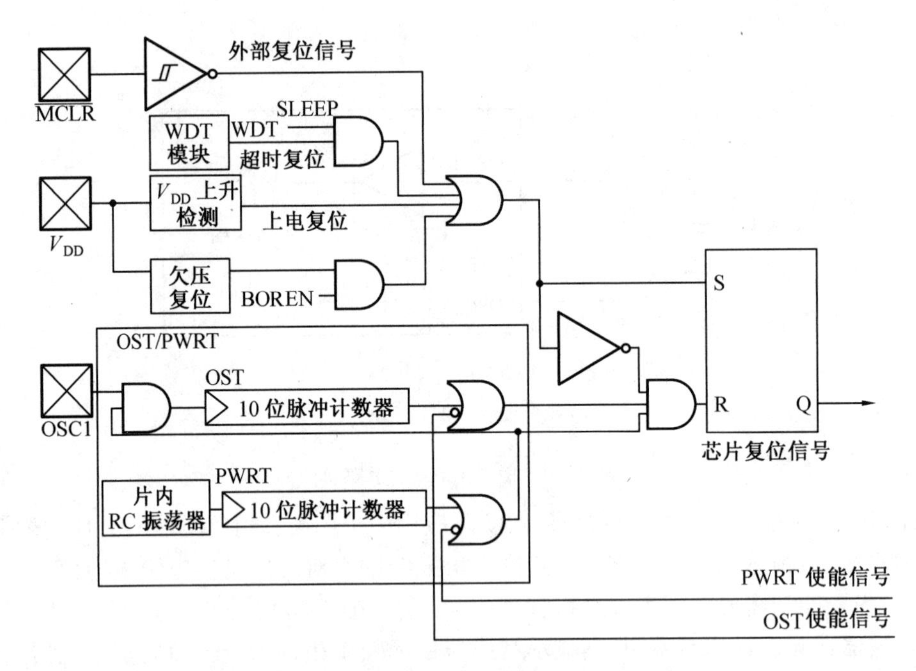

图 2.11 PIC 单片机内部复位电路简图

T_{BOR}，则系统就不会产生复位。直到 V_{DD} 恢复到正常范围，上电延时电路再通过上电延时定时器提供一个 72 ms 延时，才使 CPU 从复位状态返回到原正常运行状态。

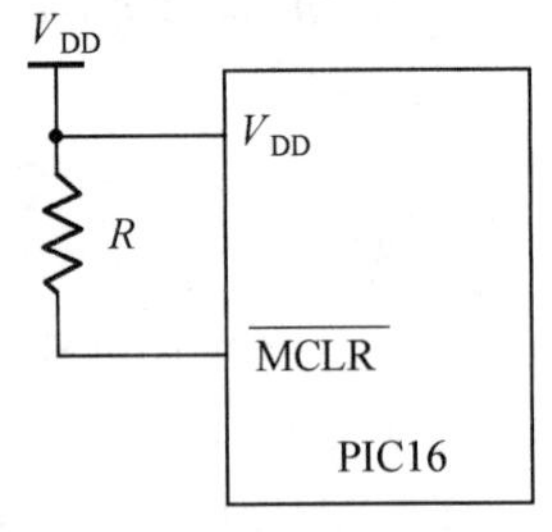

图 2.12 PIC 最简上电复位电路

(4)起振延时定时器。起振定时器将提供 1 024 个振荡周期的延迟时间，以保证晶体或陶瓷谐振器能够有足够的时间起振并产生稳定的时序波形。

(5)WDT 超时复位。PIC16F877A 嵌入了一个具有较强功能的看门狗定时器(WDT)，能够有效防止因环境干扰而引起的系统程序“跑飞”。WDT 的定时/计数脉冲由芯片内专用的 RC 振荡器产生。它的工作既不需要任何外部器件，也与单片机的时钟电路无关。即使单片机的时钟停止，WDT 仍能继续工作。

看门狗电路在实时控制系统有着重要的应用价值，它可以在 18 ms 基本定时基础上加入 (1 : 1) ~ (1 : 128)的预分频比例，从而达到 18 ~ 2 034 ms 的定时。一旦在程序中启用看门狗电路，定时的长短将直接与看门狗复位指令 CLRWDT 的设置有关。其原则是：程序循环或程序段内插入 CLRWDT，确保正常程序运行时看门狗电路执行复位(CLRWDT)的间隙时间小于看门狗电路设置的溢出时间。

以上的各种复位状态都可以通过 STATUS 和 PCON 寄存器中的相关状态位来判断，具体内容见表 2.3。

表 2.3　与复位相关的状态位及其含义

$\overline{POR}$	$\overline{BOR}$	$\overline{TO}$	$\overline{PD}$	条　件
0	x	1	1	上电复位
0	x	0	x	非法:在上电复位时,$\overline{TO}$置为 1
0	x	x	0	非法:在上电复位时,$\overline{PD}$置为 1
1	0	1	1	欠压复位
1	1	0	1	看门狗定时器(WDT)复位
1	1	0	0	WDT 唤醒复位
1	1	u	u	在正常运行时$\overline{MCLR}$复位
1	1	1	0	休眠时$\overline{MCLR}$复位

注:u=未改变,x=未知。

PIC16F877A 的复位逻辑设计降低了系统成本,提高了系统的可靠性。

2.8　PIC 单片机的在线调试与编程

为了便于对 FLASH 单片机的在线调试和编程(烧写),PIC 单片机提供了一种“在线串行编程(ICSP)”功能。此功能通过简单的 5 线接口即可实现对芯片的编程或调试。即使芯片被焊接到线路板之后,也可以通过此接口实现在线编程。该接口用到 5 根连线,分别是:

(1)编程电压 V_{PP}(+13 V)与 PIC 单片机的$\overline{MCLR}/V_{PP}$引脚相连;

(2)设备电压 V_{CC}(+5 V)与 PIC 单片机的 V_{DD}引脚相连;

(3)参考地 GND 与 PIC 单片机的 V_{SS}引脚相连;

(4)串行编程数据信号 PGD 与 PIC 单片机的 PGD 引脚(对于 PIC16F877A 而言是 RB7)相连;

(5)串行编程时钟信号 PGC 与 PIC 单片机的 PGC 引脚(对于 PIC16F877A 而言是 RB6)相连。

一种典型的在线串行编程接口与 PIC16F877A 连接方法如图 2.13 所示。其中 V_{PP}是单片机的$\overline{MCLR}/V_{PP}$。

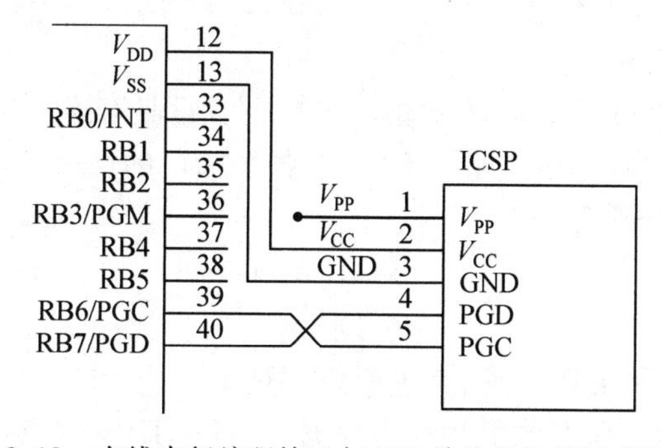

图 2.13　在线串行编程接口与 PIC 单片机连接示意图

为了保证 ICSP 的正常使用,要遵循以下原则:

(1)PGC/PGD 不要接上拉电阻和电容,在编程或调试通信期间,它们只在数据和时钟线上电平快速翻转。

(2) $\overline{MCLR}/V_{PP}$不要接电容,电容会阻止 V_{PP}上电平快速翻转。通常一个简单的上拉电阻就足够了。

图 2.14 显示了在 ICSP 的 3 根有效线上连接某些元器件会影响 ICSP 的正常功能。

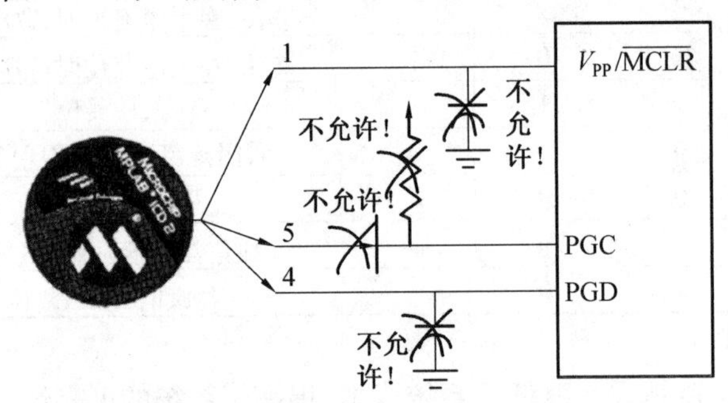

图 2.14　ICSP 不正确的连接方法示意图

ICSP 接口用于专用的调试器或编程器与 PIC 单片机相连,常见的编程/调试器有 MPLAB ICD2,PICKit2,PICKit3,PICSTART Plus 等。这些编程/调试器都可以独立或集成在开发环境(如 MPLAB)中实现对 PIC 单片机的编程或调试。需要注意的是,在线调试需要占用一定的硬件资源,详见表 2.4。用户要正确地使用这些资源,否则会导致在线调试无法正常使用。

表 2.4　在线调试器占用的系统资源

I/O 引脚	RB6,RB7
硬件堆栈	一级
程序存储器	地址 0x000 处必须是 NOP 指令,占用了程序存储器最后的 256 个字节的空间
数据寄存器	占用了 0x070(0x0F0,0x170,0x1F0),0x1EB ~ 0x1EF

2.9　PIC 单片机的通用输入输出端口

输入输出端口简称 I/O。PIC16F877A 具有丰富的 I/O 资源,共设置有 5 个 I/O 端口,分别为 PORTA(6 位),PORTB(8 位),PORTC(8 位),PORTD(8 位)和 PORTE(3 位),合计共有 33 位,与单片机外形中的 33 个引脚一一对应,如图 2.2 所示。其中 RA0 到 RA5 为 PORTA 端口的 6 位,其他端口同理。

虽然 5 个 I/O 端口都可以用做输入输出功能,并且都具有连接到 V_{DD}和 V_{SS}的保护二极管,但由于某些端口在内部电路结构上略有不同,故各个端口的性质和功能有所差异。下面分别介绍不同 I/O 端口的特殊部分。

2.9.1　PORTA

PORTA 的 6 个引脚中除 RA4 外,其他引脚都是 TTL 逻辑电平输入和 CMOS 驱动输出,其硬件结构如图 2.15 所示。所有的引脚都由数据方向位(TRIS 寄存器)来设置输入输出方向。当 TRISA 寄存器某位置为“1”时,其相应位的输出驱动呈高阻态;当 TRISA 寄存器某位清零,则数据锁存器中的数据就从相应引脚输出。

RA4 引脚硬件结构比较特别,其硬件结构如图 2.16 所示。RA4 是施密特触发输入缓冲和漏极开路输出,用做输出时仅与 V_{SS}连接了保护二极管。若要输出高电平,需要外接上拉电阻实现。

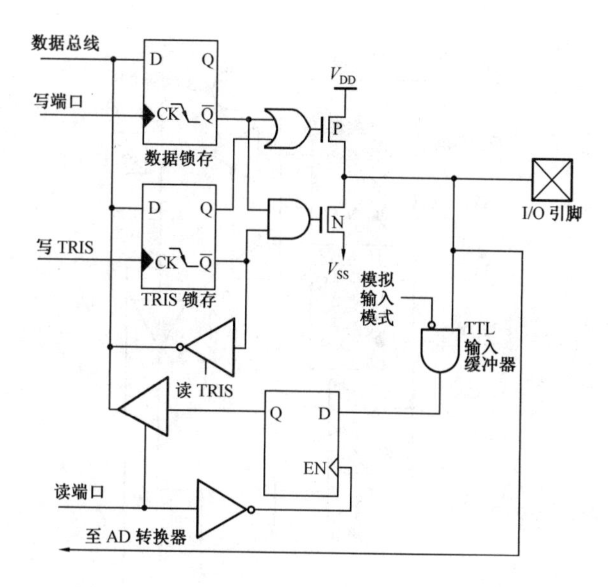

图 2.15　RA0 ~ RA3,RA5 引脚硬件结构框图

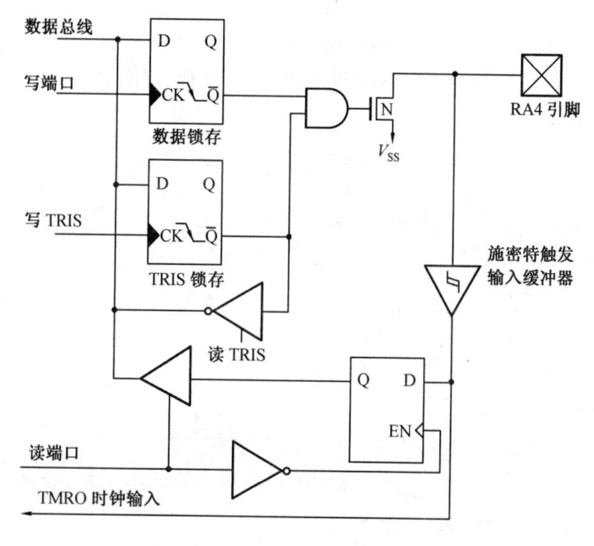

图 2.16　RA4 引脚结构图

2.9.2　PORTB

PORTB 是一个 8 位的双向端口,读写方向由 TRISB 寄存器控制,每个引脚都有内部弱上拉电路。只要对控制位 RBPU(OPTION<7>)清零,就可以开启所有引脚的弱上拉功能。当 PORTB 端口的引脚设置为输出时,其弱上拉电路会自动切断。在上电复位后,会禁止弱上拉功能。

PORTB 低 4 位引脚与高 4 位引脚结构不同,PORTB 低 4 位引脚硬件结构如图 2.17 所示。RB0 可用做外部中断输入,RB3 可用做低电压在线编程信号线。

PORTB 高 4 位引脚硬件结构如图 2.18 所示,其最大特点是当 RB7:RB4 引脚被设置为输入时,若引脚电平有变化,会产生中断(但当 RB7:RB4 的任何一个引脚被设置为输出时,该引脚不再具有电平变化的中断功能)。

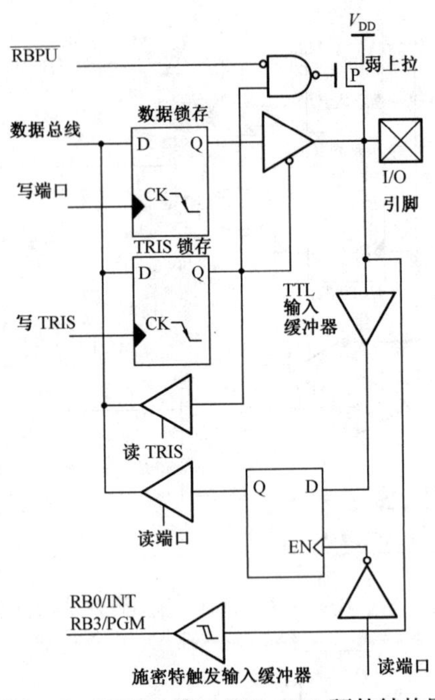

图 2.17 PORTB 端口 RB0:RB3 硬件结构图

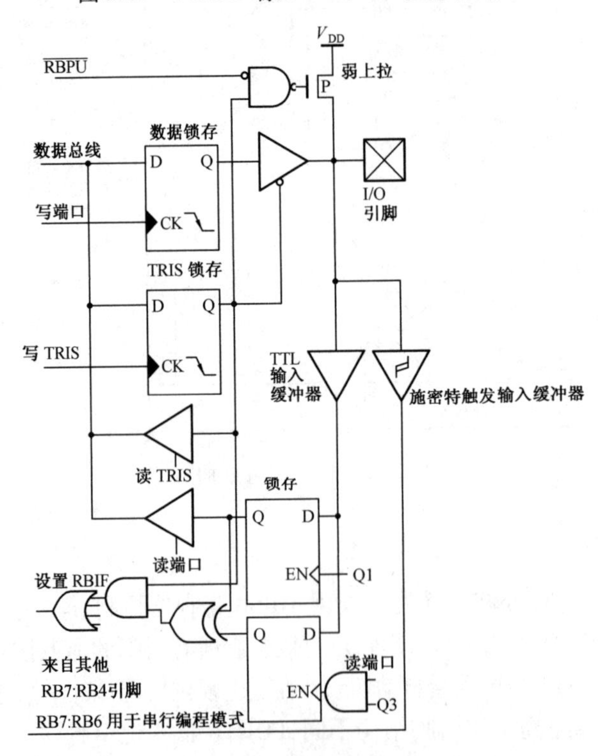

图 2.18 RB7:RB4 引脚硬件结构框图

该功能的实现过程为:当前 RB7:RB4 引脚上的输入电平与前次从 PORTB 读入锁存器的旧值进行比较(异或运算),若有变化,则将 RBIF 标志位(INTCON<0>)置“1”,产生 RB 端口电平变化中断。

该中断可以唤醒单片机。在中断服务程序中,用户可以采用以下方式来清除中断请求:

(1)对 PORTB 进行读/写操作。这将结束引脚电平变化的情况。

(2) RBIF 标志位清零。

引脚上电平变化的情况会一直不断地将 RBIF 标志位置“1”。而对 PORTB 进行读操作,只有将结束引脚电平变化的情况,才可以真正将 RBIF 标志位清零。

利用 RB7:RB4 引脚的电平变化中断功能和软件可配置的上拉功能,可以很容易地与键盘连接,实现按键唤醒功能。

对于按键唤醒以及其他需要用到 PORTB 电平变化中断功能的操作,都可以用该电平变化中断来实现。在使用电平变化中断功能时,不需要软件不断地查询 PORTB 的状态。

2.9.3 PORTC

PORTC 是一个 8 位的双向端口,引脚硬件结构如图 2.19 所示。PORTC 每个引脚都有施密特触发输入缓冲器。利用 TRISC 寄存器可将各引脚分别设置为输入或输出。由于 PORTC 在引脚功能复用时涉及多种双向通信模块,所以要注意的是在有些功能模块使能时,会忽略相应引脚的 TRIS 位方向设置而将引脚直接定义为输出或输入。

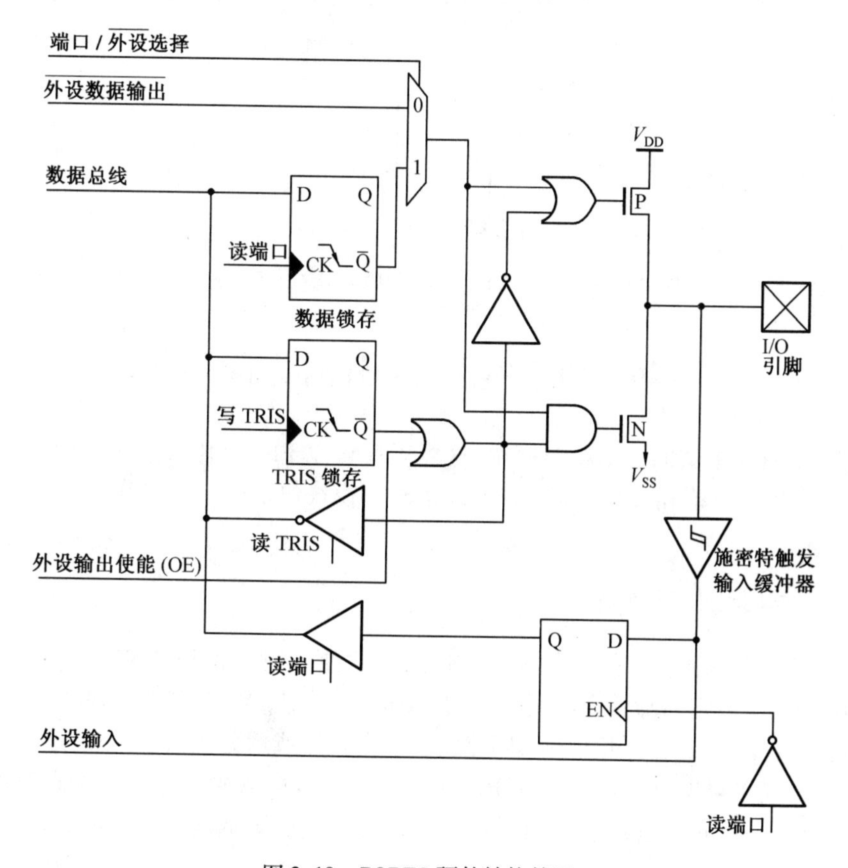

图 2.19　PORTC 硬件结构简图

2.9.4 PORTD 与 PORTE

PORTD 与 PORTE 用做通用输入输出接口时,其每个引脚的硬件结构相同,如图 2.20 所示,都是一个带有施密特触发输入缓冲的双向端口。各引脚都可以通过相应 TRIS 寄存器被分别设置为输入或输出。PORTD 共有 8 个引脚,PORTE 共有 3 个引脚(RE0:RE2)。

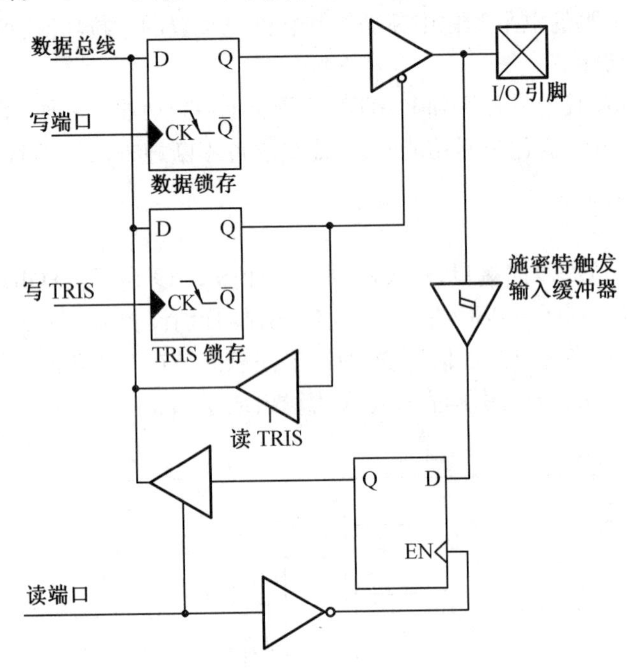

图 2.20 PORTD 和 PORTE 作为通用输入输出接口的结构简图

2.10 PIC 单片机的外围功能模块

PIC 单片机具有丰富的外围功能模块,这可以使得以 PIC 单片机为核心的控制系统外部电路简洁,程序代码简单、清晰。PIC16F877A 的外围模块包括以下几部分,其他型号可能会有增删。

2.10.1 定时器/计数器

PIC16F877A 单片机配置有 3 个功能较强的多功能定时器模块:TMR0(8 位),TMR1(16 位)和 TMR2(8 位)。它们都具有不同位宽的可编程定时器,除 TMR2 以外都可作为计数器使用。每个定时器/计数器模块都配有不同比例的预分频器或后分频器。另外,还有两个重要的专门用途:当设置在同步计数方式下,TMR1 可与捕捉/比较/脉宽 CCP 模块配合实现捕捉和比较功能;TMR2 可与捕捉/比较/脉宽调制 CCP 模块配合实现脉宽调制输出功能。

2.10.2 串行通信模块与并行通信模块

PIC16F877A 集成了多种数据传送方式,主要包括通用同步/异步收发器(USART)、主同步串行接口(MSSP)和并行从动接口(PSP)。

USART 是一种常规的二线式串行通信接口，在 PC 机和单片机中都有配置。它可以定义为两种工作方式：半双工同步方式和全双工异步方式，以实现外接专用器件之间或远距离多机进行串行通信。虽然 PC 机中 RS-232 接口已经逐渐被 USB 接口替代，但也可通过 USB 转 RS-232 的设备实现 PC 机串口的扩展。

MSSP 支持 SPI 和 I^2C 两种通信协议，可实现多机或外接专用器件进行串行通信。

另外，PIC16F877A 还集成了并行从动端口 PSP 模块，这是一条处于被动工作方式下数据传送的高速通道，并行数据总线的权限将由与其进行数据交换的另一方控制，PIC16F877A 作为被动接收方。

2.10.3　CCP

PIC16F877A 单片机配置有两个功能较强的功能模块，即 CCP1 和 CCP2，分别能与 TMR1 和 TMR2 配合实现对信号的输入捕捉、输出比较和脉宽调制 PWM 输出功能。

1. 输入捕捉功能

输入捕捉功能主要通过 TMR1 定时器，及时捕捉外部信号的边沿触发，用来间接测量外部信号周期、频率、脉宽等。

2. 输出比较功能

输出比较功能主要通过 TMR1 定时器和比较电路，输出宽度可调的方波信号，以驱动那些工作于脉冲型的电气部件。

3. 脉宽调制 PWM 输出功能

脉宽调制 PWM 输出功能主要通过 TMR2 定时器、PR2 周期寄存器和比较电路，输出周期和脉宽可调的周期性方波信号，以控制可控硅的导通状态、步进电机转动角度或调整发光器件亮度等。

2.10.4　A/D 转换模块

PIC16F877A 单片机本身内置一个 10 位分辨率的 A/D 转换器，最多可带有 8 路模拟量输入管道，用来将外部的模拟量转换成单片机可以接受和处理的数字量。A/D 转换器采用常规的逐次比较法，参考电压既可使用标准的 V_{DD} 和 V_{SS} 信号，也可使用外加参考电压的方式。A/D 转换器内部配置有独立的时钟信号，即使 PIC 单片机处于睡眠情况，也可以进行 A/D 转换。

本章小结

PIC16F877A 的硬件结构分为两大部分：基本功能区域和专用功能区域。基本功能区域包括中央处理器、存储器、通用输入输出端口模块、多功能定时器模块和复位模块；专用功能区域包括 CCP 模块、SPI 模块、I^2C 模块、USART 模块、并行从动接口和 A/D 转换器。

PIC16F877A 的内部存储器包括程序存储器、数据存储器和 EEPROM 存储器 3 部分。

PIC16F877A 的中断系统结构简洁，中断源丰富，大多数中断都能唤醒睡眠状态的 CPU。

PIC16F877A 的时钟电路和复位电路具有多种可靠的内部设计，使其外部电路设计非常简单。

PIC16F877A 具有在线调试与编程接口，便于产品的调试并能实现在线升级。

PIC16F877A 具有多个通用输入输出端口，每个端口对应的引脚都具有较强的驱动能力，每个引脚输入输出电流的典型值为 25 mA。

PIC16F877A 的外围功能模块分 4 类:3 个定时/计数器,其中定时器 0 和定时器 2 是 8 位的,定时器 1 是 16 位;通信模块包括 SPI 模块、I^2C 模块、USART 模块和并行通信模块;CCP 模块包括脉宽捕捉模块、脉宽比较模块和脉宽调制模块;A/D 转换模块为 8 路 10 位 A/D 转换,但同一时刻只能转换一路。

思考与练习

1. PIC 单片机的基本功能区域包括哪几部分? 各有什么作用?
2. PIC16F877A 的专用功能模块有哪些? 各有什么功能?
3. RA4 用做输出时应如何保证输出高电平?
4. PIC16F877A 有几组 I/O 端口? 每组 I/O 端口有几个引脚?
5. 在 PIC16F877A 的 RAM 中,可供用户编程使用的有多少字节?
6. PIC 单片机的在线调试接口用到了哪几个引脚? 各有什么作用?
7. 如何把 PORTB 的 8 个引脚设置为输入功能?
8. PIC 单片机的中断优先级应如何确定?

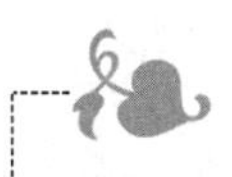

第3章 PIC单片机开发流程

本章重点:基于MPLAB IDE的单片机开发流程。
本章难点:单片机程序调试方法。

3.1 软硬件平台的选择

工欲善其事,必先利其器。要想开发单片机,必须有一个良好的软硬件开发平台。本书以MPLAB IDE配合HT-TECH PICC作为软件开发平台,以MPLAB ICD2配合HHT硬件实验板为硬件平台。

3.1.1 软件开发平台的选择

建议读者采用MPLAB IDE作为PIC单片机的软件开发平台。MPLAB IDE是Microchip公司为其用户免费提供的软件开发平台。读者可以从Microchip公司的网站(http://www.microchip.com)免费下载。其中包含了源程序编辑器、汇编语言工具集、HI-TECH PICC语言工具集、软件模拟器、软件调试器与硬件驱动等多种程序。也可以说,安装完MPLAB IDE一个软件就可以进行PIC单片机的开发了。

在本书中所使用的MPLAB软件包中缺省情况下已经安装了“HI-TECH PICC LITE ”V9.80版本的编译器。此编译器是“HI-TECH PICC”的非代码优化版本,能够支持大多数PIC单片机的C语言源代码编译,但是编译结果会占用更多的ROM和RAM。

由于以上限制基本不影响初学者对PIC单片机C语言的学习,所以本书还是以此版本为例讲解PIC单片机C语言的基础和编程。

若用于实际项目开发,建议购买正版“HI-TECH PICC”编译器,那样就可以利用所有单片机的资源并充分发挥编译器的优化能力。

3.1.2 硬件平台的选择

单片机的开发离不开硬件平台的支持,不同的单片机可能需要不同的开发设备来支持。单片机的开发通常需要编程器、调试器、硬件实验板等。

PIC单片机的开发设备也有很多种,其中性价比高的有MPLAB ICD2和PICKit2。这两种开发设备同时集成了调试器与编程器,可用于教学、科研和小批量产品生产。本书以MPLAB ICD2为例讲解硬件调试器和编程器的使用方法。

MPLAB ICD2的安装请参看购买时的安装手册,其使用方法后文将会介绍。

随着软件模拟技术的发展，目前有很多软件可以实现单片机与外围电路的模拟功能，例如，MPLAB IDE 中集成了 MPLAB SIM 程序，可以实现 PIC 单片机的软件模拟；Proteus ISIS 和 MultiSim 软件可以实现单片机和外围电路模拟。若读者条件有限，入门时也可以采用软件模拟作为硬件平台来学习单片机。

3.2 单片机项目的建立

在单片机开发中通常以项目为单位来进行源代码和各种软硬件配置信息的管理。本节介绍基于汇编语言和 C 语言的项目管理过程。

3.2.1 汇编语言项目建立的过程

为了编写基于汇编语言的单片机程序，需要建立一个汇编语言项目来管理源程序和软硬件设置。项目中记录了编译源代码所需的文件（如源代码文件和链接描述文件等）和单片机硬件配置（包括型号、配置字等），还包含这些文件与各种编译工具及编译选项之间的对应关系。有了一个项目之后，以后每次再打开此项目，MPLAB 会根据之前项目设置来自动加载相关软硬件参数。下面通过 MPLAB 软件的项目向导功能来逐步演示建立汇编语言项目的方法。

（1）首先打开 MPLAB 软件，选择主菜单“Project”→“Project Wizard”来启动项目向导。

（2）在“Welcome”窗口单击[下一步(N) >]按钮后会弹出“Project Wizard”对话框。此对话框中要求用户选择要使用的单片机型号。由于不同型号的单片机其内部资源不同，所以选择时一定要选择你实际要使用的单片机型号，这里选择“PIC16F877A”。

（3）选择完毕后单击[下一步(N) >]按钮，进入“Step Two”对话框，这里要求用户选择一个开发用的语言工具，对于汇编语言开发采用默认的选项“Microchip MPASM Toolsuite”即可。

（4）单击[下一步(N) >]按钮进入“Step Three”对话框设置，这里需要指定保存的项目位置和名称。由于一个项目往往是多个文件的集合，所以为了便于管理，通常需要把一个项目所有用到的文件都保存在一个文件夹下。本例把此项目所有文件都保存在“C:\testasm\”文件夹下。

（5）决定了项目保存位置和项目名后，接下来单击[下一步(N) >]按钮进入“Step Four”对话框。此步骤中可以让用户把现有的汇编源代码文件（以 asm 为后缀的文件）添加到新项目中。若没有源文件要添加，可以单击[下一步(N) >]按钮执行下一步骤。

（6）通过以上 5 步的设定，建立一个项目的信息就齐备了。单击[完成]按钮就完成了一个 PIC 汇编语言项目的建立。

（7）建立完新项目后，MPLAB 会自动建立一个与项目同名的工作区（WorkSpace）文件，读者可以选择主菜单“View”→“Project”来查看当前工作区内容（图 3.1）。工作区内容包括当前项目中的所有文件列表（工作区的“Files”选项卡）和当前项目中的所有模块符号（工作区的“Symbols”选项卡）。

（8）在图 3.1 中，项目文件内没有任何汇编源文件。读者可以新建一个源文件或者把一个现有的源文件加入项目中。对于汇编语言项目建议以模板文件为基础来编写汇编程序。例如，把 MPLAB 的模板文件“C:\ProgramFiles\Microchip\MPASM Suite\Template\Code\16F877ATEMP.ASM”复制一份到“C:\testasm”文件夹。

（9）在图 3.1 的工作区中，选中“Source Files”，单击鼠标右键，选择“Add Files”来添加汇

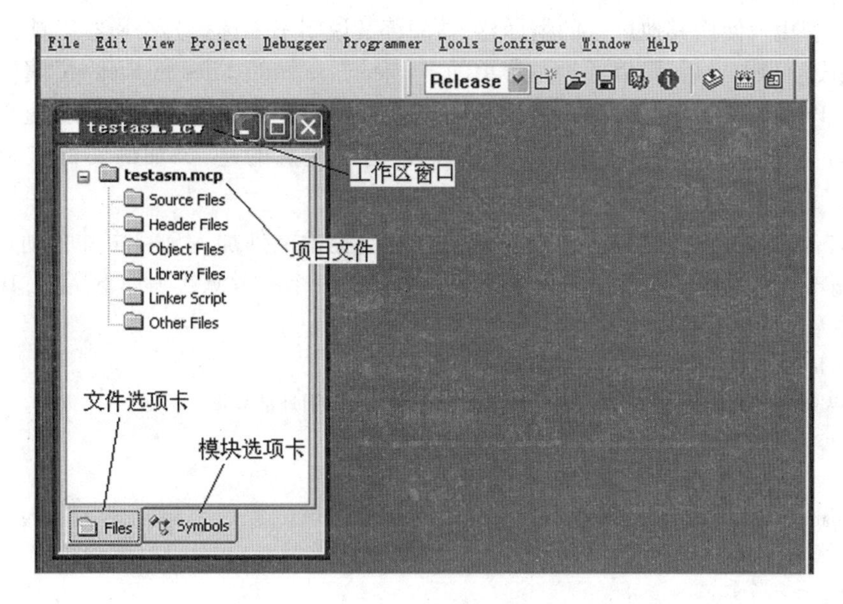

图 3.1　新建完项目后工作区状态

编源文件。把“C:\testasm\16F877ATEMP.ASM”添加到项目中。这样就完成了单文件汇编语言项目的建立。

(10)项目建立完毕后,可以通过双击工作区内源文件名来打开源文件进行编辑。对于汇编语言建议从模板文件的 main 标号后开始书写源程序。

(11)若需要编写中断程序代码,可以在图 3.2 所示的位置处开始书写。在模板中已经写好了标准的中断现场保护和恢复代码,一般情况下用户不必修改。

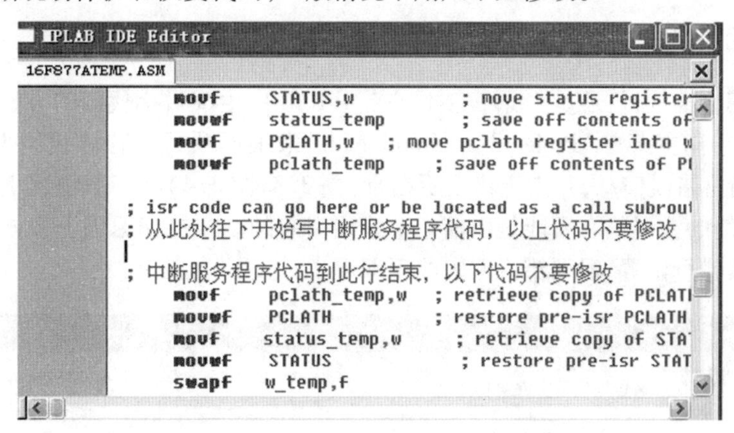

图 3.2　中断程序源代码的书写位置

3.2.2　C 语言项目建立的过程

C 语言项目建立的过程与汇编语言项目建立的过程类似,为了节省篇幅,这里仅把不同之处列出。

(1)在汇编语言项目建立过程的第(3)步中,对于用 C 语言编写程序,要选择 HI-TECH 公司的 PICC 编译器,所以在“Active Toolsuite”右边的列表中选择目标“HI-TECH Universal

Toolsuite”。若用户使用其他厂家的编译器,请阅读其说明书来选择其编译器工具。

(2)完成项目向导后,可以通过主菜单的“Project”→“Add Files to Project”填加已有 C 语言文件,或“Project”→“Add New File to Project”填加 C 语言项目中的新文件,此处要求用户给新文件命名,对于初学者命名为 main. C 即可。需要注意的是,添加的文件扩展名只能是“. C”、“. as”或“. H”(扩展名不区分大小写)。

(3)单击【保存(S)】按钮完成新文件命名。系统会把此文件加入项目中并自动打开此文件等待用户编辑。用户可以在这里输入 C 语言源代码。一个参考源代码如下所示,其中“//”后的内容为注释,可以不用输入。

```
#include <pic. h>  // HT-PIC C 语言头文件
_ _CONFIG(WDTDIS & LVPDIS &XT); // 用于 ICD2 调试,本例用外部晶振
main()
{
  unsigned char i=0; // 普通变量定义
  TRISD=0; // 对特殊寄存器的访问方法
  PORTD=0;
  while(1) //主程序必须是死循环
  {
    PORTD=i;
    i++;
  }
}
```

(4)文件修改后要及时存盘,防止意外断电,丢失已完成的内容。

3.2.3 目标代码的生成与排错

无论是汇编语言项目,还是 C 语言项目,在 MPLAB 中生成目标代码的方法相同。代码编写完毕后,依次选择主菜单“Project”→“Build ALL”来编译项目。若源代码书写错误,会在“Output”窗口输出错误信息,并指定错误所在行(图 3.3、图 3.4)。一般情况下要先修改第一个错误,因为后继的错误很有可能是由前一个错误引起的。在错误原因上双击即可自动定位到源代码窗口出错行位置,根据错误原因改正即可。

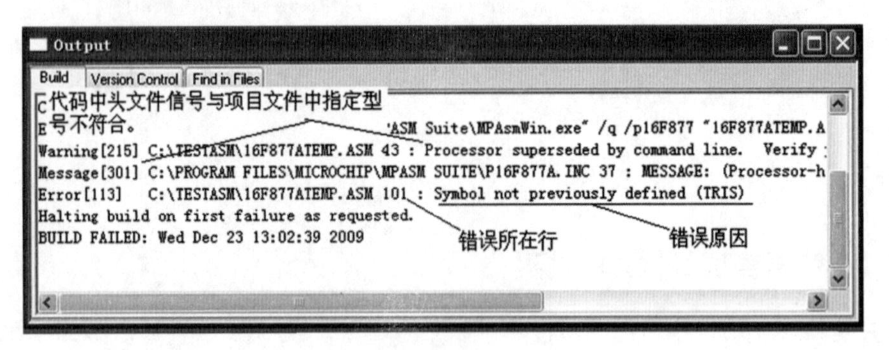

图 3.3　汇编程序编译出错窗口

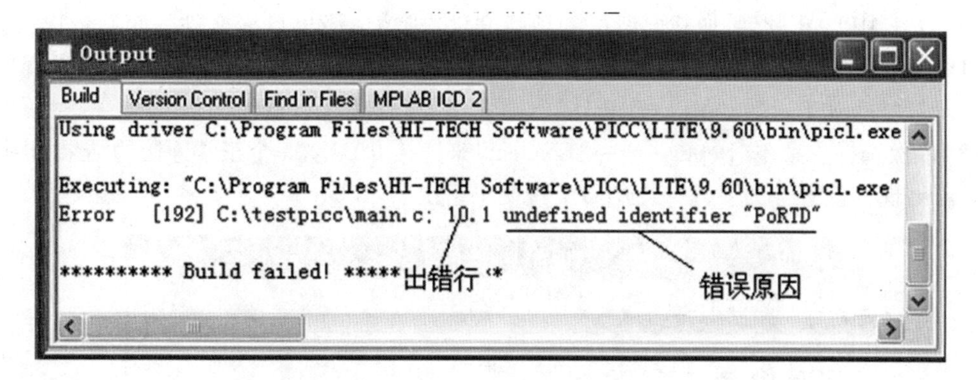

图 3.4　C 语言程序编译出错窗口

若项目编译通过，即可生成目标文件（图 3.5、图 3.6）。目标文件可以用编程器写入单片机中来运行。

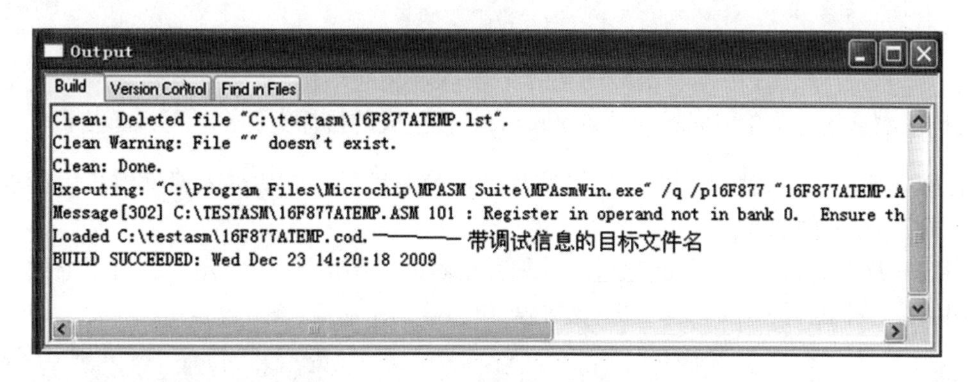

图 3.5　汇编语言成功编译的输出提示窗口

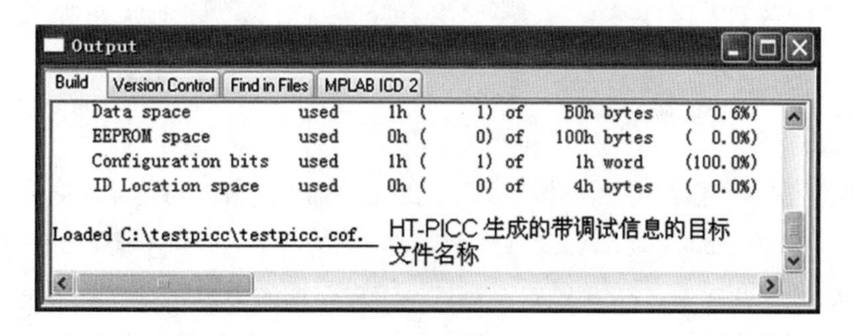

图 3.6　C 语言成功编译的输出提示窗口

3.3　目标代码的调试与编程

生成的目标文件只有写入单片机后才能使单片机执行特定功能。本节讲解基于 MPLAB ICD2 的目标代码调试与编程过程。由于两种过程类似，所以下文先以调试过程为例讲解，最后会简单说明编程器的使用例子。

基于 ICD2 的目标代码调试一般需要以下几步。

（1）ICD2 驱动程序安装完毕后把 ICD2 与目标板连接，电源与目标板连接。

(2)打开 MPLAB 软件,加载要调试的项目文件,成功编译出目标文件。而后依次选择主菜单“Debugger”→“Select Tool”→“MPLAB ICD 2”,把 ICD2 作为调试器来使用,若选择“Programmer”→“Select Tool”→“MPLAB ICD 2”,则把 ICD2 作为编程器使用。

(3)依次选择主菜单“Debugger”→“Connect”来连接 ICD2。一个正常连接的结果如图 3.7 所示。若出现红色警告文字,请参看 ICD2 说明书解决。

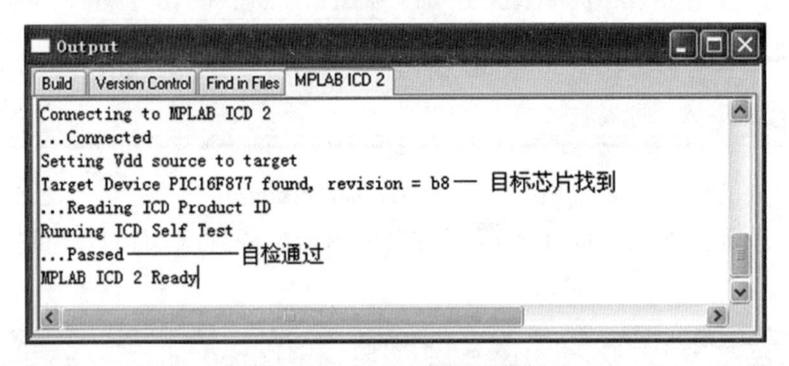

图 3.7　ICD2 正常连接的输出信息

(4)依次选择主菜单“Debugger”→“Program”把生成的目标文件自动写入单片机中。若弹出警告窗口,选择 OK 即可。当芯片被正确编程后并成功进入调试模式后再输出窗口会有提示信息(图 3.8)。

当把 ICD2 选择为调试器时,通过芯片编程正确进入调试模式后,用户就可以通过主工具栏的相关按钮来控制芯片的复位、执行、暂停、单步等调试功能(图 3.9)。

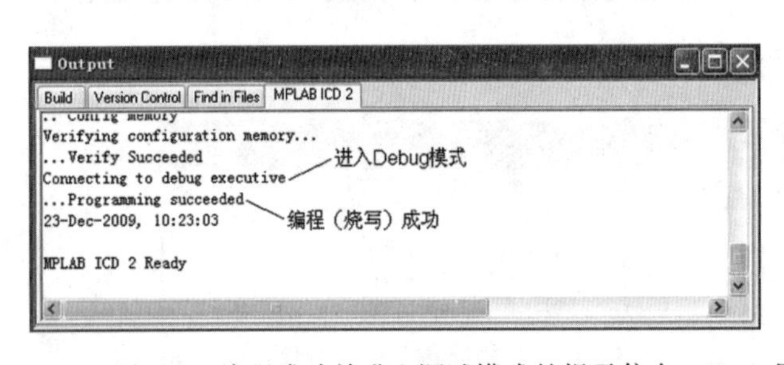

图 3.8　编程成功并进入调试模式的提示信息

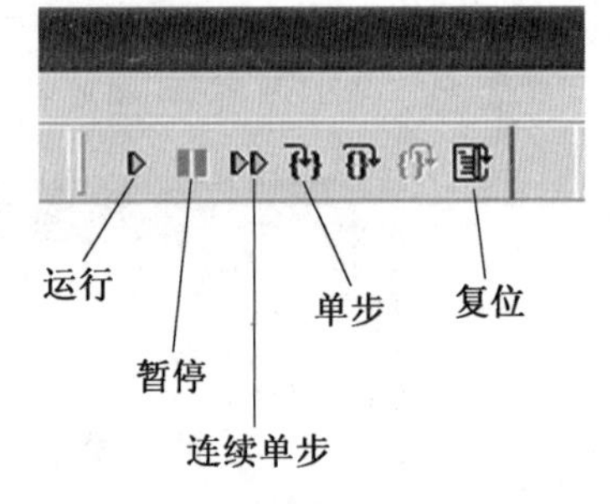

图 3.9　调试模式下的工具按钮功能

在调试程序时,往往先运行一次程序,测试一下程序功能跟预先设计的功能是否相同,若不同,则暂停程序的执行并复位。而后在用户所怀疑的出错代码处设置断点(通过在相应代码行左侧灰色部分双击实现),如图 3.10 所示。

断点设置完毕后,重新运行程序,程序会在运行到断点位置时自动暂停,而后用户就可以通过单步功能来详细查看是哪条语句出了问题。为了能看到每条语句的执行效果,可以通过选择主菜单“View”→“Watch”功能来打开“Watch”窗口(图 3.11)。在 Add Symbol 按钮右侧选择用户所关心的普通变量(用户认为导致程序出问题的变量),而后按 Add Symbol 把普通变量添加到“Watch”窗口。在 Add SFR 按钮右侧选择用户所关心的特殊寄存器,而后按 Add SFR 把特殊寄存器添加到“Watch”窗口。

以后每单步执行一次就观察“Watch”窗口的值是否符合用户预先料想的值。若不符合说

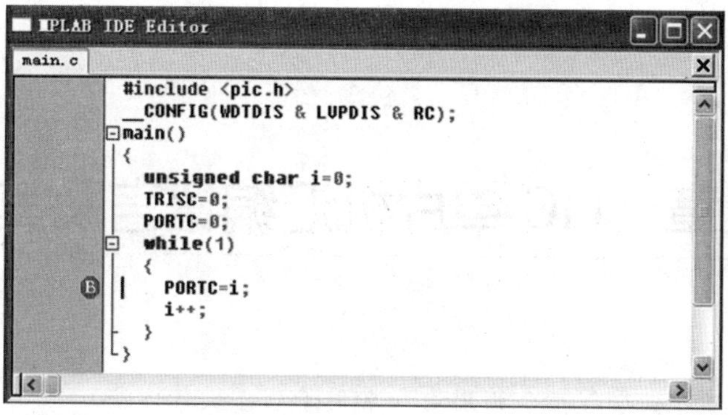

```
#include <pic.h>
  __CONFIG(WDTDIS & LVPDIS & RC);
main()
{
  unsigned char i=0;
  TRISC=0;
  PORTC=0;
  while(1)
  {
    PORTC=i;
    i++;
  }
}
```

图3.10　设置断点图示

明,则此处存在逻辑错误,按用户设计的功能改正即可。

【注意】 程序调试是单片机开发的一项非常重要技能,也是一项需要经验积累的技能,只有多尝试、多练习、多思考,才能掌握更多的调试技巧。

当把ICD2选择为编程器后,正确编程后,用户可以通过主工具栏的相关按钮来控制芯片的编程(烧写)、读取、校验、复位功能(图3.12)。编程后的单片机可以脱离ICD2独立运行。

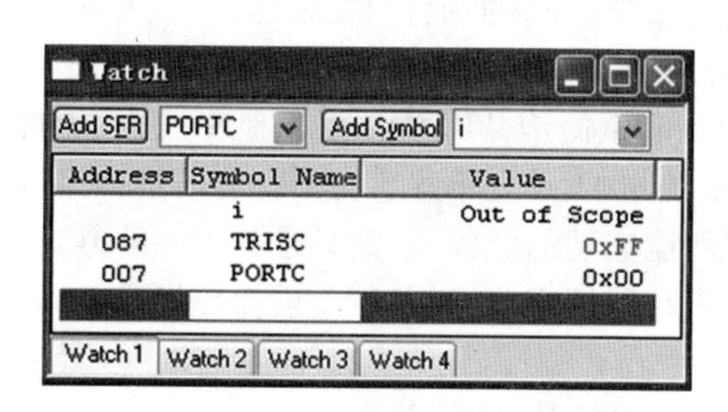

图3.11　观察变量窗口

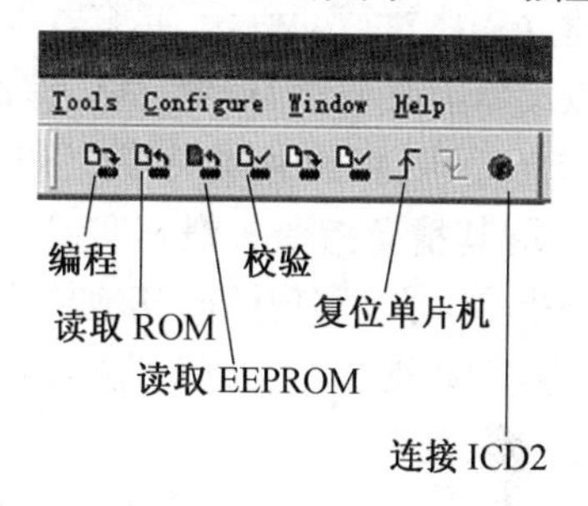

图3.12　ICD2编程器的操作按钮

本章小结

本章从软硬件开发平台的选择、项目的建立和目标代码的编程与调试等几个部分,以MPLAB为例介绍了PIC单片机的开发流程,旨在给读者介绍一个清晰的单片机开发流程,便于引导读者快速入门、上手。所涉及的软硬件知识并没有细致说明,具体知识请参考后文相关章节学习。由于涉及的软硬件平台有多个选择,读者需要根据自身条件和需要来选择某种语言加某个硬件开发平台来进行单片机的学习。

思考与练习

1. 开发PIC单片机需要哪些软件平台和硬件平台?其各自作用是什么?
2. 建立一个基于PICF877A的简单汇编语言文件,并完成其编译过程。
3. 建立一个基于PICF877A的简单C语言文件,并完成其编译过程。
4. 在使用ICD2调试时如何设置断点?
5. 在使用ICD2调试时如何查看执行过程中某个变量的值?

第4章 PIC单片机汇编语言及其程序设计

本章重点：PIC单片机每条指令的用法和常用子程序设计方法。

本章难点：程序的间接跳转指令用法，查表子程序编写方法。

4.1 PIC的RISC指令集

汇编语言是学习单片机的基础，对汇编语言的掌握能使读者清晰地了解单片机的运行过程，便于建立程序执行的概念，并且在对时序要求严格的场合只能使用汇编（或嵌入汇编）来编程，所以读者有必要学习PIC的汇编语言。

由于PIC采用了RISC指令集，使其指令非常简洁，PIC中档系列单片机全部的指令只有35条单字，谓其精简指令名副其实（同档次的8051系列单片机有100多条指令）。依靠这精简的35条指令，可以实现任何其他单片机所能实现的任务，差别只是其实现的方式和效率不同而已。将35条指令汇总成3大类：面向寄存器的字节操作指令、位操作指令及立即数和控制操作指令，见表4.1。

表4.1 PIC中档单片机35条指令简表

助记符、操作数		描述	周期	14位指令字				受影响的状态	注
				MSb			LSb		
针对字节的文件寄存器操作指令									
ADDWF	f. d	将W和f寄存器内容相加	1	00	0111	dfff	ffff	C,DC,Z	1,2
ANDWF	f. d	W和f“与”运算	1	00	0101	dfff	ffff	Z	1,2
CLRF	f	f清零	1	00	0001	1fff	ffff	Z	2
CLRW	-	W清零	1	00	0001	0xxx	xxxx	Z	
COMF	f. d	f取反	1	00	1001	dfff	ffff	Z	1,2
DECF	f. d	f减1	1	00	0011	dfff	ffff	Z	1,2
DECFSZ	f. d	f减1,为0则跳过	1(2)	00	1011	dfff	ffff		1,2,3
INCF	f. d	f加1	1	00	1010	dfff	ffff	Z	1,2
INCFSZ	f. d	f加1,为0则跳过	1(2)	00	1111	dfff	ffff		1,2,3
IORWF	f. d	f的内容和W的内容相或	1	00	0100	dfff	ffff	Z	1,2
MOVF	f. d	f内容送入f或W	1	00	1000	dfff	ffff	Z	1,2
MOVWF	f	交W送至f	1	00	0000	1fff	ffff		

续表 4.1

助记符、操作数		描述	周期	14 位指令字				受影响的状态	注
				MSb			LSb		
NOP	–	空操作	1	00	0000	0xx0	0000		
RLF	f. d	f 寄存器带进位位循环左移	1	00	1101	dfff	ffff	C	1,2
RRF	f. d	f 寄存器带进位位循环右移	1	00	1100	dfff	ffff	C	1,2
SUBWF	f. d	f 减 W	1	00	0010	dfff	ffff	C,DC,Z	1,2
SWAPF	f. d	f 半字节交换	1	00	1110	dfff	ffff		1,2
XORWF	f. d	W 与 f 异或运算	1	00	0110	dfff	ffff	Z	1,2
针对位的文件寄存器操作指令									
BCF	f. b	f 的 bit b 清零	1	01	00bb	bfff	ffff		1,2
BSF	f. b	f 的 bit b 置 1	1	01	01bb	bfff	ffff		1,2
BTFSC	f. b	检测 f 的 bit b,为 0 则跳过	1(2)	01	10bb	bfff	ffff		3
BTFSS	f. b	检测 f 的 bit b,为 1 则跳过	1(2)	01	11bb	bfff	ffff		3
立即数和控制操作指令									
ADDLW	k	W 加立即数	1	11	111x	kkkk	kkkk	C,DC,Z	
ANDLW	k	W 与立即数相与	1	11	1001	kkkk	kkkk	Z	
CALL	k	调用子程序	2	10	0kkk	kkkk	kkkk		
CLRWDT	–	看门狗定时清零	1	00	0000	0110	0100	TO. PO	
GOTO	k	跳转	2	10	1kkk	kkkk	kkkk		
IORLW	k	立即数或 W	1	11	1000	kkkk	kkkk	Z	
MOVLW	k	立即数送 W	1	11	00xx	kkkk	kkkk		
RETFIE	–	中断返回	2	00	0000	0000	1001		
RETLW	k	立即数送 W,中断返回	2	11	01xx	kkkk	kkkk		
RETURN	–	子程序返回	2	00	0000	0000	1000		
SLEEP	–	进入休眠模式	1	00	0000	0110	0011	TO,PO	
SUBLW	k	立即数减 W	1	11	110x	kkkk	kkkk	C,DC,Z	
XORLW	k	立即数与 W 异或	1	11	1010	kkkk	kkkk	Z	

注 1:当 I/O 寄存器用自身内容修改自身时(例如,MOVF PORTB, 1),使用的值是出现在引脚上的值。例如,如果将一引脚配置为输入,虽然其对应数据锁存器中的值为 1,但此时若有外部器件将该引脚驱动为低电平,则被写回的数据值将是 0。

注 2:如果对 TMR0 寄存器执行这条指令(并且适用时 d = 1),预分频器分配给 Timer 0 模块时将被清零。

注 3:跳过是指跳过下一条汇编指令。如果程序计数器(PC)被修改或条件测试为真,则执行该类指令需要两个周期。第二个周期执行一条 NOP 指令。

其中指令描述约定见表 4.2。

表 4.2　PIC 中档单片机指令描述约定表

字　段	描　　述
f	文件寄存器地址(0×00 到 0×7F)
w	工作寄存器(累加器)
b	某 8 位文件寄存器内的位地址(0 到 7)
k	立即数、常数或标号(可以是 8 位或 11 位值)
x	与取值无关的位(0 到 1) 汇编器将产生 x=0 代码,为了与所有的 Microchip 软件工具兼容,建议使用这种格式
d	目标寄存器选择: d=0:结果保存至 W d=1:结果保存至文件寄存器 f
dest	目标寄存器,W 寄存器或指定的文件寄存器地址
label	标号名
TOS	栈顶
PC	程序计数器
PCLATH	程序计数器高字节锁存器
GIE	全局中断允许位
WDT	看门狗定时器
TO	超时标志位
PD	掉电标志位
[ ]	可选的
( )	内容
→	赋值给
<>	寄存器位减
∈	表示属于某个集合
italics	用户定义项(字体为 courier)

表 4.1 与表 4.2 已经诠释了 PIC 中档单片机的所有指令及其功能,但为了方便读者学习,下文还是给出了每个指令的使用范例,便于读者参考。

4.1.1　字节操作指令的使用范例

NOP:空操作指令。

指令范例
```
BSF      PORTB,0          ;PORTB 的第 0 位输出高电平
NOP                       ;对同一端口连续操作必须要加 NOP
MOVF     PORTB,  F        ;读取 PORTB 内容
```

MOVWF:把 W 寄存器的内容传送至数据寄存器中。

指令范例
```
MOVLW    0x55             ;W 寄存器赋值值
MOVWF    DATA             ;通过 W 寄存器使 DATA 赋值为 0x55
```

MOVF:把数据寄存器的内容传送至目的寄存器。

指令范例　例 1:数据寄存器之间赋值。
```
MOVWF    VAR1,  W         ;VAR1 内容传送到 W 寄存器
MOVWF    VAR2             ;W 寄存器内容传送到 VAR2,VAR2=VAR1
```
例 2:判断变量是否为 0。

```
        MOVF    VAR3,  F          ;VAR3的内容被传送到自身,仅影响Z标志
        BTFSC   STATUS,  Z        ;若VAR3不等于0,则跳过下一条指令
        GOTO    VAR3ZERO          ;若VAR3等于0,则转做相关操作
```

CLRW:W寄存器的内容清0。

```
指令范例 CLRW                     ;执行结果W=0
```

ADDWF:数据寄存器的内容和W寄存器相加。

```
指令范例 MOVLW   0x55             ;W=0x55,假定SUM =0xAA
        ADDWF   SUM,  F           ;W不变,SUM=0xAA+0x55=0xFF
```

SUBWF:数据寄存器的内容和W寄存器相减。

```
指令范例 MOVLW   0x23             ;W=0x23
        MOVWF   TMP               ;TMP=0x23
        MOVLW   0x32              ;W=0x32
        SUBWF   TMP,  W           ;W=TMP-W=0xF1,TMP=0x23
                                  ;TMP<W,所以C=0,反之C=1
```

IORWF:数据寄存器的内容和W寄存器做逻辑或操作。

```
指令范例 MOVLW   B'00001111'      ;W寄存器低4位置1
        IORWF   RORTB,  F         ;PORTB的低4位置1,高4位保持不变
```

ANDWF:数据寄存器的内容和W寄存器做逻辑与操作。

```
指令范例 例1:寄存器任意位清0。
        MOVLW   B'00001111'       ;W寄存器高4位清0(取决于0的组合)
        ANDWF   PORTB,  F         ;PORTB的高4位清0,低4位保持不变
        例2:判断寄存器任意位组合是否全0。
        MOVLW   B'00001111'       ;W寄存器低4位置1(取决于1的组合)
        ANDWF   PORTC,  W         ;只要PORTC的低4位全0,Z标志就置1,注意此指令的
                                  ;操作结果放在W内,不会影响原寄存器值
```

XORWF:数据寄存器的内容和W寄存器做逻辑异或操作。

```
指令范例 例1:寄存器任意位数据反转。
        MOVLW   B'00000011'       ;W寄存器低2位置1(取决于1的组合)
        XORWF   PORTB,  F         ;PORTB的高6位不变,低2位数据反转
        例2:判断寄存器内容是否为一特定值。
        MOVLW   0xAA              ;W=0xAA(可以是任意值)
        XORWF   PORTC,  W         ;如果PORTC =0xAA,Z标志就置1,注意此指令的操作
                                  ;结果放在W内,不会影响原寄存器的值
```

DECF:数据寄存器的内容递减1。

```
指令范例 CLRF    COUNT             ;COUNT=0
        DECF    COUNT,  F         ;COUNT=0xFF
        DECF    COUNT,  W         ;COUNT=0xFF,W=0xFE
```

INCF:数据寄存器的内容递增1。

```
指令范例 CLRF    COUNT             ;COUNT=0x00
        INCF    COUNT,  W         ;W =0x01,COUNT不变
```

COMF:数据寄存器的内容求反码。

```
指令范例 COMF    NUM,R             ;先对NUM取反码
```

```
        INCF      NUNL,  F                ;反码加 1 即为其补码
```

DECFSZ:数据寄存器的内容递减 1,并判断 Z 标志。

指令范例

```
        MOVLW     0x10                    ;准备给循环计数器赋初值
        MOVWF     COUNT                   ;此时 COUNT  循环计数器=0x10
LOOP:   DECFSZ    COUNT,  F               ;COUNT 减 1,结果放回 COUNT ,并判断 Z 标志
        GOTO      LOOP                    ;如果递减后的结果不为 0,则执行
                                          ;该条指令,总共循环次数为 0x10(十进制 16 )
        NOP                               ;如果递减后的结果为 0,就跳到该条指令
```

INCFSZ:数据寄存器的内容递增 1,并判断 Z 标志。

指令范例

```
        MOVLW     0xC0                    ;准备给循环计数器赋初值
        MOVWF     COUNT                   ;此时 COUNT 循环计数器=0xC0
LOOP:   INCFSZ    COUNT,  F               ;COUNT 加 1,结果放回 COUNT,并判断 Z 标志
        GOTO      LOOP                    ;如果加 1 后的结果不为零,则执行该指令
                                          ;总共循环次数为 0x00 -0xC0=0x40
        NOP                               ;如果加 1 后的结果为 0,就跳到该条指令
```

RRF:数据寄存器的内容带进位右移。

指令范例 例 1:实现数据寄存器自身 8 位循环右移。

```
        RRF       DATA,  W                ;数据寄存器 DATA 内容右移 1 位
                                          ;结果放到 W 寄存器,DATA 内容不
                                          ;变,但最低位已经移到 C 中
        RRF       DATA,  F                ;这次右移的结果把 C 放到 DATA 的
                                          ;最高位,同时结果写回 DATA 本身
```

例 2:实现数据寄存器算术右移(除以 2 运算)。

```
        BCF       STATUS,  C              ;确保 C=0
        RRF       DATA,  F                ;数据寄存器 DATA 右移 1 位,最高;位补 0
```

RLF:数据寄存器的内容带进位左移。

指令范例 例 1:实现数据寄存器自身 8 位循环左移。

```
        RLF       DATA,  W                ;数据寄存器 DATA 内容左移 1 位
                                          ;结果放到 W 寄存器,DATA 内容不变
                                          ;但最高位已经移到 C 中
        RLF       DATA,  F                ;这次左移的结果把 C 放到 DATA 的最低
                                          ;位,同时结果写回 DATA 本身
```

例 2:实现数据寄存器算术左移(乘以 2 运算)。

```
        BCF       STATUS,  C              ;确保 C=0
        RLF       DATA,  F                ;数据寄存器 DATA 左移 1 位,最低位补 0
```

SWAPF:数据寄存器高低半字节内容交换。

指令范例

```
        SWAPF     W_TEMP, F               ;W_TEMP 的高低半字节内容交换,
                                          ;结果放回 W_TEMP 本身
        SWAPF     W_TEMP,  W              ;W_TEMP 的高低半字节内容再次交换,但
                                          ;这一次结果放到了 W 寄存器中。
                                          ;在不影响状态寄存器的前提
                                          ;下,把 W_TEMP 的内容复制到 W 寄存器
```

4.1.2　位操作指令的使用范例

BCF:数据寄存器中的指定位清0。

```
指令范例  BCF      STATUS,C        ;进位标志 C 清 0
          BCF      PORTD, 7        ;PORTD 第 7 位输出低电平 0
```

BSF:数据寄存器中的指定位置1。

```
指令范例  BSF      INTCON, GIE     ;INTCON 寄存器的 GIE 位置 1
          BSF      PORTD,6         ;PORTD 第 6 位输出高电平 1
```

BTFSC:判断数据寄存器中的指定位,为0则跳过下条指令。

```
指令范例  BTFSC    STATUS, Z       ;测试状态寄存器的 Z 标志
          GOTO     ZEROLABEL       ;如果 Z=1,则执行此条指令
          GOTO     NOTZERO         ;如果 Z=0,则执行此条指令
```

BTFSS:判断数据寄存器中的指定位,为1则跳过下条指令。

```
指令范例  BTFSS    PORTB,7         ;测试 PORTB 端口第 7 位
          GOTO     RB7_LOW         ;如果 RB7=0,则执行此处指令
          GOTO     RB7_HIGH        ;如果 RB7=1,则执行此处指令
```

4.1.3　立即数操作指令的使用范例

MOVLW:W 寄存器赋值为立即数。

```
指令范例  MOVLW    0x55            ;W=0x55
          MOVWF    TMP             ;TMP=W=0x55
```

ADDLW:W 寄存器和8位立即数相加。

```
指令范例  MOVLW    0xAA            ;W=0xAA
          ADDLW    OX11            ;W  =0xAA+0x11=OXBB
```

SUBLW:立即数减去 W 寄存器。

```
指令范例  MOVLW    0x23            ;W=0x23
          SUBLW    0x32            ;W=0x32-0x23=0x0F
                                   ;K>W,所以 C=1
```

IORLW:W 寄存器和立即数做逻辑或操作。

```
指令范例  IORLW    B'00001111'     ;W 寄存器低 4 位置 1
```

ANDILW:W 寄存器和立即数做逻辑与操作。

```
指令范例  ANDLW    B'00001111'     ;W 寄存器高 4 位清 0
```

XORLW:W 寄存器和立即数做逻辑异或操作。

```
指令范例  例1:任意数据位取反。
          XORLW    B'11111111'     ;取 W 寄存器的 8 位反码,结果 W 为 0
          例2:判别 W 内容是否为一特定值。
          XORLW    0x34            ;W 与 0x34 作异或运算
          BTFSC    STATUS, Z       ;若 W 不等于 0x34,则跳过下条指令
          GOTO     W34             ;W 等于 0x34,转去执行相关操作
```

4.1.4　转移控制指令的使用范例

GOTO:程序无条件跳转到指定地址。

指令范例
```
        ORG       0x000                 ;伪指令指定程序的起始地址
        GOTO      main                  ;程序跳转到 main 标号处执行
```

CALL:调用子程序。

指令范例
```
        MOVF      INDEX, W              ;设定查表索引值
        CALL      LOOKUP_TABLE          ;调用查表子程序
```

RETURN:子程序结束返回。

指令范例
```
        CALL      DELAY                 ;调用延时子程序延时一段时间
                  …                     ;其他指令
        DELAY:
                  …                     ;DELAY 子程序内容
                  RETURN                ;子程序必须用 RETURN 或 RETLW 返回调用处
```

RETLW:子程序结束并返回,同时在 W 寄存器内赋一立即数。

指令范例
```
        MOVF      INDEX,  W             ;W 中设定查表索引值(0~3)
        CALL      LOOKUP_TABLE          ;调用查表子程序
        …                               ;其他指令
        LOOKUP_TABLE:
                  ADDWF   PCL,   F      ;对 PC 值作修改
                  RETLW'0'              ;返回'0'对应的 ASCII 码
                  RETLW'1'              ;返回'1'对应的 ASCII 码
                  RETLW'2'              ;返回'2'对应的 ASCII 码
                  RETLW'3'              ;返回'3'对应的 ASCII 码
```

RETFIE:中断服务程序结束并返回。

指令范例
```
        MOVF      STATUS_TEMP,   W      ;准备恢复 STATUS 寄存器内容
        MOVWF     STATUS                ;STATUS 寄存器被恢复
        SWAPF     W_TEMP,   F           ;准备恢复 W 寄存器内容
        SWAPF     W_TEMP,   W           ;W 寄存器被恢复
        RETFIE                          ;中断返回并允许新的中断响应
```

4.1.5 特别功能指令的使用范例

CLRWDT:清除看门狗计数器。

指令范例
```
        MAINLOOP                        ;程序主循环
                  CLRWDT                ;清看门狗
                  CALI   KEYCHECK       ;检查按键
                  CALL   DISPLAY        ;显示刷新
                  GOTO   MAINLOOP       ;重复主循环体
```

SLEEP:单片机进入低功耗休眠模式。

指令范例
```
        CALL      PREPSLEEP             ;关闭所有不需要的负载,准备休眠
        SLEEP                           ;现在进入休眠模式
        NOP                             ;唤醒后开始执行的指令
```

4.1.6 指令流水线的操作原则

由于 PIC 单片机的系统结构采用哈佛结构,使得在一条指令被执行的同时读取下一条指

令成为可能，这就是 PIC 单片机的指令执行流水线概念。我们可以通过图 4.1 所示的代码例子加以具体说明。

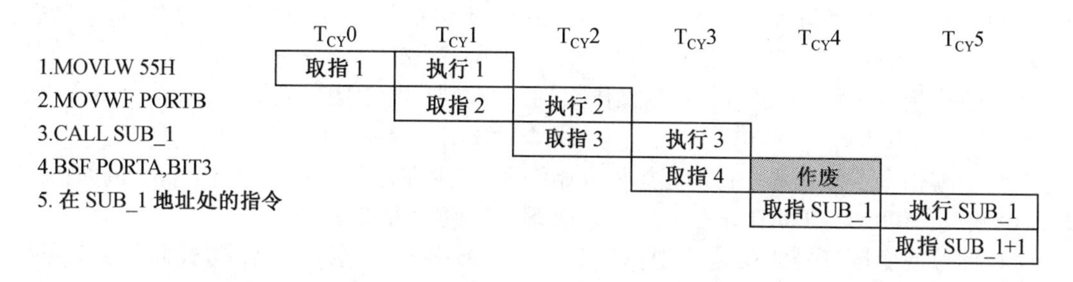

图 4.1　PIC 中档单片机的指令流水线示意图

从图 4.1 可以发现，具体到任何一条指令的执行都分两个步骤：读取指令（简写为取指）和执行指令（简写为执行）。在指令周期 $T_{CY}0$ 内，指令 1 被读取，在下一个指令周期 $T_{CY}1$ 被执行，所以每条指令从读取到执行完毕需花两个指令周期。但是在指令周期 $T_{CY}1$ 内指令 1 被执行的同时，指令 2 已经读取完毕，所以到指令周期 T_{CY2} 时即可立即执行指令 2 ，同时读取指令 3。从指令 1 执行到指令 2 执行，只花了一个指令周期的间隔，所以说 PIC 的指令执行是单指令周期，实际上是考虑了指令流水线操作后的结果。

同样，在 $T_{CY}3$ 时执行指令 3 ，同时读取其下一条指令 4 。但指令 3 执行的结果是告诉单片机调用子程序 SUB_1 ，程序将跳转到 SUB_1 入口处执行其他指令，故已经读取的指令 4 无效，必须清除掉。单片机在指令周期 $T_{CY}4$ 时把已经读取的但无用的指令清除，重新读取 SUB_1 入口处的新指令，然后在 $T_{CY}5$ 周期内执行 SUB_1 入口处的指令。从指令 3 执行到子程序 SUB_1的第一条指令开始执行，用了两个指令周期的时间。所以说，任何程序的分支和跳转，指令流水线必须重新刷新，故指令执行需用两个指令周期。

4.2　MPASM 汇编语言

PIC16 系列单片机采用的汇编语言是 Microchip 公司出品的 MPASM 汇编语言，其对应的编译器就是 MPASM。目前，MPASM 汇编编译器是作为 PIC 单片机汇编语言编程时最标准的一个编译工具，绝大部分第三方开发工具提供商都用 Microchip 的 MPASM 作为源程序编译器，来配合它们自己开发的硬件仿真工具。所以本节详细地介绍了 MPASM 汇编语言的语法及指令。

4.2.1　MPASM 简介

在 MPLAB IDE 中已经集成了 MPASM 编译器工具集，用户在 MPLAB IDE 中即可实现对汇编程序的编译、连接、调试和编程。

MPLAB 安装后汇编编译器的可执行文件名为 MPASMWIN. EXE，如是缺省安装，则存放路径为"C:\PROGRAM FILES\MICROCHIP\MPASM SUITE"。此目录下还有一个 MPLINK. EXE 的可执行文件，在多模块（多源文件）可重定位的程序开发模式下，最后一定要用 MPLINK 把所有的程序与数据模块连接定位成一个目标文件（机器码文件）。但在绝对定位的程序开发模式下，MPLINK 将不会被用到。

4.2.2 MPASM 的语法

(1)所有的有效字符都在 ASCII 字符集范围内,不包括其他国家的任何专用字符。例如:

```
MOVLW   0x88               ;错误,"0x88"中第二个 8 不是 ASCII 字符
```

(2)一个指令代码(包含指令及其操作数)必须在同一行中描述完毕。例如:

```
ADDWF   PORTB,   F         ;指令后的操作数不能另起一行
```

(3)汇编指令不要在每一行的起始处开始编写,至少在行首留有一个空格符。例如:

```
ADDWF   PORTB,F            ;汇编指令不能顶格书写
```

(4)标号或变量符号的命名规则:只能由字母、数字和下划线构成,但不能以数字开头。例如:

```
1COUNT   EQU  0x22         ;错误,变量符号或标号不能以数字开头
_1COUNT  EQU  0x23         ;正确
COUNT1   EQU  0x23         ;正确
COUNT_1  EQU  0x23         ;正确
```

(5)程序跳转用的语句标号和程序员定义的变量符号必须顶格,即起始于一行的第一个字符位置处。语句标号可以用也可以不用":"结尾。例如:

```
COUNT    EQU  0x21         ;程序员定义的变量符号必须顶格书写
SUB_1                      ;跳转用的标号必须顶格书写
  ADDWF PORTB,   F
SUB_2:                     ;":"写不写都可以
  ADDWF PORTC,F
```

(6)任何标号或变量名字中不能出现 MPASM 保留运算符,如( ),[ ],{ },<>,+,-,*,/,^,&,|,! 等符号。例如:

```
COUNT-1 EQU  0x22          ;错误,变量或标号不能包含 MPASM 运算符"-"
```

MPASM 内的保留字(汇编指令码或伪指令)不区分大小写(大小写作用相同)。例如:

```
ADDWF    PORTB,   F
;等价于
addwf    PORTB,   F
```

(8)程序中立即数字的描述方式有以下几种。

十六进制数:以 0x 开头(推荐),如 0x12,0xFF,0xFF。或者以 H 结尾,如 34H,0FFH。若以字母开头时前面需加 0 或 H'1234',H'FFFF'。例如:

```
ADDWF   0x08,F             ;正确
ADDWF      8H,F            ;正确
ADDWF      H8,F            ;错误
ADDWF      H'8',F          ;正确
ADDWF   0xA8,F             ;正确
ADDWF      A8H,F           ;错误,不是立即数形式
```

十进制数:.123,以小数点开头或 D'123'。例如:

```
MOVLW   .255               ;正确
MOVLW   D'255'             ;正确
```

二进制数:B'10100101'

```
MOVLW   B'11100011'        ;正确
MOVLW   B11100011          ;错误,不是正确的二进制形式
```

八进制数:O'12',注意是英文字母"O"而不是数字"0"开头。

```
MOVLW   O'01'              ;正确
MOVLW   O01                ;错误,不是正确的八进制形式
```

【注意】 建议读者在描述一个立即数字时用上面介绍的方式明确地表示其数制形式,不然很有可能因数制变化而引发程序运行的错误。例如,一个简单的数字 10,其进制将由编译器的编译选项来决定。

(9)注释信息用英文半角";"引导。";"后直到此行结束的内容全为注释信息。注释内容可以是任意形式的文本字符,包括全角汉字和符号。除了注释内容外,程序的其他地方不建议使用汉字或全角符号。

(10)源程序中必须出现伪指令 END,代表汇编结束。END 后的内容将被编译器忽略。

4.2.3　MPASM 的伪指令

前文中已经给出了 PIC 中档系列单片机的 35 条指令,源程序的编写主要就是用这些基本的指令实现具体功能。但为了增加源程序的可读性和可维护性,MPASM 中引入了伪指令的概念。伪指令本身不会产生可执行的汇编指令,但它们可以帮助程序员更容易地编写程序,其实用性和必要性绝不逊色于 35 条真正的汇编指令。这里着重介绍最常用的几条伪指令。

1. EQU

EQU 顾名思义是"等于"的意思,通常称之为"定义"。其作用是用一个标号名(符合 MPASM 的命名规则)替换其他数字或已经定义的符号名。

指令范例

```
MYCOUNT EQU   0x70          ;定义 MYCOUNT 符号替换立即数 0x70
STEP    EQU   0x23          ;符号名 STEP 等于 0x23
COUNT1  EQU   MYCOUNT+1     ;如果 MYCOUNT 没有事先定义,则会产生一个错误
```

在绝对定位的编程模式中,EQU 被经常用于定义程序员自己的变量,即用一个符号名代替一个固定的存储单元地址,范例中的 STEP 定义即属于此类。用 EQU 方式定义的符号在汇编后可以生成相关的调试信息,通过变量观察窗口显示此符号所代表的内存地址处的数据内容(图 4.2)。

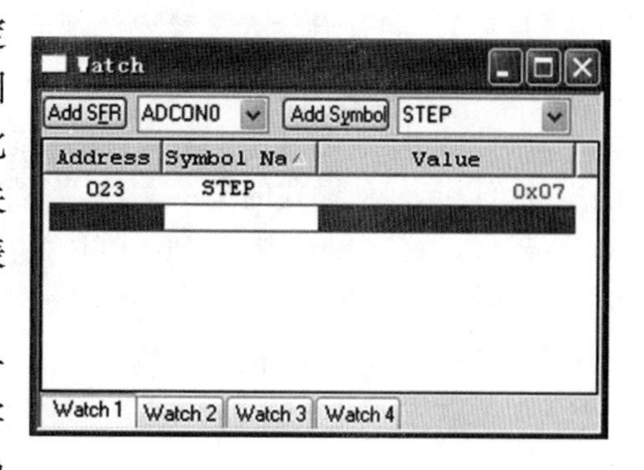

图 4.2　用"Watch"窗口观察 STEP 符号地址的内容变化

要注意 EQU 伪指令本身并没有限定所定义的一定是一个变量地址,它只是一个简单的符号和数字替换而已。其意义必须与具体的指令结合才能确定。读者可以仔细阅读以下例子来增进对符号 STEP 的理解。

指令范例

```
STEP    EQU   0x20          ;符号名 STEP 等于 0x20
MOVLW   0x55                ;W 寄存器=0x55
MOVWF   STEP                ;把 W 的值送给变量 STEP(结果:0x20 单元内容=0x55)
;"MOVWF"中的 F 说明操作数是文件寄存器地址,所以 STEP 做地址用
MOVLW   STEP                ;把 STEP 所代表的立即数值送给 W(结果:W=0x20)
```

```
        ;"MOVLW"中的 1 说明操作数是立即数,所以 STEP 用做立即数
        MOVWF    FSR                ;让 FSR 指针指向 STEP(FSR=0x20 而不是 0x55)
```

2. CBLOCK 和 ENDC

用 EQU 伪指令可以给一个符号变量分配一个地址。但在一个程序设计过程中往往需要定义很多变量,当然也可以给每一个变量逐个用 EQU 的方法分配一个地址空间。但如果变量很多,这样做就显得非常麻烦,程序员必须自己安排每个变量的地址,小心不能出现地址重叠;若要在已定义分配好的变量间输入新的变量,那就必须重新逐个安排随后变量的地址等。CBLOCK 和 ENDC 伪指令配合可以轻松解决有很多变量定义的场合出现的这些问题。CBLOCK 称为变量块定义,具体用法如下。

CBLOCK 伪指令声明变量块的起始地址,ENDC 伪指令声明变量块定义结束,CBLOCK/ENDC 中间可以插入任意多的变量声明。其地址编排由编译器自动计算:第 1 个变量地址分配从起始地址开始,然后按所声明变量保留的字节数自动分配后面变量的地址,变量所需保留的字节数用":"加后面的数字表示,如果只有 1 个字节,":1 "就可以省略不写。例如:

```
CBLOCK   0x20              ;定义变量块起始地址为 0x20
  TEMP                     ;TEMP 地址为 00,占 1 个字节
  BUFFER:8                 ;BUFFER 的起始地址为 0x22,并保留 8 个字节单元
  VARL                     ;VARL 的地址为 0x2A,占 1 个字节
  VAR2                     ;VAR2 的地址为 0x2B,占 1 个字节
ENDC                       ;结束变量块定义
```

用 CBLOCK 方式定义的变量与用 EQU 方式定义的变量一样,在汇编后可以生成相关的调试信息,可以通过各种变量观察的方式显示此符号所代表的内存地址和其中的数据内容。这种定义使软件工程师在编程时无需关心每个变量的具体地址,编译器会自动分配。这样一般不会出现地址重定义问题。所以,推荐读者在定义变量时使用 CBLOCK 和 ENDC 伪指令实现。

【注意】 用这种方式连续定义很多变量时,不要让变量块跨越所处 BANK 的边界。

3. # include 或 include

include 用来把另外一个文件的内容全部包含复制到本伪指令所在的位置。被包含复制的文件可以是任何形式的文本文件,当然文件中的内容和语法结构必须是 MPASM 能够识别的。最经常被包含的是针对 PIC 单片机内部特殊功能寄存器定义的包含头文件。在 MPLAB 安装后,它们全部放在路径"C:\Program Files\Microchip\MPASM Suite"下,每一个型号的 PIC 单片机都有一个对应的预定义包含头文件,扩展名是". INC"(图 4.3)。

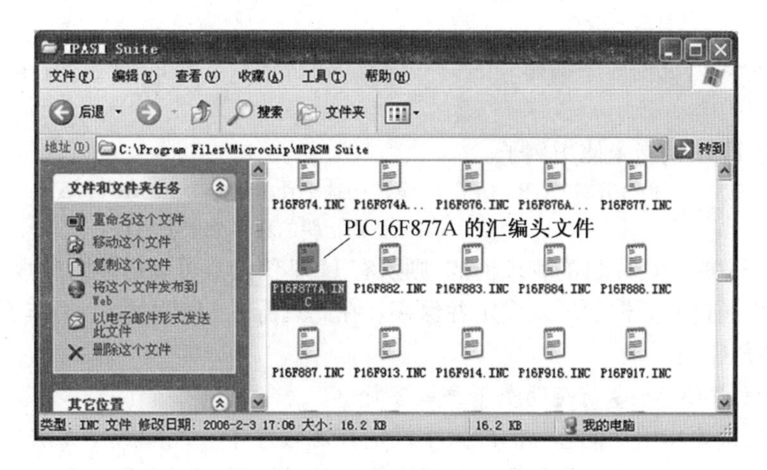

图 4.3　PIC 汇编语言头文件位置

P16F877A.INC 文件部分内容如下所示：

```
W                    EQU     H'0000'
F                    EQU     H'0001'
;----- REGISTER FILES--------------------------------
INDF                 EQU     H'0000'
TMR0                 EQU     H'0001'
PCL                  EQU     H'0002'
STATUS               EQU     H'0003'
FSR                  EQU     H'0004'
PORTA                EQU     H'0005'
PORTB                EQU     H'0006'
PORTC                EQU     H'0007'
```

读者会发现汇编头文件主要是特殊寄存器的符号定义。这样把此头文件包含在汇编代码中，就可以在代码中直接使用 STATUS，PORTB，从而免去了记忆每个寄存器物理地址的烦恼。

除了一些符号预定义文件，程序员也可以把现有的其他程序文件作为一个代码模块直接包含进来作为自己程序的一部分，如下例所示。

指令范例

```
#include <P16F877A.INC>        ;包含 PIC16F877A 的头文件
#include "MATH.ASM"            ;把“MATH.ASM”包含，作为自己代码的一部分
```

请注意被包含的引用方法。一种是尖括号(<>)引用，这种引用意味着让编译器去默认的路径下寻找该文件，MPASM 默认的寄存器预定义文件存放路径即为上面提及的 MPLAB 安装后的目录；另一种是双引号("")引用，这种引用方式的意思是指示编译器从当前项目的相对文件夹位置寻找该文件。上例中“MATH.ASM”没有指定路径，即意味着在当前项目路径下寻找 MATH.ASM 文件。如果编译器找不到被包含的文件，将会有错误信息提示。

请在源程序中尽量用 MPLAB 标准头文件定义的寄存器符号。一来这些被定义的寄存器符号与芯片数据手册上的描述一一对应，理解起来既直观又容易；二来如果用自己定义的符号就缺乏一个交流的标准环境，其他人解读你的代码时将费时费力。故上例中的首行“#include”包含引用伪指令可以说是 PIC 单片机汇编代码编写时的标准必备。当然对于不同的芯片需要包含不同的头文件。

4. LIST

LIST 伪指令可以设定程序编译时的一些信息,如所选单片机的型号,编译时选择的缺省数制等。

【例 4.1】 LIST 伪指令使用例子。

```
LIST      P=16F877A,R=DEC    ;设定所选单片机型号为 PIC16F877A
                             ;无特别指明的数字为十进制数
```

如果程序开发时使用项目的管理模式,则所有 LIST 伪指令可以描述的参数项都可以在项目的设定选项中通过对话框的形式设定并保存。在此只需对 LIST 伪指令稍作了解即可。

5. _ _CONFIG

【注意】 注意 CONFIG 前是两个下画线字符。

此伪指令的重要作用是把芯片的配置字设定在源程序中。此配置字无法用指令存取,只能使用编程器存取。建议读者尽量用此伪指令把芯片的配置字写在程序中,便于程序的烧写和调试。所有的配置字在相应型号单片机的头文件中有定义。以下程序代码是 PIC16F877A 头文件中配置字定义。

```
;==========================================================
;
;       Configuration Bits
;
;==========================================================

_CP_ALL         EQU     H'1FFF'     ;代码保护功能打开
_CP_OFF         EQU     H'3FFF'     ;代码保护功能关闭
_DEBUG_OFF      EQU     H'3FFF'     ;关闭 ICD2 调试功能
_DEBUG_ON       EQU     H'37FF'     ;打开 ICD2 调试功能
_WRT_OFF        EQU     H'3FFF'     ;关闭运行时程序存储器写保护
_WRT_256        EQU     H'3DFF'     ;程序存储器前 256 字节写保护
_WRT_1FOURTH    EQU     H'3BFF'     ;程序存储器前 1/4 写保护
_WRT_HALF       EQU     H'39FF'     ;程序存储器前 1/2 写保护
_CPD_OFF        EQU     H'3FFF'     ;关闭 EEPROM 数据读保护功能
_CPD_ON         EQU     H'3EFF'     ;打开 EEPROM 数据读保护功能
_LVP_ON         EQU     H'3FFF'     ;打开低电压编程功能
_LVP_OFF        EQU     H'3F7F'     ;关闭低电压编程功能
_BODEN_ON       EQU     H'3FFF'     ;打开欠压复位功能
_BODEN_OFF      EQU     H'3FBF'     ;关闭欠压复位功能
_PWRTE_OFF      EQU     H'3FFF'     ;打开上电定时器
_PWRTE_ON       EQU     H'3FF7'     ;关闭上电定时器
_WDT_ON         EQU     H'3FFF'     ;打开看门狗定时器
_WDT_OFF        EQU     H'3FFB'     ;关闭看门狗定时器
_RC_OSC         EQU     H'3FFF'     ;选择 RC 振荡器
_HS_OSC         EQU     H'3FFE'     ;选择高速振荡器
_XT_OSC         EQU     H'3FFD'     ;选择外部振荡器
_LP_OSC         EQU     H'3FFC'     ;选择低速振荡器
```

```
指令范例  __CONFIG _WDT_OFF & _RC_OSC & _LVP_OFF ;关闭看门狗定时器
;选择 RC 振荡器,关闭低电压编程功能
;若使用外部的高速振荡器,可以改写为
          __CONFIG _WDT_OFF & _HS_OSC & _LVP_OFF
```

6. __IDLOCS

【注意】 IDLOCS 前是两个下画线字符。

PIC 单片机中有一处非常特殊的标记单元,它独立于任何其他存储器,唯一的作用就是作为一个标记。此标记值无法用软件读到,读取和写入的方法只有通过编程器实现。此标记值没有读保护,程序员可以利用它存放程序的版本或日期等信息。如果需要,则可以用伪指令__IDLOS 在程序中定义具体的值,例如:

```
指令范例  __IDLOS 0x1234      ;设定芯片的标记值为 0x1234,注意前面有两个下画线
```

与__CONFIG 伪指令定义的配置字一样,用__IDLOS 定义的芯片标记值最后也会存放在目标件中,这就要求编程器能够解析它。

7. #define

#define 的作用是定义常数符号,即用符号名替换一个常数或符号名。其功能与 EQU 相同,但是用#define 定义的符号无法通过“Watch”窗口观察,所以一般用其定义常量。

```
指令范例  #define    DELAY_TIME 200      ;定义常数符号,即用 DELAY_TIME 符号代替 200
          #define    KEY1   PORTB,0      ;用 KEY1 符号代替端口 PORTB 的第 0 引脚
```

用#define 伪指令定义符号后,可使程序中的变量或指令变得更具实际意义,也使程序变得更易维护。指令“BTFSS PORTB, 0 ”和“BTFSS KEY1”在事先用了前例中的#define 后编译的结果是一样的,但很明显,后者看起来更容易理解,一看就知道这是在测试编号为 KEY1 的一个按键。而且如果程序员的硬件设计改动了 KEY1 所接的单片机引脚,只要改动这一处#define重新定义引脚位置,程序的其他部分无需任何修改,再编译一次即可得到更新后的软件代码。

一个好的编程习惯是事先把一些代表实际意义的变量、单片机的输入/输出引脚在硬件电路中的实际功能等用#define 伪指令定义成简单、直观的符号名字,然后在程序中直接用其符号名字而不要直接用数字形式。

8. ORG

ORG 用以定义程序代码的起始地址,通过此伪指令可以把程序定位到任何可用的程序空间,它实现的是程序代码绝对定位。

```
指令范例  ORG  0x000;定义以下指令从程序存储器地址 0x000 开始存储
          GOTO  MAIN
          ORG  0x004;定义中断入口地址,以下指令从地址 0x004 开始存储
                    MOVWF   W_TEMP      ;其他中断服务代码
                    ……
MAIN
                    ……                  ;主程序代码
                    ORG   0x800         ;定义 PAGE1 的起始地址,以下指令代码放在 PAGE1 中
SUB1
                    ……                  ;SUB1 子程序代码
```

```
        RETURN
```

只要程序员认为代码需要确定放在某一特定地址处,在程序的任何地方都可以用 ORG 伪指令重新定义存放的起始地址,且地址顺序可以任意编排。但要注意的是,若干个确定起始地址的代码块不能相互重叠,否则编译器会报错,无法得到正确结果。若用可重定位方式编写汇编程序时,一般不能用 ORG 伪指令绝对定位代码。

9. DT

DT 的作用是定义表格数据(Define Table),实现程序存储器的查表操作。DT 可以直观地把一串常量数据存放在程序存储器(ROM)内,这些数据会按字节的顺序用"RETLW"指令书写,当程序执行到 DT 定义的表格数据后就会返回一个字节。

指令范例

```
LTABLE  ADDWF   PCL,F       ;PC 相对寻址查表
        DT      0           ;实际产生指令 RETLW 0
        DT      1,2,'3'     ;实际产生指令 RETLW 1
                            ;实际产生指令 RETLW 2
                            ;实际产生指令 RETLW 0x33('3'的 ASCII 码)
        DT      'ABC'       ;实际产生指令 RETLW 0x41('A'的 ASCII 码)
                            ;实际产生指令 RETLW 0x42('B'的 ASCII 码)
                            ;实际产生指令 RETLW 0x43('C'的 ASCII 码)
```

当程序执行完以下两行指令后, W 的内容就变为了'A'。

```
MOVLW   4
CALL        LTABLE
```

对以上程序的具体理解请参考本章"汇编语言的寻址模式"一节内容。

10. DE

DE 伪指令可以让程序员在源程序中定义片内 EEPROM 的初值。该条伪指令只适用于那些内含 EEPROM 数据存储器的单片机,如 PIC16F87X,PIC16F62X 等。在中档 PIC 单片机中,除了 PIC16F7X 系列外,其他 FLASH 型的单片机都有片上 EEPROM,只是字节数多少的问题。程序员可以编写代码在程序运行时来设定片内 EEPROM 数据区的初值,但此 EEPROM 区还可以在芯片编程烧写时通过编程器对其设定初值。对编程器而言,EEPROM 数据区是程序空间的延伸,它有个特别的编程起始地址 0x2100。基于这一前提,程序员可以在源程序中利用 ORG 和 DE 伪指令定义片内 EEPROM 数据的初值,这样最后得到的 HEX 文件(一种目标文件格式)被烧写到单片机内后,EEPROM 区就同时被特定数据所初始化。例如:

```
ORG     0x2100      ;编程器能自动识别此地址作为 EEPROM 数据区起始地址
DE      .32,0x32    ;EEPROM 地址单元[0]=0x20, [1]=0x32
DE      "OK"        ;[4]=0x4F, [5]=0x4B
```

根据以上的定义,芯片完成编程烧入后,其内部 EEPROM 区从 0x00 单元开始被分别初始化成 0x20,0x32,0x4F,0x4B。其他未被初始化的 EEPROM 单元全部是 0xFF。可以通过选择 MPLAB 的主菜单"View"→"EEPROM"来查看当前 EEPROM 的内容(图 4.4)。

需要注意的是,并不保证所有的编程工具都能支持此法定义的 EEPROM 初始值烧写。能直接嵌入在 MPLAB 环境下的 Microchip 原厂或兼容的编程工具都可以支持"DE "伪指令定义的 EEPROM 初值烧入,但其他第三方生产的编程工具就不一定,使用前请咨询编程器的生产厂商。

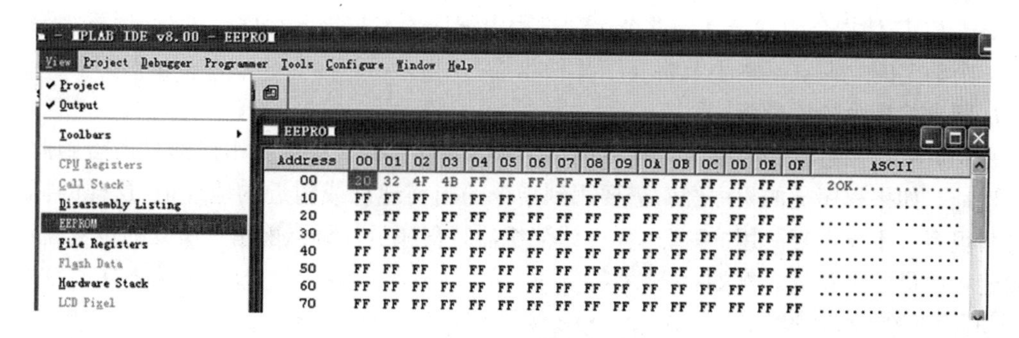

图 4.4　EEPROM 观察窗口

11. FILL

FILL 伪指令可以实现对程序空间连续自动填充某一特定的指令数据，被填充的可以是一个立即数（实际肯定代表某一条指令），也可以是一条形象的汇编指令。基本上在一个设计中都有一些程序空间没有写上具体的指令编码（空白处），在单片机正常运行时这些地方的指令是不会被执行到的。但在有干扰的情况下，程序跑飞正好落在这些非法指令处时，就有必要设置软件陷阱捕捉这些非法跳转，让程序恢复正常运行。如果要程序员一个一个地址去分析哪里有空的指令单元，然后又用特殊指令一条一条填入，这是根本行不通的。FILL 伪指令在这时就派上用场了。以下是 FILL 伪指令的一个使用例子。

```
    FILL (GOTO  $),END_OF_ROM-$
    ;从当前地址开始到 END_OF_ROM 的程序空间都填充“GOTO  $”指令
    org 0x2000
END_OF_ROM:
```

请特别注意上例第 1 行 FILL 伪指令的用法。在程序员自己的程序中也可以用同样的方法把所有未用到的程序空间填上“GOTO　$”这样一条死循环的指令。一旦单片机执行过程中非法跳到这些指令处时，指令运行就将被“俘获”，停在那里直到看门狗复位（前提是要通过配置字打开看门狗定时器），然后程序从头开始。这是软件陷阱的最基本处理方法。若填充指令“GOTO 0”直接跳转到复位地址处可能会有问题，因为 GOTO 指令执行时必须与 PCLATH 寄存器配合（跨页跳转的问题，详见后文的寻址模式），若 PCLATH<4:3>不为 00 就不能跳到复位地址 0x0000 处。在程序跑飞非法跳转到设定的陷阱处时，程序员无法确定 PCLATH <4:3>的值，所以不能填充“GOTO 0”。

12. END

END 伪指令告诉汇编编译器编译工作到此为止，END 后面所有的信息，不管正确与否，一概不管。在绝大多数情形下，汇编源代码的最后一行应该是 END。无论如何，END 必须出现在程序中，不然编译器会报错，无法进行编译工作。

4.2.4　MPASM 的运算符

为了使所编的程序理解更直观，维护更方便，MPASM 汇编器允许程序员在程序的编写过程中，直接以数学表达式的形式在指令中实现一些数字运算的功能。千万不要误解成 MPASM 可以替程序员生成数学运算的指令，那可是其他编译器（如 C 编译器）才能完成的工作。这里讲的数字运算前提是所有参与运算的操作数全部是立即数，如果是符号名字，则必须事先用

#define或 EQU 伪指令明确定义。整个运算过程由编译器在扫描源程序时进行,运算结果也只能是一个确定的立即数。本小节将介绍几种非常有用的运算符。

1. 取当前指令的地址值:$

程序员可以在写程序时给一条指令前加上一个标号,然后直接引用该标号而得到此程序字的地址。如果程序员的程序经常需要用到指令的当前地址或附近的地址值,这样的标号就需要写很多且不能重复。用“ $ ”运算符让汇编器替程序员计算当前指令所处的位置,将有效地减轻程序员的工作量。例如:

```
;用语句标号得到指令地址
HERE    GOTO     HERE          ;跳转到当前地址,程序进入死循环
DELAY   DECFSZ   COUNT, F      ;计数器减 1 并判断结果是否为 0,为 0 则间跳
        GOTO     DELAY         ;跳转到上一行重复循环
```

以上的代码可以用 $ 运算符简化为:

```
        GOTO     $             ;跳转到当前地址.程序进入死循环
        DECFSZ   COUNT, F      ;计数器减 1 并判断结果是否为 0,为 0 则间跳 0
        GOTO     $-1           ;跳转到(当前地址-1)处,即上一行,
                               ;重复循环
```

2. 取 16 位立即数的高低字节:HIGH 和 LOW

在 8 位单片机中,一个 16 位的立即数必须被拆解成高 8 位 1 个字节(高字节)和低 8 位 1 个字节(低字节)才能用指令逐个处理,类似的处理在对 2 字节变量赋立即数初值和基于 PC 相对跳转查表前设定 PCLATH 寄存器时经常碰到。MPASM 提供了 HIGH 和 LOW 两个运算符分别计算一个立即数的高字节和低字节。例如:

```
; 2 字节变量赋立即数初值
#define   DELAY_TIME 1000              ;定义一个常数立即数
          MOVLW    LOW(DELAY_TIME)     ;取立即数的低字节值,经编译器计算将得到 0xE8
          MOVWF    COUNT               ;赋给变量的低字节
          MOVLW    HIGH(DELAY_TIME)    ;取立即数的高字节值,经编译器计算将得到 0x03
          MOVWF    COUNT+1             ;赋给变量的高字节
;查表前设定 PCLATH 寄存器。关于 PC 相对跳转的概念详见后文
          MOVLW    HIGH(TABLE)         ;取查找表入口地址的高字节值
          MOVWF    PCLATH              ;设定 PCLATH 寄存器
          MOVF     INDEX,W             ;取查表索引值
          CALL     TABLE               ;调用查表子程序
```

3. 加减乘除:+,-, * ,/

实际上前面的很多代码范例中都已经说明了“ + ”,“ - ”运算符的使用方法。“ * ”和“ / ”的运算也类似。下面是计算异步串行通信波特率常数的方法。例如:

```
;高速异步通信波特率 BPS=FOSC/16 * (X+1)
;故,波特率常数 X=FOSC(BPS * 16)-1
#define   BPS      .9600                  ;定义工作波特率
#define   FOSC     .4000000               ;定义单片机工作振荡频率 4 MHz
                                          ;其他代码
          MOVLW    FOSC/(BPS * .16)-1     ;编译器计算得到 25(十进制 25)
```

```
        MOVWF     SPBRG                   ;设定波特率定时寄存器
```

程序中用了统一的计算公式后，在调试时只要简单地改变前面的#define语句定义新的波特率或振荡频率值，然后重新编译一次程序即可实现波特率设定代码的更新，非常方便。

4. 移位运算：>>和<<

“>>”运算符把一个立即数算术右移若干位（高位补0），“<<”运算符把一个立即数算术左移若干位（低位补0）。例如：

```
#define   XXX       0x55
          MOVLW     XXX >> 1          ;W=0x2A
          MOVLW     XXX << 2          ;W=0x54
          MOVLW     1 << 7            ;W=0x80
```

5. 立即数逻辑运算：&，|，^

“&”运算符把一个立即数和另外一个立即数做逻辑与运算。

“|”运算符把一个立即数和另外一个立即数做逻辑或运算。

“^”运算符把一个立即数和另外一个立即数做逻辑异或运算。

例如：把两个立即数做逻辑与运算。

```
#define   VAL1      0X34
#define   VAL2      0X0F
          MOVLW     VAL1&VAL2
```

【注意】 例子中的VAL1，VAL2都是事先已经定义的立即数，而不是RAM中的变量。

4.2.5　MPASM的内置宏指令

引入宏指令的目的也是为了增强程序的可读性和易维护性。和伪指令不同的是，伪指令所起的只是辅助性的作用，其本身不会直接产生真正的机器码；但宏指令是真正的指令，它实际上是若干条基本汇编指令的集合。为了编程方便，MPASM已经内含了一些非常好用的宏指令，程序员也可以自己编写任意形式的宏指令。

MPASM内含的宏指令就像扩充了的标准汇编指令一样，其名字已作为MPLAB的关键词而被保留。虽然经过编译器编译后最终将变成真正的汇编指令机器码，但某些宏指令的转换过程还是有其独到之处。

1. BANKSEL

BANKSEL可以帮助程序员非常方便地实现寄存器BANK的设定。程序员只需在BANKSEL后给它一个变量名或地址，编译器会自动按照变量地址所在的BANK，自动生成设定STATUS寄存器RP1：RP0位的指令。例如，对于如下指令：

```
        BANKSEL   TRISC               ;设定TRISC所在的BANK(TRISC在BANK1)
```

若芯片选择PIC16F874A，RAM共有2个BANK，则编译后的机器码为

```
        BSF       STATUS, RP0         ;只生成1条汇编代码
```

若芯片选择PIC16F877A，RAM共有4个BANK，则编译后的机器码为

```
        BSF       STATUS, RP0         ;生成2条汇编代码
        BCF       STATUS, RP1         ;
```

同样的一条“BANKSEL TRISC ”指令，针对不同的芯片编译器生成的汇编代码可能不同。2个BANK的芯片只要用到RP0一位即可实现BANK选择，BANKSEL宏指令会转换成1条汇

编指令;4 个 BANK 的芯片则必须用 RP1 : RP0 两位一起实现 BANK 选择,故 1 条 BANKSEL 宏指令将转换成 2 条汇编指令。用 BANKSEL 的好处是显而易见的,程序员无需太多关心自己准备操作的寄存器落在哪个 BANK 内,编译器会知道这个寄存器的实际地址,然后替自己生成相关的汇编代码以正确设定 BANK 位。需要时程序员可以随意移动变量的定义地址而无需修改其他代码,只需重新编译一次即可。另外,如果程序员用代码以可重定位方式进行软件开发时,在写指令之时根本就无法知道自己定义的变量最后会落在哪个 BANK 中,想自己设定具体的 BANK 都不行。此时,只有用 BANKSEL 宏指令让编译器连接器一起,在连接定位后再"自动填入"相关的 BANK 位设定指令。

2. BANKISEL

与 BANKSEL 类似,不过它对付的是用于寄存器相对寻址的 STATUS 寄存器中的 IRP 位。它也会用最少的代码实现 IRP 位的设定。如果是只有 2 个 BANK 的芯片,用 BANKISEL 将不产生任何指令。在代码可重定位开发方式下,对可重定位的变量做相对寻址需要设定 IRP 位时,也只能用 BANKISEL 交由编译器连接器来代替程序员实现,例如:

```
;芯片选择  PIC16F877A, RAM 共有 4 个 BANK
            CBLOCK      0x120
              BUFFER:8                    ;从地址 0x120 起定义 8 字节的数据区
            ENDC
            BANKISEL    BUFFER            ;用 BANKISEL 自动设定 IRP 位
            MOVLW       LOW(BUFFER)       ;取 BUFFER 的地址(只有低 8 位)
            MOVWF       FSR               ;送给 FSR
```

编译后的机器码如下:

```
            BSF         STATUS,7          ;真正地设定 IRP 的汇编代码
            MOVLW       0x20
            MOVWF       FSR
```

3. PAGESEL

PAGESEL 可以帮助程序员设定程序的页面。使用方式与 BANKSEL 相似,只是它改变的是 PCLATH<4:3>两位。该宏指令也同样将用最少的代码实现程序页面设定:程序空间不超过 2 K 字节(只有 1 页)的将不产生任何汇编代码。程序空间不超过 4 K 字节(最多 2 页)的芯片将只生成 1 条设定 PCLATH<3>的汇编代码;只有超过 4 K 字节(最多 4 页)的芯片才会生成 2 条代码。同样,PAGESEL 在代码可重定位的开发模式下也是不可或缺的。例如:

```
;芯片选择 PIC16F877A, RAM 共有 4 个页面
            ORG         0x0100            ;在第 0 页内
MAIN        PAGESEL     SUB1              ;用宏指令设定被调用子程序的页面
            CALL        SUB1              ;随后调用该子程序
            PAGESEL     $                 ;用宏指令设定当前地址的页面
            GOTO        MAIN              ;循环
            ORG         0x0800            ;SUB1 子程序定义在第 1 页
SUB1
            ……
            RETURN                        ;子程序返回
```

编译后的机器码(MAIN 部分)如下。

```
MAIN    BSF     PCLATH,3        ;设定SUB1所在的页面
        BCF     PCLATH,4
        CALL    SUB1
        BCF     PCLATH,3        ;设定当前指令所在的页面
        BCF     PCLATH,4
        GOTO    MAIN
```

4. CLRC/SETC

CLRC/SETC针对的是状态寄存器STATUS中的进位标志位。

```
CLRC    等同于  BCF   STATUS,C      ;C=0
SETC    等同于  BSF   STATUS,C      ;C=1
```

5. CLRZ/SETZ

CLRZ/SETZ针对的是状态寄存器STATUS中的0标志位。

```
CLRZ    等同于  BCF   STATUS,Z      ;Z=0
SETZ    等同于  BSF   STATUS,Z      ;Z=1
```

6. CLRDC/SETDC

CLRDC/SETDC针对的是状态寄存器STATUS中的半字节进位标志位。

```
CLRDC   等同于  BCF   STATUS,DC     ;DC=0
SETDC   等同于  BSF   STATUS,DC     ;DC=1
```

7. SKPC/SKPNC

SKPC/SKPNC是判状态寄存器STATUS中的进位标志位,若条件满足,则程序跳过下一条指令。

```
SKPC    等同于  BTFSS  STATUS,C     ;若C=1,则程序跳过下一条指令
SKPNC   等同于  BTFSC  STATUS, C    ;若C=0,则程序跳过下一条指令
```

8. SKPZ/SKPNZ

SKPZ/SKPNZ是判状态寄存器STATUS中的0标志位,若条件满足,则程序跳过下一条指令。

```
SKPZ    等同于  BTFSS  STATUS,Z     ;若Z=1,则程序跳过下一条指令
SKPNZ   等同于  BTFSC  STATUS,Z     ;若Z=0,则程序跳过下一条指令
```

9. SKPDC/SKPNDC

SKPDC/SKPNDC是判状态寄存器STATUS中的半字节进位标志位,若条件满足,则程序跳过下一条指令。

```
SKPDC   等同于  BTFSS  STATUS,DC    ;若DC=1,则程序跳过下一条指令
SKPNDC  等同于  BTFSC  STATUS       ;若DC=0,则程序跳过下一条指令
```

10. BC/BNC

BC/BNC是判断状态寄存器STATUS中的进位标志位C,按进位标志实现程序的分支跳转。例如:

```
MOVLW   0x31            ;W=0x31
ADDWF   SUM,F           ;SUM=SUM+W
BC      CARRY1          ;如果发生进位,则跳转到CARRY1处执行
NOP                     ;如果没有进位,则继续执行BC下一条指令NOP
……
```

请不要被 BC/BNC 这样“一条”指令所迷惑，它实际上是由 2 条汇编指令组成，且用到了 GOTO 实现跳转，故在用此宏指令前注意页面的设定。

11. BZ/BNZ

与 BC/BNC 一样，只不过判别的是状态寄存器 STATUS 中的 Z 标志位。例如：

```
MOVLW    0x55              ;W=0x55
XORWF    FLAG, W           ;FLAG=0x55
BZ       MATCH             ;Z=1,FLAG=0x55,跳转到 MATCH 处执行
NOP                        ;Z=0,继续执行 BZ 的下一条指令 NOP
…
```

12. BDC/NBDC

同上，判别的是状态寄存器 STATUS 中的半字节进位标志位。

4.3 汇编语言的寻址模式

PIC 单片机汇编语言的寻址方式分两类：数据寄存器寻址方式和程序寄存器寻址方式。由于其系统结构的特殊性（单字指令系统），其寻址方式也与常见多字节指令系统（如 8051 单片机）不同，需要读者仔细阅读并上机实践方能正确掌握。

4.3.1 数据寄存器直接寻址与 BANK 的使用

在前文指令系统的学习中，读者已经了解了针对数据寄存器字节为操作对象的指令，其编码格式如图 4.5 所示。

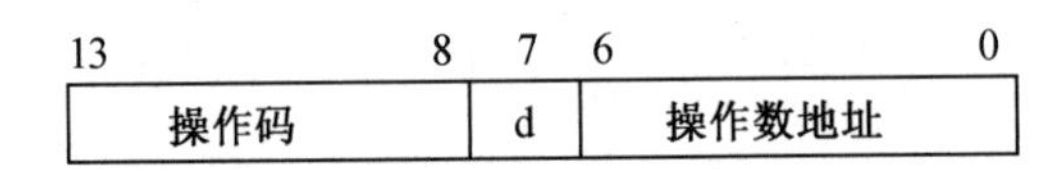

图 4.5 数据寄存器直接寻址编码格式

在总共 14 位的指令编码中，最高的 6 位代表操作码，第 7 位 d 代表的是本指令执行结果的存放目的地：

如果 d=1，则表明结果存放在操作数寄存器内，W 工作寄存器的内容不变。

如果 d=0，则结果将放在 W 寄存器内，原操作数寄存器的内容不变。

在编写程序时，为了让程序易于理解和维护，应该把 d 直接写成 F 或 W（不区分大小写），分别代表指令编码中的 1（用 F 表示）和 0（用 W 表示）。

在指令编码中，只有最低 7 位数据代表了寻址操作数的地址，位操作指令也不例外（图 4.6）。7 位地址能描述的空间范围只有 128 字节，因此，通过指令能直接寻址的范围只有 0x00 ~ 0x7F的 128 字节空间。

PIC 中档系列单片机结构能支持的数据空间寻址范围为 512 字节，这需要 9 位地址描述（$2^9=512$）。所以要想寻址这 512 字节全地址空间，就必须找到一个方法提供额外的两个地址位，用完整的 9 位地址来寻址。

PIC 中档系列单片机就利用了 STATUS 状态寄存器内的 RP1 和 RP0 这两位来实现这“额外”的寻址地址位。任何针对数据寄存器为操作对象的指令（字节操作和位操作），其指令编

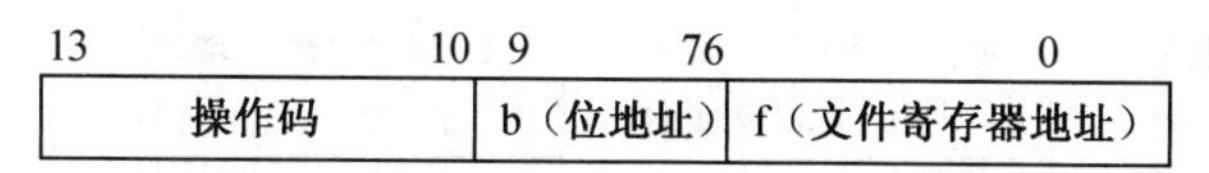

b=3 位位地址

f=7 位文件寄存器地址

图 4.6　位操作指令编码格式

码中已经包含了目标寄存器的低 7 位地址信息。在指令被译码执行时，单片机会自动把状态寄存器 STATUS 中的 RP1:RP0 取过来作为其地址的最高 2 位，和本指令中的低 7 位地址一起凑成完整的 9 位地址码去寻址正确的数据寄存器。

状态寄存器 STATUS 是一个独立的寄存器，其中任何数据位信息的改变必须通过独立的指令操作来完成。在任何针对数据寄存器为操作对象的指令执行前，需要程序员自己来保证 RP1:RP0 均用于寄存器直接寻址的关键位已经正确设定。这就是 PIC 单片机软件设计中重要的寄存器组别(BANK)设定的概念。关于 PIC 单片机的 BANK 一词在不同的中文书上被译成不同的名称，在本书以后的章节中就直接用英文单词 BANK 而不去直译。RP1:RP0 两位的设定组合代表了当前直接寻址对应的 BANK 号，见表 4.3。

表 4.3　寄存器 BANK 编号

RP1:RP0	BANK 编号
00	0
01	1
10	2
11	3

这里以单片机 PIC16F877A 的数据寄存器映射图(图 4.7)为例来说明如何设定相关数据寄存器的 BANK。按照 7 位地址所能描述的 128 字节为一个 BANK 的划分，PIC16F877A 的所有数据寄存器空间被分为 4 个 BANK，分别冠以 BANK0～3。在每个 BANK 中，最前一部分均为特殊功能寄存器，其中有一些地址处虽然没有定义具体的寄存器但被保留。给程序员编程用的通用寄存器在每个 BANK 的后部，其字节长度在 4 个 BANK 中可能不等。位于 BANK0～3的最后 16 个特殊地址单元称为快速存取区(ACCESS BANK)。这个区之所以特殊，是因为在 BANK1～3 的这些地址上不存在实际的物理空间，对这些地址的任何操作实际上针对的操作对象都被映射到 BANK0 对应的 0x70～0x7F 这 16 个地址单元中。换句话说，寻址 BANK0 的最高 16 字节不需要考虑当前的 BANK 设定。这显然对软件的编写带来很多方便。

在图 4.9 中，位于每个 BANK 上部的特殊功能寄存器组中也有一些寄存器出现在所有 4 个 BANK 的对应位置上，如 INDF，STATUS，PCL，PCLATH，FSR 和 INTCON 等被最经常用到的寄存器。对这些全局寄存器其操作方式如同上面介绍的针对快速存取区的操作一样，寄存器的真正物理空间也落在 BANK0，但对任何其他 BANK 的对应位置做操作，均被自动映射到 BANK0 的真正空间。所以，对此类全局特殊功能寄存器的操作也无需担心当前 BANK 位的设定。

PIC 单片机数据寄存器的如此设计考虑使得应用开发人员在一定程度上可以减少因 BANK 设定而带来的不便。要特别提醒的是，这里是以 PIC16F877A 这个特定的芯片为例来介绍数据寄存器的分布情形。在其他型号的单片机上，其片上数据寄存器的大小和地址分配可能完全不同，快速存取区也不一定存在。所以，在选定某一特定型号的芯片后必须仔细阅读其

寄存器名称	地址	寄存器名称	地址	寄存器名称	地址	寄存器名称	地址
INDF	00H	INDF	80H	INDF	100H	INDF	180H
TMR0	01H	OPTION_REG	81H	TMR0	101H	OPTION_REG	181H
PCL	02H	PCL	82H	PCL	102H	PCL	182H
STATUS	03H	STATUS	83H	STATUS	103H	STATUS	183H
FSR	04H	FSR	84H	FSR	104H	FSR	184H
PORTA	05H	TRISA	85H		105H		185H
PORTB	06H	TRISB	86H	PORTB	106H	TRISB	186H
PORTC	07H	TRISC	87H		107H		187H
PORTD	08H	TRISD	88H		108H		188H
PORTE	09H	TRISE	89H		109H		189H
PCLATH	0AH	PCLATH	8AH	PCLATH	10AH	PCLATH	18AH
INTCON	0BH	INTCON	8BH	INTCON	10BH	INTCON	18BH
PIR1	0CH	PIE1	8CH	EEDATA	10CH	EECON1	18CH
PIR2	0DH	PIE2	8DH	EEADR	10DH	EECON2	18DH
TMR1L	0EH	PCON	8EH	EEDATH	10EH	RESERVED[2]	18EH
TMR1H	0FH		8FH	EEADRH	10FH	RESERVED[2]	18FH
T1CON	10H		90H		110H		190H
TMR2	11H	SSPCON2	91H		111H		191H
T2CON	12H	PR2	92H		112H		192H
SSPBUF	13H	SSPADD	93H		113H		193H
SSPCON	14H	SSPSTAT	94H		114H		194H
CCPR1L	15H		95H		115H		195H
CCPR1H	16H		96H	用户可用的通用寄存器共 16 字节	116H	用户可用的通用寄存器共 16 字节	196H
CCPICON	17H		97H		117H		197H
RCSTA	18H	TXSTA	98H		118H		198H
TXREG	19H	SPBRG	99H		119H		199H
RCREG	1AH		9AH		11AH		19AH
CCPR2L	1BH		9BH		11BH		19BH
CCPR2H	1CH		9CH		11CH		19CH
CCP2CON	1DH		9DH		11DH		19DH
ADRESH	1EH	ADRESL	9EH		11EH		19EH
ADCON0	1FH	ADCON 1	9FH		11FH		19FH
用户可用的通用寄存器共 96 字节	20H	用户可用的通用寄存器共 80 字节	A0H~EFH	用户可用的通用寄存器共 80 字节	120H~16FH	用户可用的通用寄存器共 80 字节	1A0H~1EFH
	7FH	快速存取区 70H~7FH	F0H~FFH	快速存取区 70H~7FH	170H~17FH	快速存取区 70H~7FH	1F0H~1FFH
Bank 0		BANK 1		BANK 2		BANK 3	

图 4.7　PIC16F877A 的数据寄存器映射图

数据手册。

除了上面特别指出的全局特殊寄存器和快速存取区外，在对任何其他数据寄存器所做的任何操作前都必须由程序员自己考虑设定正确的 BANK 位。例如，图 4.9 中指明了 TRISB 寄存器的地址为 0x86（BANK1）或 0x186（BANK3），实际上在 BANK3 中的 TRISB 也被映射到 BANK1 中去了，所以在操作 TRISB 寄存器前必须设定 RP1：RP0 = ？ 1（？ =0 或 1 ）。下例演示了实现 TRISB 和 PORTB 的分别操作。

```
BSF        STATUS, RP0        ;RP0=1
BCF        STATUS, RP1        ;RP1=0,就此例而言这句可以省略
                              ;当前 BANK 设定 BANK1
```

```
CLRF     TRISB            ;TRISB=0,即PORTB端口引脚全部为输出状态
BCF      STATUS, RP0      ;RP0=0,回到BANK0
MOVLW    0xFF             ;W=0xFF
MOVWF    PORTB            ;PORTB=0xFF,即端口全部引脚输出高电平
```

由于寄存器的分BANK存放,需要程序员频繁设定BANK(通过设定STATUS)以正确寻址操作数。这对初次接触PIC单片机程序员会带来很多不适。读者可以用BANKSEL宏指令来简化这一操作。例如:

```
BANKSEL  TRISB            ;选择TRISB所在BANK
CLRF     TRISB            ;TRISB=0,即PORTB端口引脚全部为输出状态
BANKSEL  PORTB            ;选择PORTB所在BANK
MOVLW    0xFF             ;W=0xFF
MOVWF    PORTB            ;PORTB=0xFF,即端口全部引脚输出高电平
```

4.3.2 数据寄存器间接寻址

PIC中档系列单片机的数据寄存器间接寻址模式有两个基本概念。

其一是它的9位地址指针的构成方式。它主要利用了一个特殊寄存器FSR来存放间接寻址时的地址指针。由于FSR是一个8位宽度的寄存器,要寻址整个512字节的数据寄存器空间,FSR必须和状态寄存器STATUS内的第7位IRP位一起实现完整的9位目标地址(图4.8)。整个间接寻址过程和STATUS寄存器中的RP1:RP0两位没有任何关联。

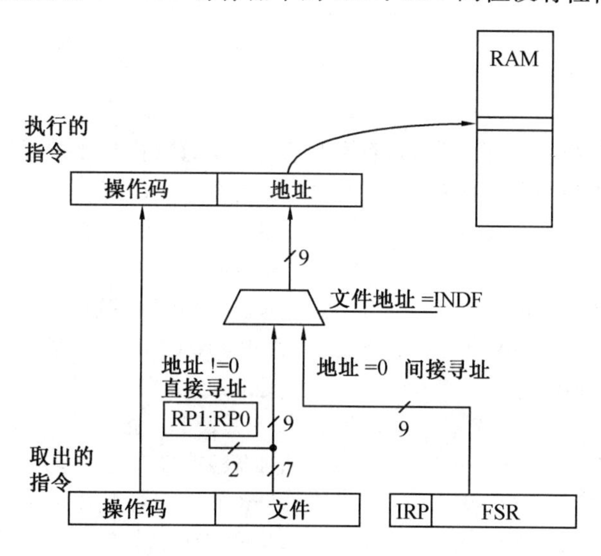

图4.8 直接寻址与间接寻址的区别

其二是间接寻址的操作对象表述方式。PIC的35条指令中没有特殊的专门用于间接寻址操作的指令。为了与普通的寄存器直接寻址指令相区别,PIC单片机内采用了一个独特的解决办法:通过对一个特殊地址单元的寄存器操作来实现间接寻址而无需增加额外指令。这个特殊的地址单元就是图4.8中的INDF寄存器。

略看上去,INDF寄存器的物理地址是在BANK0的0x00处,并在其他所有BANK中都有映射,因而是一个全局寄存器,在对其操作前无需考虑BANK设定。实际上,它在单片机内没

有真正的存储空间。对它的任何操作,操作对象都被转向至 IRP+FSR 构成的 9 位地址处的寄存器。相比其他数据寄存器,INDF 在指令中表现出的特殊性在于其只是一个符号,不代表地址 0x00。它要告诉单片机的是这条指令为间接寻址操作,被存取的操作对象在 IRP+FSR 组成的地址处。下列的代码说明了这一概念。

```
BCF       STATUS, IRP        ;IRP 清零, 以便和 FSR 一起实现间接寻址
MOVLW     0x20               ;W=0x20
MOVWF     FSR                ;FSR=0x20
CLRF      INDF               ;0x20 单元被清 0,而不是 0x00 单元被清 0
INCF      FSR,F              ;FSR=0x21
CLRF      INDF               ;0x21 单元被清 0,而不是 0x00 单元被清 0
```

【例 4.2】 通过寄存器间接寻址方式把 PIC16F877A 通用寄存器 BANK2 地址为 0xA0 到 0xEF 单元的内容初始化为 0。

题意分析

题意要求把 0xA0 到 0xEF 共 0x4F(对应十进制数为 79)个单元都清零,若采用直接寻址方式,则需要连续写 79 次 CLRF 指令。例如:

```
BANKSEL   0xA0
CLRF      0xA0
CLRF      0xA1
CLRF      0xA2
CLRF      0xA3
……
CLRF      0xEF
```

很明显,这样写效率太低了。通过观察其特点发现每次操作的寄存器地址是依次递增 1,根据上例的启发,这里可以使用 FSR 配合 INDF 来完成此段代码。

```
          BCF       STATUS, IRP      ;IRP=0, 以便和 FSR 一起实现间
                                     ;接寻址
          MOVLW     0xA0             ;W=0x10 为起始偏移地址
          MOVWF     FSR              ;FSR=0xA0, IRP=0, 故地址指针=0xA0
ZEROBANK1 CLRF   INDF                ;地址指针指向处的单元被清 0,而不是 0x00 处被清 0
          INCF      FSR,F            ;FSR=FSR+1,指向下一个地址单元
          MOVLW     0xEF             ;准备检查 FSR 是否为 0xEF
          SUBWF     FSR, W           ;FSR 和 W 相减,FSR 保持不变
          BFSS      STATUS,Z         ;检侧 Z 标志,如果 Z=1,则跳过下条指令,循环结束
          GOTO      ZEROBANK1        ;如果 FSR 不等于 0x70,则继续循环做下一单元的清 0
          NOP                        ;到此 0xA0 ~ 0xEF 的所有单元被清 0
```

FSR 既然是 8 位的寄存器,所以设定了一次 IRP 位后,它能覆盖的寻址范围达 256 字节,为直接寻址时地址范围的两倍。充分理解并利用间接寻址的这一特点,有时可以大大减少 BANK 切换次数,尤其在 I/O 口操作需频繁改变输入输出模式时。

【例 4.3】 使用寄存器间接寻址减少 BANK 切换次数的例子。

```
                                     ;假定现在 PORTB 整个 8 位全为输出模式
                                     ;输出值=0x55
```

```
BCF      STATUS, RP1      ;RP1:RP0=00
BCF      STATUS, RP0      ;设定 BANK0,准备直接寻址 PORTB
BCF      STABUS, IRP      ;IRP=0,准备间接寻址 TRISB
MOVLW    TRISB            ;获取 TRISB 寄存器的地址
MOVWF    FSR              ;现在 FSR 指向 TRISB
MOVLW    0xFF             ;准备改变 PORTB,使其全部 8 位均为输入模式
MOVWF    INDF             ;FSR 指向 TRISB,故 TRISB=0xFF,
                          ;PORTB 变为输入模式
NOP                       ;延时片刻,待输入信号稳定建立
MOVF     PORTB, W         ;读取 PORTB 的输入值到 W 寄存器
CLRF     INDF             ;TRISB=0x00, PORTB 恢复为输出模式,
                          ;输出原 0x55 的值
……                        ;处理刚才读到的 PORTB,输入结果
```

从上面的例题中可以体会到,对两个位于不同 BANK 中的寄存器连续同时操作,灵活采用直接寻址和间接寻址模式组合可以减少对 BANK 位 RP1：RP0 的频繁设定。

与直接寻址模式类似,如果 PIC 单片机内只有两个 BANK 空间的数据寄存器,那么在间接寻址时 IRP 位将被视为无效位,不参与寻址时的地址合成,编程时只需简单地设定 FSR 即可。

4.3.3　程序的直接跳转与 PAGE 的使用

PIC 单片机针对程序空间的寻址只有两种方式:直接跳转和间接跳转。

直接跳转就是在指令中已经直接写出了跳转的目的地址。在 PIC 单片机的 35 条指令中,只有 CALL 和 GOTO 两条为直接跳转指令。这两条指令有一个共同点,即在指令中有 11 个数据位描述了跳转的目的地址。这 11 位长的地址所能描述的空间范围是 2 048(2 K)字节。PIC 中档系列单片机结构能支持的程序空间最大有 8 K 字节的代码长度,要寻址 8 K 字的范围必须有 13 位地址。为此,PIC 单片机采取了与数据寄存器类似的操作方式:对程序空间分页,每页长度为 2 K 指令字,最多 4 个页面。所以说,程序分页也是引入单字指令架构的必然。

图 4.9 形象地说明了直接跳转时目的地址的合成过程。跳转指令自身提供低 11 位地址;高两位地址来自特殊寄存器 PCLATH 的位<4:3>。当执行 CALL 或 GOTO 指令时,单片机的指令执行机构会自动把两者合在一起构成 13 位的完整地址一次送入程序计数器 PC 中,程序随之跳转到新的指令位置继续执行。所以在任何时候执行 CALL 或 GOTO 指令前,程序员必须对 PCLATH<4:3>这两位内容的正确与否负责,即程序员在必要时必须编写指令修改其内容以使程序跳转到正确位置。这就是 PIC 单片机程序的页面设置。PCLATH<4:3>两位的组合构成了单片机程序页面的编号(表 4.4)。与 BANK 设定时用到的 STATUS 寄存器一样,PCLATH 寄存器是个全局寄存器,对其操作无需考虑 BANK 问题。

表 4.4　PIC16F877A 程序分页编号

PCLATH<4:3>	页编号	地址范围
00	0	0x0000 ~ 0x07FF
01	1	0x0800 ~ 0x0FFF
10	2	0x1000 ~ 0x17FF
11	3	0x1800 ~ 0x1FFF

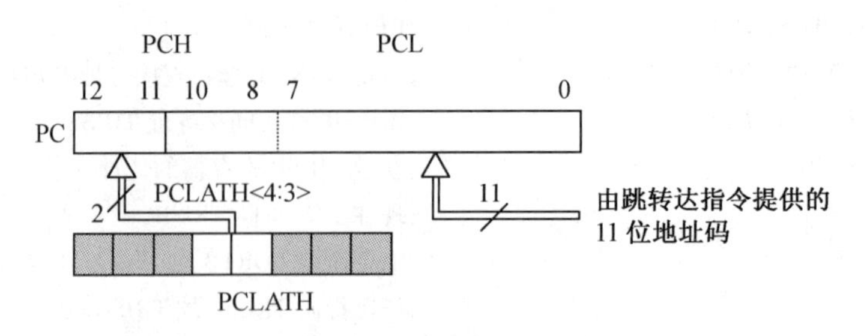

图 4.9　跳转地址的构成

程序在不同页面间跳转时都必须事先保证 PCLATH<4:3>这两位设置正确。只有在如下两种情况下,程序的跳转将与 PCLATH 寄存器的当前设定值无关:

(1)任何时候发生芯片的复位,程序都将直接从首地址第 0 页的 0x0000 处开始运行,复位时 PCLATH 自动清 0。

(2)当发生任何形式的中断,且相关的中断机制被使能,程序将直接跳转到第 0 页的地址 0x0004 处开始执行中断服务程序,但千万要注意中断跳转时不影响 PCLATH 寄存器的当前值。

另外,特别值得一提的是和子程序调用指令 CALL 对应的子程序返回 RETURN 或 RETLW 两条指令及用于中断服务机制的中断返回指令 RETFIE。虽然这 3 条指令的执行结果也会改变程序计数器 PC 的当前值,但这里没有把它归类到程序直接寻址的模式中,因为在这 3 条指令中并没有指定其目的地址,其目的地址是从专门的硬件堆栈栈顶中自动弹出并一次送入 PC 寄存器内的,故任何返回指令的执行都无需 PCLATH 寄存器参与合成正确的地址信息。执行 CALL 指令或响应中断时其下一条指令的地址,即程序返回后将要继续执行的地址自动被完整地压入堆栈,因为堆栈的数据位宽度和 PC 寄存器一样。返回指令执行时,这完整的地址码可以一次弹出送入 PC 寄存器,程序将从新的地址处继续执行。返回指令无需 PCLATH 配合,执行后也不会改变 PCLATH 寄存器的当前内容。这一概念在掌握 PIC 单片机的程序分页控制时特别重要。

当汇编语言代码中要调用的子程序不在当前页时,必须要考虑 PCLATH 的影响。只有正确地设置了 PCLATH 位,才能正常调用其他页中的子程序。

【例 4.4】 子程序跨页调用的例子。

```
          ORG      0x000              ;复位入口
          ;ORG 是伪指令用来指定其后的代码在 ROM 中的存储位置
          CLRF     PCLATH             ;设定程序 0 页
          GOTO     MAIN               ;跳转到 0 页内的 MAIN 地址处
          …
MAIN                                  ;PCLATH<4:3>=00,指向第 0 页
          CALL     SUB_PAGE0          ;调用 0 页内的子程序 SUB_PAGE0
BACK0                                 ;从第 0 页返回且 PCLATH<4:3>=00
          BSF      PCLATH,3           ;PCLATH<4:3>=01,指向第 1 页
          CALL     SUB_PAGE1          ;调用 1 页内的子程序 SUB_PAGE1
BACK1
          GOTO     MAIN               ;跳转到 0 页的 MAIN 地址处
```

```
SUB_PAGE0 NOP                       ;此时 PCLATH<4:3>=00 不变
          RETURN                    ;程序将返回到页 0 的 BACK0 标号处继续执行
                                    ;PCLATH<4:3>=00 不变
          ORG        0x0800         ;代码第 1 页的起始地址
SUB_PAGE1 NOP                       ;此时 PCLATH<4:3>=01
          RETURN                    ;程序返回到页 0 的 BACK1 标号处继续执行
                                    ;PCLATH<4 : 3>=01 不变
```

当汇编程序很长时,程序员一不小心就会忘记对 PCLATH 的设置,导致程序意外“跑飞”。对于此问题,可以通过 MPASM 汇编语言编译器提供的 HIGH 运算符来避免这个问题。下面通过例子来说明其用法。

【例 4.5】 通过 HIGH 运算符来实现通用子程序调用(或跳转)方法。

```
;无论跳转目标地址在何处,下列程序都将正确地装载 PCLATH 寄存器。
MOVLW     HIGH (SUB_1)              ;用 HIGH 获得标号跳转地址 SUB_1 的高字节
MOVWF     PCLATH                    ;跳转地址的高字节送到 PCLATH
CALL      SUB_1                     ;调用目标子程序
              ⋮
              ⋮
SUB_1                               ;子程序首地址(本例用 SUB_1 表示)
              ⋮
          RETURN                    ;子程序返回指令
```

4.3.4　程序的间接跳转

与 4.3.3 节讲述的程序直接跳转不同,间接跳转是通过 PIC 单片机的指令运算来改变 PC 的当前值,以实现程序的间接跳转。

程序计数器 PC 的宽度为 13 位,它的低 8 位放在特殊寄存器 PCL 中,此寄存器可以通过指令直接读写,这与 PIC 单片机内其他数据寄存器的读写操作没有本质区别。但如何对 13 位长的 PC 寄存器的高 5 位的操作就特别讲究。此高 5 位数据无法用指令读到,更不能随意改写。要知道 PC 值关系到的是程序代码执行位置,要修改也必须 13 位数据一次修改完毕。如果想先改变高 5 位,然后用下一条指令改变低 8 位(反过来也一样),这将永远无法实现:无论先改变 PC 高低哪一部分,只要一次写,程序就跳转到别处,原本打算好的“下一条”修改 PC 的指令根本不可能被执行。

既然 8 位单片机执行一条指令一次只能读写 8 位数据,要用指令改变 PC 这样一个长度超过 8 位,又不允许前后分两次修改的寄存器必须作特殊处理。对此,在 PIC 单片机的结构设计中还是利用了 4.3.3 节已经介绍的特殊寄存器 PCLATH,把它作为对 PC 高位数据的缓冲,实现 PC 程序计数器 13 位数据的一次写入。这可以通过图 4.10 来帮助理解。

如图 4.10 所示,PC 寄存器被分为两部分:5 位高字节 PCH 和 8 位低字节 PCL。PCH 中的 5 个数据位只能从 PCLATH 寄存器中复制过来,且数据只能从 PCLATH 传输到 PCH 而不能反向。PCLATH 和 PCL 这两个寄存器可以通过内部数据总线直接访问,所以可以用指令对其读写。PCH 没有被挂在数据总线上,故无法对其访问,在任何时候都读不到 PCH 的值。

任何 PIC 单片机的指令如果其操作对象是针对 PCL 寄存器的,那么当把结果写回 PCL 寄

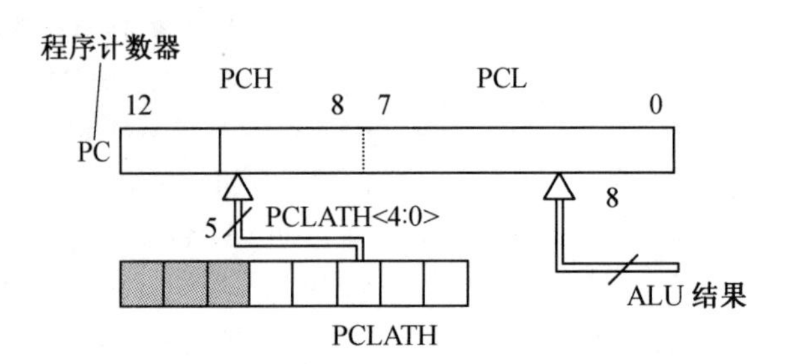

图 4.10　程序间接跳转 13 位地址合成过程

存器的同时,内核会自动把 PCLATH 中的 5 位数据同步写入 PCH,这样就把 PC 计数器 13 位的地址一次更新,实现了程序的正确跳转。所以程序员必须先设置 PCLATH,然后再通过指令修改 PCL,此先后顺序绝对不能搞错。在理论上,任何针对字节为操作对象的指令都可以修改 PCL 实现间接跳转,但最经常用的是两条指令:MOVWF 和 ADDWF。PIC 单片机内实现查表或程序的多路散转(类似 C 语言中 switch…case 语句),即全靠这两条指令对 PC 做修改。下面举例说明“ADDWF PCL,F”指令实现程序的多路散转。

【例 4.6】　间接跳转实现程序多路分支代码例子。

```
        MOVLW   HIGH(M_BRA)     ;用 HIGH 伪指令获取 M_BRA 地址的高位字节
        MOVWF   PCLATH          ;设定 PCLATH 寄存器
        MOVF    STATE, W        ;提取跳转控制字节
        ANDLW   0x03            ;确保跳转落在确定的范围内,W 不超过 3
        ADDWF   PCL,F           ;在执行这条指令时,PC 已经指向下一条指令(指
                                ;令流水线概念)PCL 的当前值和 W 值相加,结果放到
PCL 内
                                ;程序运行将依 W 的值而多路散转
M_BRA   GOTO    STATE0          ;W=0,PCL=PCL+0,程序跳转于此
        GOTO    STATE1          ;W=1,PCL=PCL+1,程序跳转于此
        GOTO    STATE2          ;W=2,PCL=PCL+2,程序跳转于此
        GOTO    STATE3          ;W=3, PCL=PCL+3,程序跳转于此
```

细心的读者可能会发现上面的范例中隐含了一个严重问题:如果指令“ADDWF PCL, F”执行后发生了溢出进位,程序还能正确跳转吗? 答案是不能! 虽然 PCLATH 已经通过软件设置,但“PCL+W”的溢出进位却不能让 PCLATH 的值自动加 1,按进位标志更新 PCLATH 的工作还是须由程序员来代劳。所以上面程序能正确运行的前提是从跳转表起始地址(标号 M_BRA处)到整个表结束时不能跨越地址 0x?? 00。这就要求程序员对这一组代码的存放地址要特别留意。在源程序编写过程中,指令行会频繁增加或删除,这就使得控制代码地址变得不太方便。为了使代码更坚固更通用,可以对上面的代码范例稍作修改。

【例 4.7】　改进的间接跳转实现程序多路分支代码例子。

```
        MOVLW   HIGH(M_BRA)     ;用 HIGH 伪指令获取 M_BRA 地址的高位字节
        MOVWF   PCLATH          ;设定 PCLATH 寄存器
        MOVF    STATE, W        ;提取跳转控制字节
        ANDLW   0x03            ;确保跳转落在确定的范围内,W 不超过 3
        ADDLW   LOW(M_BRA)      ;用 LOW 伪指令获取 M_BRA 地址的低位字节
```

```
                                        ;并和W相加,结果暂存在W寄存器内
        BTFSC       STATUS,C            ;检测是否有进位发生
        INCF        PCLATH,F            ;如果有进位,则调整PCLATH寄存器
        MOVWF       PCL                 ;到此,PCLATH寄存器已正确设定现在把W的内容
                                        ;传给
                                        ;PCL,程序将依PCLATH:W的值跳转
M_BRA   GOTO        STATE0              ;W=0,程序跳转于此
        GOTO        STATE1              ;W=1,程序跳转于此
        GOTO        STATE2              ;W=2,程序跳转于此
        GOTO        STATE3              ;W=3,程序跳转于此
```

如此修改后增加了3条指令,但是不管这段代码最后在芯片中被存放在哪里,甚至可以跨页,多路跳转的执行都能保证正确无误。但还有一个问题有时会摆在设计人员前:上面程序范例能实现的间接跳转范围最多为000～0xFF的256个入口地址,如果表格长度超过256又如何应对?这种情形经常出现在系统需要查找一个大数据表时,如查找汉字显示点阵库。请读者参考4.4.4节来学习。

4.4 MPASM汇编常用子程序设计

在程序设计中,除主程序以外,还有一部分很重要的内容就是关于子程序的设计。子程序是为了完成特定目的而构成的复合程序段。PIC程序设计同其他单片机一样,子程序的形式很多,本节选择了几个比较有代表性的常用子程序(或程序段)设计方法来讲解,包括判断分支程序段的设计、循环程序段的设计、延时子程序的设计和查表子程序的设计。

4.4.1 判断分支程序段的设计

一般在高级语言中都有跳转指令,根据条件判断可以构成多向执行通路,为程序设计提供了很大方便。在PIC指令系统中并没有类似的语句,但如果借助于PIC单片机指令的特殊功能,同样可以轻松地构成分支跳转。需要特别指出的是,分支跳转实际上是多条件判断指令,条件本身是一个整数或事件,而跳转出口应该是整数的信息返回或事件功能内容的具体表现。在实时控制中,键盘扫描程序是最基本的在线控制理念,利用分支功能跳转方式,就能很方便地实现每一个功能键的定义。在程序形式上,分支功能跳转子程序与数据查表子程序的结构类似,只是它是用GOTO语句替代了RETLW语句。

【例4.8】 编写 N 个键盘功能选择子程序。

题意分析

本例省略键盘扫描程序部分。假定通过CALL指令去执行识别键盘输入过程,并经数据处理,可以获得各键的序列编号($0\sim N$),由W工作寄存器带回。

```
MAINLOOP
        PAGESELDWKEY
        CALL        KEY                 ;调用KEY键盘扫描程序,键值由W返回
        PAGESEL     JIAN_GN
        CALL        JIAN_GN
```

```
        PAGESEL    MAINLOOP
        GOTO       MAINLOOP
;----------------------------------------
;根据键入情况,确定相应键功能子程序
;----------------------------------------
JIAN_GN ADDWF      PCL,F              ;确定相对偏移量
        GOTO       PKEY0              ;执行 PKEY0 键盘定义功能
        GOTO       PKEY1              ;执行 PKEY1 键盘定义功能
        GOTO       PKEY2              ;执行 PKEY2 键盘定义功能
… …
        GOTO       PKEYN              ;执行 PKEYN 键盘定义功能
```

4.4.2 循环程序段的设计

循环程序段主要由跳转、判断和位测试指令构成。

1. 跳转指令

跳转指令是打破程序顺序执行的核心要素,主要有 CALL 和 GOTO 两条指令。CALL 用于可返回的子程序,GOTO 用于程序的跳转,它们附带的操作数为跳转方向的低 11 位绝对地址。两者在使用时都要考虑跳转地址的页面选择,一旦确定目标地址已超出 2 KB 的范围,必须在使用前预置 PCLATH 或执行 PAGESEL 指令。

2. 判断指令

判断功能主要适用于增量和减量的操作,数据存储器中每一个单元都可以作为判断指令的操作对象。当经过增/减量操作后发现单元结果为 0 时就将产生间跳。由判断指令产生的跳转是相对地址的间跳,即跳过下一条指令。除特殊情况外,被跳过的这条指令通常设计为一条跳转指令。

【例 4.9】 假定执行某个显示功能 100 次后结束工作,显示子程序为 SHOW。

```
        ORG        0000H
        MOVLW      D'101'             ;取常数 101
        MOVWF      20H                ;送入 20H 单元中
LOOP    DECFSZ     20H,F              ;20H 单元减 1,为 0 间跳
        GOTO       RRT                ;未到 100 次跳转显示
        GOTO       PPY                ;100 次结束
RRT     PAGESEL    SHOW               ;转入 SHOW 子程序页面
        CALL       SHOW               ;调用显示子程序
        PAGESEL    LOOP               ;返回到第 0 页面
        GOTO       LOOP               ;返回继续减 1 操作
PPY     END
```

在本例中,跳转入口地址 RRT 和 RRY 是不会超出 2 K 第 0 页面的范围,所以无须改变页面的选择。而要求显示子程序 SHOW,在程序中没有给出,可能会超出第 0 页面的范围,所以必须通过设置保证跳转的正确性。同样,SHOW 可能为非第 0 页面范围,一旦进入这个页面后再执行第 0 页面范围内的跳转,就必须重新设置,返回到第 0 页面。

3. 位测试指令

位测试功能主要适用于单元位的测试操作。数据存储器中每一个单元都可以作为位测试指令的操作对象,可以测试给定单元位是否为 0 或 1 而产生间跳。由位测试指令产生的跳转判断指令一样都是相对地址的隔行间跳。

【例 4.10】 比较两个数据寄存器 20H 和 20H 内容的大小,将较大的数送入 40H 中。

解题分析

PIC 没有现成的比较指令。要比较两个寄存器内容的大小,必须借助于 W 工作寄存器进行减法操作,然后根据状态 Z 和 C 进行条件判断。其程序如下:

```
        MOVF     30H,W          ;30H 内容送入 W
        SUBWF    20H,W          ;(20H)与 W 相减后送入 W
        BTFSC    STATUS,C       ;判进位(借位)标志
        GOTO     L20H           ;无借位,(20H)≥(30H)
        MOVF     30H,W          ;(20H)<(30H)
        MOVWF    40H            ;较大的数送入 40H 中
        GOTO     EXIT
L20H    MOVF     20H,W          ;(20H) ≥(30H)
        MOVWF    40H            ;较大的数送入 40H 中
EXIT    RETURN                  ;子程序结束
```

4.4.3　延时子程序的设计

在单片机的程序设计中,延时程序经常用到。延时的设计一般可以采用两种方式:硬件延时和软件延时。硬件延时是由单片机系统的定时器实现;而软件延时是通过循环程序实现。一般来说,前者适用于精确定量延时;而后者常用于粗略定性延时,然而利用 MPLAB IDE 中集成的小工具,PIC 的软件延时同样可以做到比较精确。本小节主要讨论软件延时子程序,并给出几个常用的延时实例。

【例 4.11】 主频为 4 MHz 时,编写单循环的软件延时子程序。

```
;------------------------------------------
;软件延时子程序 DELAY
;------------------------------------------
COUNTER  EQU      20H            ;定义循环寄存器 COUNTER 符号变量
DELAY    MOVLW    0xFF           ;循环常数
         MOVWF    COUNTER        ;循环寄存器
         DECFSZ   COUNTER,F      ;循环寄存器递减
         GOTO     $-1            ;继续循环
         RETURN
```

以上为单循环的软件延时,其中循环常数 0xFF(255)直接决定延时的长短。在 MPLAB IDE 中,可以通过软件模拟器获得软件程序块的执行时间。具体方法是使用软件调试器“MPLAB SIM”的跑表(Stop Watch)功能测量。当取循环常数为 0xFF 和 0x50 时,获得该段子程序的精确延时分别为 770 us 和 250 us。

对于【例 4.11】的单循环的软件延时子程序,所完成的延时时间有很大的局限性。如果希望设置较长的延时,可以采用两种方法:一是在单循环指令内部插入 NOP 等耗时语句;二是启

用多重循环。另外,软件模拟器执行的时间并不代表单片机的实际运行时间,但它们之间有一定的比例关系。一般软件延时时间越长,模拟执行的时间就越长,如 1 s 的软件延时,模拟执行时间可能将耗时 10 s。下面举两个常用的延时实例。

【例 4.12】 主频为 4 MHz 时,请编写 10 ms 软件延时子程序。

解题分析

在键盘监控管理程序中,为了防止触点的弹跳和振动,必须要用到一个接近 10 ms 的延时子程序。该程序如果用单循环比较难实现,可以使用内外双重循环,循环参数分别为 0DH 和 0FFH。通过 MPLAB 软件模拟器,实际测试到的延时为10.02 ms。

```
;------------------------------------------
;10 ms 软件延时子程序 DEL10MS,主频 4 MHz
;注意:占用 RAM 资源:20H,21H
;------------------------------------------

DEL10MS   MOVLW    0DH          ;外循环常数
          MOVWF    20H          ;外循环寄存器
LOOP1     MOVLW    0FFH         ;内循环常数
          MOVWF    21H          ;内循环寄存器
LOOP2     DECFSZ   21H          ;内循环寄存器递减
          GOTO     LOOP2        ;继续内循环
          DECFSZ   20H          ;外循环寄存器递减
          GOTO     LOOP1        ;继续外循环
          RETURN
```

【例 4.13】 主频为 4 MHz 时,请编写 1 s 软件延时子程序。

解题分析

在输出显示中,作为循环的停留时间,经常需要调用较长时间的延时。在本例中设计了 3 重循环,循环参数分别为 06H,0EBH 和 0ECH。通过软件模拟器,实际测试到的延时为1 002 ms。

```
;------------------------------------------
;1 s 软件延时子程序 DELAY1S,主频 4 MHz,占用资源:20H ~ 23H
;------------------------------------------

DELAY1S   MOVLW    06H          ;外循环常数
          MOVWF    20H          ;外循环寄存器
LOOP1     MOVLW    0EBH         ;中循环常数
          MOVWF    21H          ;中循环寄存器
LOOP2     MOVLW    0ECH         ;内循环常数
          MOVWF    22H          ;内循环寄存器
LOOP3     DECFSZ   22H          ;内循环寄存器递减
          GOTO     LOOP3        ;继续内循环
          DECFSZ   21H          ;中循环寄存器递减
          GOTO     LOOP2        ;继续中循环
```

```
        DECFSZ    20H                  ;外循环寄存器递减
        GOTO      LOOP1                ;继续外循环
        RETURN
```

4.4.4　查表子程序的设计

数据查表子程序在某些特殊场合是非常有用的，如数码管显示器以及其他具有固定显示模式的场合，须根据其显示数值去查找对应参考数据表编码输出。数码管显示的数值（0～9）编码见表 4.5。

表 4.5　7 段数码管字形码编码表

数　字	共阴极字形码	共阳极字形码
0	0x3F	0xC0
1	0x06	0xF9
2	0x5B	0xA4
3	0x4F	0xB0
4	0x66	0x99
5	0x6D	0x92
6	0x7D	0x82
7	0x07	0xF8
8	0x7F	0x80
9	0x6F	0x90

【例 4.14】　将 PORTC 端口与共阴极 7 段数码管相连，从 0～9 循环显示，间隔时间为1 s。请编写相应的软件程序。

解题分析

此题为典型的数据查表程序，通过 0～9 不断循环，根据其值去调用编码查表子程序。然后再调用前面提到的 1 s 延时子程序。

```
#include <p16f877A. inc> ;包含 PIC16F877A 的头文件
ABC         EQU       25H                  ;定义 ABC 变量
;-----------------------------------------
;主程序
;-----------------------------------------
            ORG       0000H
            NOP                            ;为 ICD2 调试预留
            BSF       STATUS,RP0           ;选择数据存储器体 1
            CLRF      TRISC                ;定义 RC 为输出
            BCF       STATUS,RP0           ;恢复数据存储器体 0
MAIN        MOVLW     00H
            MOVWF     ABC                  ;ABC 变量赋初值
LOOP        MOVF      ABC,W
            CALL      SMG_FONT             ;调用查表子程序
            MOVWF     PORTC
            CALL      DELAY1S              ;调用 1 s 延时子程序
```

```
            INCF      ABC                  ;ABC 变量增 1
            MOVLW     09H                  ;循环到位
            SUBWF     ABC,W
            BTFSS     STATUS,Z             ;相减为 0,一次循环结束
            GOTO      LOOP
            GOTO      MAIN                 ;ABC 复位,继续循环
;---------------------------------------------
;查表程序
;---------------------------------------------
SMG_FONT
            ADDWF     PCL,F                ;W 加 PCL 形成偏移量
            RETLW     3FH                  ;返回"0"编码
            RETLW     06H                  ;返回"1"编码
            RETLW     5BH                  ;返回"2"编码
            RETLW     4FH                  ;返回"3"编码
            RETLW     66H                  ;返回"4"编码
            RETLW     6DH                  ;返回"5"编码
            RETLW     7DH                  ;返回"6"编码
            RETLW     07H                  ;返回"7"编码
            RETLW     7FH                  ;返回"8"编码
            RETLW     6FH                  ;返回"9"编码
;---------------------------------------------
;1 s 软件延时子程序 DELAY1S,主频 4 MHz,占用资源:20H～23H
;---------------------------------------------
DELAY1S     MOVLW     06H                  ;外循环常数
            MOVWF     20H                  ;外循环寄存器
LOOP1       MOVLW     0EBH                 ;中循环常数
            MOVWF     21H                  ;中循环寄存器
LOOP2       MOVLW     0ECH                 ;内循环常数
MOVWF       22H                            ;内循环寄存器
LOOP3       DECFSZ    22H                  ;内循环寄存器递减
            GOTO      LOOP3                ;继续内循环
            DECFSZ    21H                  ;中循环寄存器递减
            GOTO      LOOP2                ;继续中循环
            DECFSZ    20H                  ;外循环寄存器递减
            GOTO      LOOP1                ;继续外循环
            RETURN
;---------------------------------------------
            END
;---------------------------------------------
```

【例 4.15】 将 C 端口与 8 个发光二极管相连,按照如表 4.6 所列的跑马灯流动显示状态参数,间隔时间为 1 s。请编写相应的软件程序。

表 4.6 跑马灯流动显示状态参数

序号	显示内容	十六进制数值	序号	显示内容	十六进制数值
0	00000000	00H	8	11111111	0FFH
1	00000001	01H	9	11111110	0FEH
2	00000011	03H	10	11111100	0FCH
3	00000111	07H	11	11111000	0F8H
4	00001111	0FH	12	11110000	0F0H
5	00011111	1FH	13	11100000	0E0H
6	00111111	3FH	14	11000000	0C0H
7	01111111	7FH	15	10000000	80H

解题分析

此题也是典型的数据查表程序,通过调用16种状态不断循环,根据其状态值去调用对应编码查表子程序,然后再调用前面提到的1 s延时子程序。

```
#include<p16f877A.inc> ;包含 PIC16F877A 的头文件
ABCEQU26H;循环参数
;-----------------------------------------
;主程序
;-----------------------------------------
        ORG                     0000H
        NOP
        BSF     STATUS,RP0      ;选择数据存储器体1
        MOVLW   00H             ;RC 口全为输出
        MOVWF   TRISC
        BCF     STATUS,RP0      ;恢复数据存储器体0
MAIN    MOVLW   00H
        MOVWF   ABC             ;循环参数设置初值
        MOVLW   00H             ;设置 RC 口初始化输出为0
        MOVWF   PORTC
ST      MOVF    ABC,W           ;ABC 送入 W
        CALL    SHUZH           ;调用查表子程序
        MOVWF   PORTC           ;显示状态输出
        CALL    DELAY1S         ;调用1 s延时子程序
        INCF    ABC,F           ;循环参数加1
        BTFSS   ABC,4           ;判断是否已完成16种状态的显示
        GOTO    ST              ;未到16种状态,继续
        GOTO    MAIN            ;已到16种状态,循环参数复位
;-----------------------------------------
;查表子程序
;-----------------------------------------
SHUZH   ADDWF   PCL,F           ;W 加 PCL 形成偏移量
        RETLW   00H             ;返回"0"编码
```

```
        RETLW       01H             ;返回“1”编码
        RETLW       03H             ;返回“2”编码
        RETLW       07H             ;返回“3”编码
        RETLW       0FH             ;返回“4”编码
        RETLW       1FH             ;返回“5”编码
        RETLW       3FH             ;返回“6”编码
        RETLW       7FH             ;返回“7”编码
        RETLW       0FFH            ;返回“8”编码
        RETLW       0FEH            ;返回“9”编码
        RETLW       0FCH            ;返回“10”编码
        RETLW       0F8H            ;返回“11”编码
        RETLW       0F0H            ;返回“12”编码
        RETLW       0E0H            ;返回“13”编码
        RETLW       0C0H            ;返回“14”编码
        RETLW       80H             ;返回“15”编码
;------------------------------------------
;DELAY1S;1 s 延时子程序代码省略,请参考前例
;------------------------------------------
END
;------------------------------------------
```

【例 4.16】 编写通用查表子程序(超过 256 个数据)。

解题分析

编写通用查表子程序需要考虑两方面情况:一是表地址必须是任意位置;二是表数据的大小可能超过 256 个数据。对于第一种情况比较好解决,只要加入页面选择伪指令 PAGESEL 即可满足。对于第二种情况,当表数据在 256 个数据范围之内,非常容易处理;而如果超过 256 个数据,就必须经过特殊的处理。本例题将重点考虑这一情况。另外,查表偏移量将超过 8 位二进制数,可取 2 个符号量 AB1 和 AB0,根据其数值对应查找某一参数。表格数据超过 256 以上,可安排第 0 个数据到第 255 个数据分别设置为 00 ~ FFH,而第 256 个以上数据再重复设置。AB0 为低位,AB1 为高位,通过 AB1 修改程序地址的高位指针来达到查表超越 256 个数据的限制。

```
#include    <p16f877A.inc>  ;包含 PIC16F877A 的头文件
;------------------------------------------
;初始化定义
;------------------------------------------
AB0         EQU         20H
AB1         EQU         21H
;------------------------------------------
;主程序片段
;------------------------------------------
            ORG         0000H               ;
            NOP
            MOVLW       05H                 ;假定低位地址为 05H
```

```
            MOVWF     AB0
            MOVLW     01H                ;假定高位地址为01H(已超出256个数据)
            MOVWF     AB1
;---------------------------------------------
;查表程序
;---------------------------------------------
            MOVF      AB1,W              ;高位数据修正 PCLATH
            ADDWF     PCLATH,F
            MOVF      AB0,W
            CALL      CHABIAO            ;利用低位内容 AB0 相对寻址
            GOTO      $-1                ;符号“$”代表当前程序指针,返回上一语句
;---------------------------------------------
;表格数据(256个数据以上)
;---------------------------------------------
CHABIAO     ADDWF     PCL,F              ;利用低位内容 AB0 相对寻址,高位 PCLATH 装载
SHUZH       RETLW     00H
            RETLW     01H
            RETLW     02H
            RETLW     03H
            RETLW     04H
            RETLW     05H
            RETLW     06H
            RETLW     07H
            RETLW     08H
            RETLW     09H
            RETLW     0AH
            RETLW     0BH
            RETLW     0CH
            RETLW     0DH
            RETLW     0EH
            RETLW     0FH
SHUJ1       RETLW     10H
            ……
SHUJF       RETLW     F0H
            ……
SHUJG       RETLW     00H
            ……
SHUJH       RETLW     10H
            ……
;---------------------------------------------
END
;---------------------------------------------
```

当 AB1 为 01H,AB0 为 05H 时,若 PCLATH 未用 AB1 修正,则查表获得的数据为总数据

序中的第6个数据05H;若加入AB1的修正参数,则PCLATH内容加1。当AB0决定查表相对地址时,将受到PCLATH装载的影响,查表数据将调整为256+6,即为第262个数据05H。

本例的查表方式突破了256个数据的限制,是一个很有实用价值的通用查表子程序。

4.5 汇编语言程序模板

为了方便程序员编写汇编程序,减轻重复劳动的负担,MPASM编译器软件包中包含了大多数PIC单片机的汇编语言程序模板。模板包括两种:一种是绝对定位的汇编程序模板,在"C:\Program Files\Microchip\MPASM Suite\Template\Code"文件夹下;另一种是相对定位的汇编程序模板,在"C:\Program Files\Microchip\MPASM Suite\Template\Object"文件夹下,相对定位的汇编程序模板需要连接文件(.LKR)的支持,不建议初学者使用。这里对绝对定位的汇编程序模板内容做以中文注释,便于读者学习、使用。

```
;PIC16F877A 单片机绝对定位程序模板
            list          p=16f877A          ;指定目标单片机为 PIC16F877A
#include    <p16f877A.inc>;包含 PIC16F877A 的头文件
            __CONFIG _WDT_OFF & _RC_OSC & _LVP_ON ;配置字定义
;这里写变量定义
w_temp       EQU       0x7D                  ;中断现场保护用变量
status_temp  EQU       0x7E                  ;中断现场保护用变量
pclath_temp  EQU       0x7F                  ;中断现场保护用变量

;**************************************************
            ORG       0x000                  ;单片机复位向量入口

            nop                              ;ICD2 调试用
            goto      main                   ;跳转到主程序入口

            ORG       0x004                  ;中断复位向量入口

            movwf     w_temp                 ;保存 W 寄存器
            movf      STATUS,w
            movwf     status_temp            ;保存 STATUS 寄存器
            movf      PCLATH,w
            movwf     pclath_temp            ;保存 PCLATH 寄存器

                                             ;这里写中断复位程序代码

            movf      pclath_temp,w
            movwf     PCLATH                 ; 恢复 PCLATH 寄存器
            movf      status_temp,w
            movwf     STATUS                 ;恢复 STATUS 寄存器
            swapf     w_temp,f
```

```
        swapf       w_temp,w            ;恢复W寄存器
        retfie                          ;中断返回,总中断打开


main


                                        ;这里写主程序


END                                     ;汇编程序结束
```

本章小结

想学好单片机的汇编语言,就必须把基本的指令集和用法熟记于心。本章首先举例讲解了PIC16F877A的各个汇编指令的使用方法;而后又讲解了PIC16F877A的汇编程序设计方法,包括3种基本程序结构、子程序、跳转表等内容;最后给出了汇编语言程序模板,便于初学者编程。通过本章的学习,读者应该掌握以下内容。

(1)熟记PIC16F877A的35条指令写法、用法;

(2)理解寄存器间接寻址过程并掌握其编程方法;

(3)掌握常用子程序设计,包括分支、循环、延时和查表子程序;

(4)能够快速找到PIC各种型号单片机的汇编语言模板并编写简单程序。

思考与练习

1. PIC中档单片机的指令集有多少条指令?请默写出这些指令。
2. XORLW指令的功能是什么?举例说明。
3. SUBLW指令的功能是什么?举例说明。
4. 什么是指令流水线?为什么跳转和分支指令需要两个指令周期?
5. 伪指令EQU与#define有何异同?
6. 用什么伪指令能设置PIC单片机的硬件配置字?
7. BANKSEL伪指令的功能是什么?
8. 如何在汇编代码中设定程序配置字的内容?
9. 简述PIC16F877A中数据寄存器间接寻址过程。
10. 编写一个延时50 ms的延时子程序,设PIC16F877A主频为4 MHz。

第5章　PIC 单片机 C 语言

本章重点：C 语言的编写规范以及多文件项目管理方法。

本章难点：多文件项目管理、数组与函数的使用。

5.1　单片机 C 语言简介

在单片机编程语言中，C 语言相对应汇编语言具有很多优势，例如，C 语言具有标准的模块化设计结构、代码编写效率高、便于复用和移植。因此，C 语言在单片机编程中已经得到了广泛的应用。针对 PIC 单片机的软件开发，同样可以使用 C 语言进行。

目前，针对于不同厂家的单片机都有相应的 C 语言编译器，例如，51 单片机常用 Keil C 编译器，AVR 单片机常用 GCC 编译器。对于 PIC16 系列单片机的 C 语言编译器也有很多，例如，HI-TECH 公司的 HT-PICC 编译器，CCS 公司的 CCS-PICC 编译器，IAR 公司的 PICC 编译器等。其中 HT-PICC 编译器在国内应用得最为广泛，并且该公司已经被 Mircochip 公司收购，其精简版的编译器可以随 MPLAB IDE 一起安装使用。因此本书以 HI-TECH PICC 编译器为例讲解单片机 C 语言的使用。

5.2　HT-PICC 语言的基础知识

为了方便读者查阅，本节先简单回顾一下 C 语言基础知识，而后再讲解与 PIC 单片机相关的扩展内容。

5.2.1　数据类型

单片机中程序的运行就是对各种各样的数据进行处理，就像初等数学中的自然数、整数、实数一样，不同的数据表示的范围也不一样。为了更准确、高效地处理各种数据，HT-PICC 定义了一些基本的数据类型，见表 5.1。

表 5.1　HT-PICC 语言基本数据类型特点说明表

中文说明	关键字	占用位/字节数	表示数的范围	备　注
位型	bit	1 位	0,1	某些 C 编译器特用的，不通用
无符号字符型	unsigned char	8 位/1 字节	0 到 255	见说明 1
有符号字符型	signed char	8 位/1 字节	-128 到+127	

续表 5.1

中文说明	关键字	占用位/字节数	表示数的范围	备　注
无符号整型	unsigned int	16 位/2 字节	0 到 65525	不同编译器的 int 型长度可能不同
有符号整型	signed int	16 位/2 字节	-32 768 到+32 767	
无符号长整型	unsigned long int	32 位/4 字节	0 到 $2^{32}-1$	
有符号长整型	signed long int	32 位/4 字节	-2^{31} 到 $+2^{31}-1$	
浮点型	float	24 位	-2^{127} 到 $+2^{129}$	不同 C 编译器的 float 型长度可能不同
双精度浮点型	double	24 位或 32 位		见说明 2

说明 1:HT-PICC 编译器对于字符型说明符 char 型默认是无符号字符型,在编译时可以通过编译选项使编译器把 char 型默认为是无符号字符型。

说明 2:对于双精度浮点型说明符 double,编译器默认长度是 24 位,即 3 个字节,但也可以在编译时通过编译选型把 double 默认长度为 32 位。

PICC 遵循小端标准,多字节变量(如 int 型、long 型)的低字节放在存储空间的低地址,高字节放在高地址。

5.2.2　位型数据

在 PIC 的汇编指令中有专用的位操作指令,在 HT-PICC 中为了有效地利用这些汇编指令提高编译效率,HT-PICC 引入了位型数据(又称为 bit 型数据)。位型数据,顾名思义,就是只能表示一位二进制的数据。由于 HT-PICC 对位型数据的特殊处理,bit 型位变量只能是全局的或静态的。PICC 将把定位在同一体内的 8 个位变量合并成一个字节存放于一个固定地址。因此,所有针对位变量的操作将直接使用 PIC 单片机的位操作汇编指令高效实现。基于此,位变量不能是局部自动型变量,也无法将其组合成复合型高级变量。

【例 5.1】　位变量使用例子。

```
#include <pic.h>
bit   bFlag;                  //位变量必须是全局变量
main( )
{ TRISD=0;                    //D 口 8 位都用做输出
  PORTD=0;                    //向 D 口 8 位输出 0
  bFlag=1;                    //把位变量 bFlag 置为 1
  RD0=bFlag;                  //在 PICC 中允许使用 RD0 代表引脚 RD0,这里的 RD0 就是一个
                              //位变量,同理在程序中也可以用 RA0 代表引脚 RA0
  while(1);
}
```

5.2.3　C 语言的运算符及其优先级

C 语言有丰富的运算符。正是丰富的运算符和表达式使 C 语言的功能十分完善,这也是 C 语言的主要特点之一。

C 语言的运算符可分为以下几类:

(1)算术运算符:用于各类数值运算。包括加(+)、减(-)、乘(*)、除(/)、求余(或称模运算,%)、自增(++)、自减(--),共 7 种。

(2)关系运算符:用于比较运算。包括大于(>)、小于(<)、等于(==)、大于等于(>=)、小于等于(<=)和不等于(! =),共6种。

(3)逻辑运算符:用于逻辑运算。包括与(&&)、或(||)、非(!),共3种。

(4)位操作运算符:参与运算的量,按二进制位进行运算。包括位与(&)、位或(|)、位非(~)、位异或(^)、左移(<<)、右移(>>),共6种。

(5)赋值运算符:用于赋值运算。分为简单赋值(=)、复合算术赋值(+=,-=,*=,/=,%=)和复合位运算赋值(&=,|=,^=,>>=,<<=),3类共11种。

(6)条件运算符:这是一个三目运算符,用于条件求值(?:)。

(7)逗号运算符:用于把若干表达式组合成一个表达式(,)。

(8)指针运算符:用于取内容(*)和取地址(&)两种运算。

(9)求字节数运算符:用于计算数据类型所占的字节数(sizeof)。

(10)特殊运算符:有括号(),下标[],成员(→,.)等。

各种运算符的优先级和结合性见表5.2。

表5.2 C语言运算符优先级详细列表

优先级	运算符	名称或含义	使用形式	结合方向	说 明
1	[]	数组下标	数组名[常量表达式]	左到右	
	()	圆括号	(表达式)/函数名(形参表)		
	.	成员选择(对象)	对象.成员名		
	->	成员选择(指针)	对象指针->成员名		
2	-	负号运算符	-表达式	右到左	单目运算符
	(类型)	强制类型转换	(数据类型)表达式		
	++	自增运算符	++变量名/变量名++		单目运算符
	--	自减运算符	--变量名/变量名--		单目运算符
	*	取值运算符	*指针变量		单目运算符
	&	取地址运算符	&变量名		单目运算符
	!	逻辑非运算符	!表达式		单目运算符
	~	按位取反运算符	~表达式		单目运算符
	sizeof	长度运算符	sizeof(表达式)		
3	/	除	表达式/表达式	左到右	双目运算符
	*	乘	表达式*表达式		双目运算符
	%	余数(取模)	整型表达式/整型表达式		双目运算符
4	+	加	表达式+表达式	左到右	双目运算符
	-	减	表达式-表达式		双目运算符
5	<<	左移	变量<<表达式	左到右	双目运算符
	>>	右移	变量>>表达式		双目运算符
6	>	大于	表达式>表达式	左到右	双目运算符
	>=	大于等于	表达式>=表达式		双目运算符
	<	小于	表达式<表达式		双目运算符
	<=	小于等于	表达式<=表达式		双目运算符
7	==	等于	表达式==表达式	左到右	双目运算符
	!=	不等于	表达式!=表达式		双目运算符

续表5.2

<table>
<tr><th>优先级</th><th>运算符</th><th>名称或含义</th><th>使用形式</th><th>结合方向</th><th>说　明</th></tr>
<tr><td>8</td><td>&</td><td>按位与</td><td>表达式 & 表达式</td><td>左到右</td><td>双目运算符</td></tr>
<tr><td>9</td><td>^</td><td>按位异或</td><td>表达式^表达式</td><td>左到右</td><td>双目运算符</td></tr>
<tr><td>10</td><td>|</td><td>按位或</td><td>表达式|表达式</td><td>左到右</td><td>双目运算符</td></tr>
<tr><td>11</td><td>&&</td><td>逻辑与</td><td>表达式 && 表达式</td><td>左到右</td><td>双目运算符</td></tr>
<tr><td>12</td><td>||</td><td>逻辑或</td><td>表达式||表达式</td><td>左到右</td><td>双目运算符</td></tr>
<tr><td>13</td><td>?:</td><td>条件运算符</td><td>表达式1? 表达式2: 表达式3</td><td>右到左</td><td>三目运算符</td></tr>
<tr><td rowspan="11">14</td><td>=</td><td>赋值运算符</td><td>变量=表达式</td><td rowspan="11">右到左</td><td>双目运算符</td></tr>
<tr><td>/=</td><td>除后赋值</td><td>变量/=表达式</td><td>双目运算符</td></tr>
<tr><td>*=</td><td>乘后赋值</td><td>变量*=表达式</td><td>双目运算符</td></tr>
<tr><td>%=</td><td>取模后赋值</td><td>变量%=表达式</td><td>双目运算符</td></tr>
<tr><td>+=</td><td>加后赋值</td><td>变量+=表达式</td><td>双目运算符</td></tr>
<tr><td>-=</td><td>减后赋值</td><td>变量-=表达式</td><td>双目运算符</td></tr>
<tr><td><<=</td><td>左移后赋值</td><td>变量<<=表达式</td><td>双目运算符</td></tr>
<tr><td>>>=</td><td>右移后赋值</td><td>变量>>=表达式</td><td>双目运算符</td></tr>
<tr><td>&=</td><td>按位与后赋值</td><td>变量 &=表达式</td><td>双目运算符</td></tr>
<tr><td>^=</td><td>按位异或后赋值</td><td>变量^=表达式</td><td>双目运算符</td></tr>
<tr><td>|=</td><td>按位或后赋值</td><td>变量|=表达式</td><td>双目运算符</td></tr>
<tr><td>15</td><td>,</td><td>逗号运算符</td><td>表达式,表达式,…</td><td>左到右</td><td>从左向右
顺序运算</td></tr>
</table>

说明:同一优先级的运算符,运算次序由结合方向所决定。

5.2.4　C语言的控制语句

C语言中的控制语句有if,while,for,do while,switch,continue,break,goto。这里仅介绍if,while,for这3种。其他的控制语句用法请读者参考相关材料。

1. 选择结构

用if语句可以构成选择结构。它根据给定的条件表达式进行判断,以决定执行某个分支程序段。C语言的if语句基本形式如下:

```
if(条件表达式)
  语句1
[else
  语句2
]
```

其中else和语句2可省略。其具体执行过程如图5.1所示。需要强调的是,if后表达式的小括号千万不能省略。

在书写条件表达式时,注意不要写出永真或者永假的条件,例如:

```
  unsigned char  chData;
if(chData>=0) //由于chData是无符号数,所以此条件表达式恒成立
  {……}
```

```
else
  {……}     // 永远不会被执行
```

又如：

```
unsigned int   uiTimes;
if(uiTimes>123456) /* 由于 unsigned int 的最大值为 65
535,此条件表达式恒不成立 */
  {……}    // 永远不会被执行
else
  {……}
```

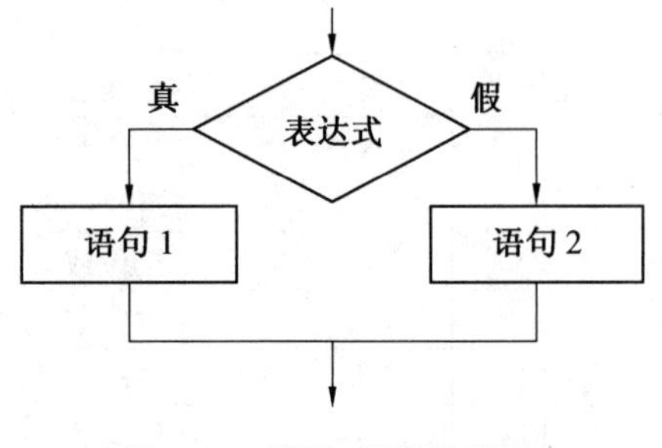

图 5.1　if 语句程序流程图

在各类条件表达式书写中一定要注意这个问题。

2. while 循环结构

循环结构的特点是,在给定条件成立时,反复执行某程序段,直到条件不成立为止。给定的条件称为循环条件,反复执行的程序段称为循环体。C 语言提供以下 4 种循环语句。

(1)用 goto 语句和 if 语句构成循环;

(2)用 while 语句;

(3)用 do-while 语句;

(4)用 for 语句;

这里只讲解 while 语句和 for 语句,其他两种语句可以参考普通 C 语言教材学习。

(1)用 while 构成的循环语句。

while 语句的一般形式为:

```
while(表达式)
  语句
```

或

```
while(表达式)
{
  语句 1
  语句 2
  ……
}
```

其中表达式就是循环条件,语句由大括号扩起来的语句集合为循环体。

while 语句的语义是:计算表达式的值,当值为真(非 0)时, 重复执行循环体,直到表达式为假(0)时结束。其执行过程可用图 5.2 表示。

(2)用 for 构成的循环语句。

在 C 语言中,for 语句的使用最为灵活,它完全可以取代 while 语句。它的一般形式为:

```
for(表达式 1; 表达式 2; 表达式 3)
  语句
```

它的执行过程可用图 5.3 表示。

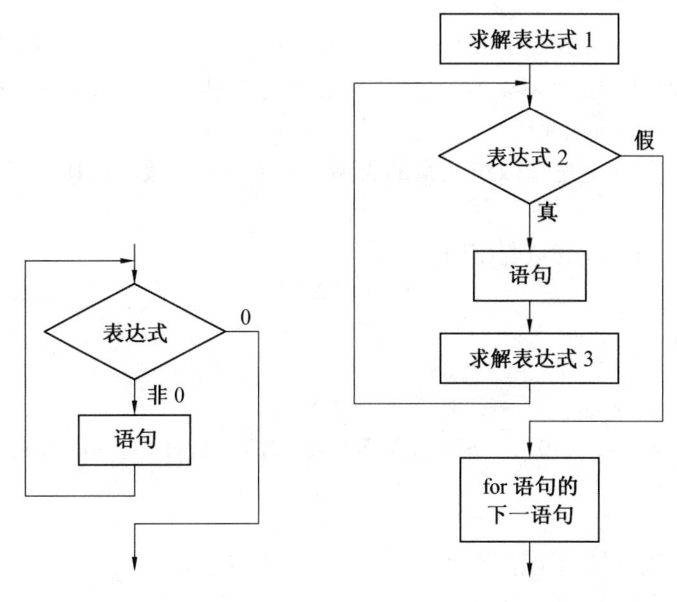

图5.2 while语句流程图示　　　图5.3 for语句执行流程图示

for语句最常用的应用形式也是最容易理解的形式如下：

```
for(循环变量赋初值; 循环条件; 循环变量增量)
  语句
```

循环变量赋初值总是一个赋值语句，它用来给循环控制变量赋初值;循环条件是一个条件表达式,它决定什么时候退出循环;循环变量增量,定义循环控制变量每循环一次后按什么方式变化。这3部分之间必须用“;”分开。例如:

```
for(i=1; i<=100; i++)
  sum=sum+i;
```

一般而言,当循环次数已知时建议使用for语句。当循环变量增量无明显规律时建议用while语句。

5.2.5 数组

数组是一类按序排列的同类变量的集合,通常用来保存多个连续数据。在C语言中可以定义一维数组和多维数组,其使用方法类似,故本书仅讲解一维数组。一维数组的定义语句形式为:

类型说明符 数组名 [常量表达式];

其中:类型说明符是任一种基本数据类型或构造数据类型,如int,char,float;数组名是用户自定义的数组标识符,如Datas,Results,Fonts。

方括号中的常量表达式表示数据元素的个数,也称为数组的长度。例如:

```
char chArray[30];    /* 说明 chArray 是字符型数组,有 30 个元素。依次是 chArray[0],chArray[1],…,chArray[28],chArray[29],共 30 个元素 */
int  iArray[10];     /* 说明 iArray 是整型数组,有 10 个元素。依次是 iArray[0],iArray[1], …, iArray[8], iArray[9],共 10 个元素 */
```

对于数组类型说明应注意以下几点。

(1)方括号中常量表达式表示数组元素的个数,如 chArray [5]表示数组 chArray 有 5 个元素。但是其下标从 0 开始计算。因此,5 个元素分别为 chArray [0], chArray [1], chArray [2], chArray [3], chArray [4]。

(2)数组的类型实际上是指数组元素的类型。对于同一个数组,其所有元素的数据类型都是相同的。

(3)数组名不能与其他变量名相同。

例如:

```
main()
  {
    int   Array;
    char Array[10]; //编译出错,因为数组名与上边的变量 Array 重名了
    ……
  }
```

当变量重名时,编译器的出错提示一般是:

```
Error[000] C:\S052\main.c 5 : type redeclared
```

(4)数组名的书写规则应符合标识符的书写规定。

(5)不能在方括号中用变量来表示元素的个数, 但是可以是符号常数或常数表达式。例如:

```
#define MAX_LENGTH 5
main()
{
  char chArray[MAX_LENGTH]; //正确,因为 MAX_LENGTH 是常数,不是量
}
```

但是下述说明方式是错误的。

```
main()
{
  const int MAX_LENGTH=5;
  char chArray[MAX_LENGTH]; /* 错误,因为 MAX_LENGTH 是变量了,用 const 也不行 */
}
```

(6)允许在同一个类型说明中,说明多个数组和多个变量。例如:

```
char chDatas[20],chInputArray[10]; //同时定义了 2 个数组
```

5.2.6 自定义函数

函数是一段具有名字的程序。C 语言又被称为函数式语言,C 语言的开发过程就是函数的编写过程,由此可见函数的重要性。由于采用了函数式的程序结构,C 语言易于实现模块化和结构化程序设计。通过合理地编写和使用函数,能使程序的层次结构清晰,便于程序的编写、阅读、调试和重复利用。

大多数 C 语言编译器不仅提供了常用的库函数(如数学函数、三角函数、标准输入输出函数、字符串处理函数等),还允许用户建立自己定义的函数。用户可把自己的算法编成一个个

相对独立的函数模块,然后用调用的方法来使用函数。本小节讲解用户自定义函数的用法。

一个典型的函数声明形式如下所示:

```
类型名 函数名(形式参数列表);
```

一个典型的函数定义形式如下所示:

```
类型名 函数名(形式参数列表)
{声明部分
 语句部分
}
```

编写函数的难点是如何确定参数的个数、类型以及函数返回值的类型。对函数的参数和类型,要仔细分析此程序段执行时需要从主调函数(就是调用此函数的函数)中获得几个量,各是什么类型,这样就能确定参数个数和类型。对于函数的返回值的确定,则是当程序段执行完毕后,是否需要把执行结果赋值给其他变量,如果需要,则说明函数要有返回值,其类型与要赋值到的变量相同。如果不需要,则函数类型为 void 即可。

5.2.7　预处理命令与宏定义

所谓预处理是指在进行编译源代码之前所做的工作。预处理是 C 语言的一个重要功能,它由预处理程序负责完成。当对一个源文件进行编译前,系统将自动引用预处理程序对源程序中的预处理部分作处理,预处理完毕后才用编译器对源程序进行编译。

C 语言提供了多种预处理功能,如宏定义、文件包含、条件编译等。合理地使用预处理功能使源程序便于阅读、修改和移植,也有利于模块化程序设计。这里介绍几种常用的预处理命令。

1. 不带参数的宏定义

在 C 语言源程序中允许用一个标识符来表示一串字符,这称为“宏”。C 语言中用预处理命令#define 来定义宏。被定义为“宏”的标识符称为“宏名”。“宏名”习惯上都用大写字母书写,在编译预处理时,对程序中所有出现的“宏名”,都用宏定义中的字符串去替换,这称为“宏替换”或“宏展开”。一定要注意的是,宏替换的过程是在预处理阶段,而不是在程序运行阶段。

宏定义是由源程序中的宏定义命令完成的。宏替换是由预处理程序自动完成的。

在 C 语言中,“宏”分为带参数和不带参数两种。我们这里先讲解不带参数宏定义(又称为无参宏)的使用方法。对于有参宏,由于其副作用太大,不推荐使用。

无参宏的宏名后不带参数。其定义的一般形式为:

```
#define 标识符　一串字符
```

其中“#”表示这是一条预处理命令。凡是以“#”开头的命令均为预处理命令。“define”为宏定义命令。“标识符”为所定义的宏名。“一串字符”可以是常数、表达式等。

【注意】　此处的一串字符并不一定要加上双引号。

在前面介绍过的符号常量的定义就是一种无参宏定义。例如:

```
#define　OUT_DATA　0x0F
```

它的作用是指定标识符 OUT_DATA 来代替表达式 0x0F。在编写源程序时,所有的 0x0F 都可由 OUT_DATA 代替,而对源程序作编译时,将先由预处理程序进行宏代换,即用 0x0F 表达式去置换所有的宏名 OUT_DATA,然后再进行编译。

类似的宏定义还有:

```
#define    PI       3.1415926    //定义一个圆周率π常数
#define SECONDS_PER_YEAR (60 * 60 * 24 * 365)UL //定义一年有多少秒
#define    MHz      * 1000000L //定义兆赫兹的单位
```

对于已经定义完的宏,还可以在其他宏中使用,例如:

```
#define    FREQ   4MHz   //定义单片机主频为4 MHz,即4000000L
```

在使用宏定义时,一定要记住一点,宏定义就是一种程序编译前的替换手段,在编译时就已经替换完成,运行前就已经固定了。

2. 带参数的宏定义

C 语言允许宏带有参数。在宏定义中的参数称为形式参数,在宏调用中的参数称为实际参数。对带参数的宏,在调用时,不仅要宏展开,而且要用实参去代换形参。

带参宏定义的一般形式为:

```
#define 宏名(形参列表)  一串字符
```

【说明】 在"一串字符"中含有形参。

带参宏调用的一般形式为:

```
宏名(实参表);
```

例如:

```
#define    PI          3.1415926    //定义一个圆周率π常数
#define ROUND_AREA(r) (PI * r * r)//建议对于有参宏用小括号括起来
void main()
{
  float   Data=5.0;//写成小数形式,明确告诉编译器我要使用浮点数函数库
  float   k;
  k= ROUND_AREA (Data);          /* 宏调用 */
}
```

在宏调用时,用实参 Data(而不是4)去代替形参 r,经预处理宏展开后的语句为:

```
k=(3.1415926 * Data * Data);
```

使用宏能够提高程序的可读性和执行效率,但在某些场合会占用更多的程序空间,并且由于 C 语言运算符使用非常灵活,在某些情况下宏的使用会带来意外的错误。例如:

```
#define   ADD(a,b)    a+b
void main()
{
  char Data=4;
  Data=ADD(3,1) * 2;
}
```

对于以上语句,可能作者的本意是想计算 3 加 1 之后再乘以 2,期望结果是 8。但是由于宏展开后的结果是:

```
Data=3+1 * 2;
```

运算后的结果是 5,而不是期望的 8。这是因为宏就是一个替换过程,不会影响运算优先级和结合性。

由于带参宏的副作用较大，所以一般编程时不推荐大量使用带参宏。

3. 文件包含

文件包含是 C 预处理程序的另一个重要功能。

文件包含命令行的一般形式为：

```
#include "文件名"
```

在前面我们已多次用此命令包含过库函数的头文件。例如：

```
#include <pic.h>
```

文件包含命令的功能是把指定的文件插入该命令行位置取代该命令行，从而把指定的文件和当前的源程序文件连成一个源文件。

在程序设计中，文件包含是很有用的。一个大的程序可以分为多个模块，由多个程序员分别编程。有些公用的符号常量或宏定义等可单独组成一个文件，在其他文件的开头用包含命令包含该文件即可使用。这样，可避免在每个文件开头都去书写那些公用量，从而节省时间，并减少出错。

对文件包含命令还要说明以下几点。

（1）包含命令中的文件名可以用双引号括起来，也可以用尖括号括起来。例如：以下写法都是允许的：

```
#include <pic.h>
#include "uart.h"
```

但是这两种形式是有区别的：使用尖括号表示在编译器安装后的 include 文件夹中去查找（有的编译器也可以由用户修改），而不在源文件（.C 文件）所在文件夹去查找；使用双引号则表示首先在源文件所在文件夹中查找，若未找到才到 include 文件夹中去查找。用户编程时可根据自己文件所在的目录来选择某一种命令形式。

（2）一个 include 命令只能指定一个被包含文件，若有多个文件要包含，则需用多个 include 命令。

（3）文件包含允许嵌套，既在一个被包含的文件中，又可以包含另一个文件。

4. 条件编译

预处理程序提供了条件编译的功能。可以按不同的条件去编译不同的程序部分，因而产生不同的目标代码文件。这对于程序的移植和调试是很有用的。

条件编译有 3 种形式，下面分别介绍：

（1）第一种形式。

```
#ifdef 标识符
  程序段 1
#else
  程序段 2
#endif
```

它的功能是，如果标识符已被#define 命令定义过，则只对程序段 1 进行编译；否则只对程序段 2 进行编译，也就是二者选其一编译。如果不需要程序段 2，本格式中的#else 可以没有，即可以写为：

```
#ifdef 标识符
  程序段
```

```
#endif
```

例如:

```
#ifdef _ARM                        //若定义了宏名_ARM,则
    typedef   int     INT32S;      //把 int 型定义为 INT32S
#else                              //否则
    typedef   long    INT32S;      //把 long 型定义为 INT32S
#endif
```

在产品调试时,很多人都喜欢用 printf 函数查看程序执行过程中的数据变化。但是在产品发布时就不需要用到 printf 函数了,这样我们就可以设计以下代码:

```
#ifdef _DEBUG                      //若之前定义了宏名_DEBUG
#define DbgPrintf printf           //则把代码中的 DbgPrintf 替换为 printf
#else                              //否则
#define DbgPrintf /\               //把 DbgPrintf 替换为//DbgPrintf
/DbgPrintf                         //此行必须顶格写,连着写//会被编译器认为是注释
#endif
```

在产品调试时可以通过命令行参数或在头文件中先定义好宏名_DEBUG,例如:

```
#define _DEBUG
```

这样,当预处理程序对以上的"#ifdef"命令解析时会把把代码中的"DbgPrintf"替换为"printf"。

在产品发布时,把"#define _DEBUG"行注释即可,例如:

```
// #define _DEBUG
```

由于"_DEBUG"宏没有了,所以当预处理模块对以上的"#ifdef"命令解析时会把把代码中的 DbgPrintf 替换为"/\(回车后)/printf"。这里的"\"符号在 C 语言中被称作续行符,表示当前行和其后下一行在 C 语言编译器看来是一行代码。这里不连着写的原因是防止预处理程序把//printf 当成注释而忽略掉。

对于上例中的"DbgPrintf"使用时有一个要求,就是其后接的参数只能写在当前行,否则编译会出错。

(2)第二种形式。

```
#ifndef 标识符
  程序段 1
#else
  程序段 2
#endif
```

与第一种形式的区别是将"ifdef"改为"ifndef"。它的功能是,如果标识符未被#define 命令定义过,则只对程序段 1 进行编译,否则只对程序段 2 进行编译。这与第一种形式的功能正相反。

例如:

```
#ifndef    XTAL_FREQ            // 若之前未定义宏 XTAL_FREQ
#define    XTAL_FREQ    4000000L  // 则把宏 XTAL_FREQ 定义为 4000000L
#endif
```

(3)第三种形式。

```
#if 表达式
  程序段1
#else
  程序段2
#endif
```

它的功能是,如表达式的值为真(非0),则对程序段1进行编译,否则对程序段2进行编译。这里要说明的是表达式中的量只能是用“#define”定义的常量或常数。

例如:

```
#define HIGH_SPEED  1 //这里的1在不同硬件条件下可以修改为其他值
#if HIGH_SPEED ==1  //判断HIGH_SPEED是否等于1
#define SPEED 0x04  //把SPEED定义为0x04
#else
#define SPEED 0  //把SPEED定义为0
#endif
```

又如:

```
#if defined(_16F87) || defined(_16F88) //若定义了宏_16F877
    #define RX_PIN TRISB2      //则RB2,RB5作为串行通信端口
    #define TX_PIN TRISB5
#else            //否则
    #define RX_PIN TRISC7      //RC6,RC7作为串行通信端口
    #define TX_PIN TRISC6
#endif
```

采用条件编译可以使程序在不同的硬件宏定义条件下完成不同的功能。

5.3 HT-PIC常用库函数

本节将列出HT-PICC编译器附带的常用库函数。库函数按头文件进行分类,可分为数学函数、数据转换函数、字符串处理函数、标准输入输出函数和PIC单片机硬件相关函数等。

5.3.1 数学函数

使用数学函数时,应包含math.h,例如:

```
#include <math.h>
```

在数学函数库中包含常用的求绝对值函数、三角函数等,具体内容请参见表5.3。

表5.3 常用数学函数表

函数原型	功能描述	返回值
int abs(int x)	求整数x的绝对值	
double acos (double f)	求f的反余弦值。函数参数在[-1,1]区间内,返回值是一个用弧度表示的角度,区间是[0,π]。如果函数参数超出区间[-1,1],则返回值将为0	

续表 5.3

函数原型	功能描述	返回值
double asin (double f)	求 f 的反正弦值。它的函数参数在[-1,1]区间内,返回一个用弧度表示的角度值,其区间为[-π/2,π/2]。如果函数参数的值超出区间[-1,1],则函数返回值将为 0	
double atan (double x)	求 f 的反正切值。一个在区间[-π/2,π/2]的角度 e,而且有 tan(e)=x(x 为函数参数)	
double atan2 (double y, double x)	求 y/x 的反正切值,并由两个函数参数的符号来决定返回值的象限	返回 y/x 的反正切值(用弧度表示),区间为[-π,π]。若 y 和 x 均为 0,将出现定义域错误,并返回 0
double ceil (double f)	对函数参数 f 取整,取整后的返回值为大于或等于 f 的最小整数	
double cos (double f)	将计算函数参数的余弦值。其中,函数参数用弧度表示。余弦值通过多项式级数近似值展开式算得	返回一个双精度数,区间为[-1,1]
double cosh (double f) double sinh (double f) double tanh (double f)	cos( ),sin( )和 tan( )的双曲函数	cosh( )函数返回双曲余弦值,sinh( )函数返回双曲正弦值,tanh( )函数返回双曲正切值
div_t div (int numer, int demon)	div( )函数实现分子除以分母,得到商和余数	返回一个包括商和余数的结构体 div_t
double eval_poly (double x,const double * d,int n)	将求解一个多项式的值。这个多项式的系数分别包含在 x 和数组 d 中,例如: y=x * x * d2+x * d1+d0 该多项式的阶数由参数 n 传递过来	
double exp (double f)	返回参数的指数函数值,即 e^f(f 为函数参数)	
double fabs (double f)	本函数返回双精度函数参数的绝对值	
double ldexp (double f, int i)	ldexp( )函数是 frexp( )的反函数。它先进行浮点数 f 的指数部分与整数 i 的求和运算,然后返回合成结果	
ldiv_t ldiv (long number,long denom)	ldiv( )函数实现分子除以分母,得到商和余数。商的符号与精确商的符号一致,绝对值是一个小于精确商绝对值的最大整数。 ldiv( )函数与 div( )函数类似。其不同点在于,前者的函数参数和返回值(结构体 ldiv_t)的成员都是长整型数据	

续表 5.3

函数原型	功能描述	返回值
double log (double f) double log10 (double f)	log( )函数返回 f 的自然对数值。log10( )函数返回 f 以 10 为底的对数值。如果函数参数为负,返回值为 0	
double modf (double value,double * iptr)	modf( )函数将参数 value 分为整数和小数两部分,每部分都和 value 的符号相同。例如,-3.17 将被分为整数部分(-3)和小数部分(-0.17)。其中整数部分以双精度数据类型存储在指针 iptr 指向的单元中	函数返回值为 value 的带符号小数部分。
double pow (double f, double p)	pow( )函数表示第一个参数 f 的 p 次幂	
double sin (double f)	这个函数返回参数的正弦值	
double sqrt (double f)	sqrt( )函数利用牛顿法得到参数的近似平方根。注意:如果参数为负,则出现错误	
double tan (double f)	tan( )函数用来计算参数 f 的正切值	

5.3.2　时间函数

使用时间函数时,应包含 time.h,例如:

```
#include  <time.h>
```

时间函数库包含把时间转换成字符串表示、时间分解存储等,其中涉及两个自定义类型:time_t 与 struct tm。

time_t 为 long 类型,在 time.h 中定义如下:

```
typedef    long    time_t;  /* 代表从 1970 年 1 月 1 日 0 点 0 分 0 秒开始的秒数 */
```

结构体类型 tm 定义如下:

```
struct tm {
int tm_sec;
int tm_min;
int tm_hour;
int tm_mday;
int tm_mon;
int tm_year;
int tm_wday;
int tm_yday;
int tm_isdst;
};
```

时间函数库具体内容请参见表 5.4。

表 5.4　常用时间函数表

函数原型	功能描述	返回值
time_t time (time_t * t)	获得当前时间,但函数需要目标系统提供当前时间,函数没有给出。这个函数需由用户实现(如通过读取实时时钟芯片获得)。如果参数 t 不为空,那么当前时间值会被保存到 t 所指的内存单元	函数以秒为单位返回当前时间。当前时间从 1970 年 1 月 1 日 0 点 0 分 0 秒开始有效
char * asctime (struct tm * t)	数通过指针 t 从上 struct tm 结构体中获得时间,返回描述当前日期和时间的 26 个字符串,其格式如下:"Sun Sep 16 01:03:52 1973\n\0"	返回指向字符串的指针
char * ctime (time_t * t)	将函数参数所指的时间转换成字符串,其结构与 asctime( )函数所描述的相同,并且精确到秒	返回一个指向该字符串的指针
struct tm * gmtime (time_t * t)	本函数把指针 t 所指的时间分解,并且存于结构体中,精确度为秒	返回 tm 类型的结构体
struct tm * localtime (time_t * t)	本函数把指针 t 所指的考虑到本地时区的时间分解并且存于结构体中,精确度为秒。本地时区保存在全局整型变量 time_zone 中,它包含有本地位于格林尼治以西的时区数值	返回 tm 类型的结构体

5.3.3　数据转换函数

使用数据转换函数时,应包含 stdlib. h,例如:

```
#include  <stdlib.h>
```

在数据转换函数中包含常用的把将 ASCII 表达式转换成双精度数、将 ASCII 表达式转换成长整型等,具体内容请参见表 5.5。

表 5.5　常用数据转换函数库表

函数原型	功能描述	返回值
double atof (const char * s)	将扫描由函数参数传递过来的字符串,并跳过字符串开头的空格。然后将一个数的 ASCII 表达式转换成双精度数	返回一个双精度浮点数。如果字符串中没有发现任何数字,则返回 0.0。
int atoi (const char * s)	扫描传递过来的字符串,跳过开头的空格并读取其符号;然后将一个十进制数的 ASCII 表达式转换成整数	返回一个有符号的整数。如果在字符串中没有发现任何数字,则返回 0
long atol (const char * s)	扫描传递过来的字符串,并跳过字符串开头的空格;然后将十进制数的 ASCII 表达式转换成长整型	返回一个长整型数。如字符串中没有发现任何数字,则返回为 0

续表 5.5

函数原型	功能描述	返回值
int rand (void)	rand( )函数用来产生一个随机数数据。它返回一个0~32 767的整数,并且这个整数在每次被调用后,以随机数据形式出现。这一运算规则将产生一个从同一起点开始的确定顺序。起点通过调用 srand( )函数获得	
void srand (unsigned int seed)	srand( )函数是在调用 rand( )函数前被用来初始化随机数据发生器的。它为 rand( )函数产生不同起点虚拟数据顺序提供一个机制	
char * itoa(char * buf, int val, int base)	把 val 以 base 指定的进制数转换为字符串保存在 buf 中	返回 buf 指针
unsigned xtoi (const char * s)	xtoi( )函数扫描参数中的字符串。它跳过前面的空格,读到符号后,将用 ASCII 码表示的十六进制数转换为整型。返回值为有符号整数。如果字符串中不包含数,则返回 0	

5.3.4　字符串处理函数

使用字符串处理函数时,应包含 string. h,例如:

```
#include  < string. h >
```

在字符串处理函数中包含连接字符串、拷贝字符串等,具体内容请参见表 5.6。

表 5.6　常用字符串处理函数库表

函数原型	功能描述	返回值
void * memchr (const void * block, int val, size_t length)	memchr( )函数实现在一段规定了长度的内存区域中寻找特定的字节。它的函数参数包括指向被寻内存区域的指针、被寻字节的值和被寻内存区域的长度	函数将返回一个指针,该指针指向被寻内存区域中被寻字节首次出现的单元
int memcmp (const void * s1, const void * s2, size_t n)	memcmp( )函数的功能是比较两块长度为 n 的内存中变量的大小,类似 strncmp( )函数返回一个有符号数。与 strncmp( )函数不同的是,memcmp( )函数遇到字符串结束符并不结束比较	>0:s1>s2 0:s1 = = s2 <0:s1<s2
void * memcpy (void * d, const void * s, size_t n)	memcpy( )函数的功能是将指针 s 指向的内存开始的 n 个字节复制到指针 d 指向的内存开始的单元。但不能对重叠区进行准确的复制	返回第一个参数 d 的值

续表 5.6

函数原型	功能描述	返回值
void * memmove (void * s1, const void * s2, size_t n)	memmove( )函数与 memcpy( )函数相似，但 memmove( )函数能对重叠区进行准确的复制。也就是说，它可以适当向前或向后，正确地从一个块复制到另一个块，并将它覆盖	返回第一个参数 s1 的值
void * memset (void * s, int c, size_t n)	memset( )函数将指针 s 指向的内存开始的 n 个内存字节用 c 填充。即每个内存字节都是同一内容 c	
char * strcat (char * s1, const char * s2)	这个函数将字符串 s2 连接到字符串 s1 的后面。新的字符串以 NULL 作为结束符。指针型参数 s1 指向的字符数组必须保证大于结果字符串。否则会意外修改其他变量的值	返回值为字符串 s1
const char * strchr (const char * s, int c) const char * strichr (const char * s, int c)	strchr( )函数查找字符串 s 中是否出现字符变量 c。strichr( )函数与 strchr( )函数的作用类似，但 strichr( )不区分大小写	返回值为指向字符 c 的指针；若未找到则返回 0
int strcmp (const char * s1, const char * s2) int stricmp (const char * s1, const char * s2)	strcmp( )函数用来比较两个字符串的大小。字符串带有字符串结束符，根据字符串 s1 是否小于、等于或大于字符串 s2，返回一个有符号整数。比较是根据 ASCII 字母的顺序表进行的 stricmp( )函数则是不区分大小写的 strcmp( )函数	>0:s1>s2 0:s1==s2 <0:s1<s2
char * strcpy (char * s1, const char * s2)	这个函数将以字符串结束符结束的字符串 s2 拷贝到 s1 指向的字符数组。目的数组必须足够大，以容纳包括字符串结束符在内的字符串 s2	指针 s1 被返回
size_t strlen (const char * s)	strlen( )用来测量字符串 s1 的长度，不包括字符串结束符	
char * strncat (char * s1, const char * s2, size_t n)	函数将字符串 s2 连接到字符串 s1 的尾端。最多只有 n 个字符被拷贝，结果包含字符串结束符。指针 s1 指向的字符数组应足够大，以容纳结果字符串	返回值为字符串 s1

续表 5.6

函数原型	功能描述	返回值
int strncmp (const char * s1, const char * s2, size_t n) int strnicmp (const char * s1, const char * s2, size_t n)	strncmp( )函数用来比较两个带有字符串结束符的字符串的大小,最多比较 n 个字符。根据字符串 s1 是否小于、等于或大于字符串 s2,返回一个有符号数。比较是根据 ASCII 字母顺序进行的。 strnicmp( )函数则是不区分大小写的 strncmp( )函数	
char * strncpy (char * s1, const char * s2, size_t n)	这个函数将带字符串结束符的字符串 s2 拷贝到字符指针 s1 指向的字符数组,最多有 n 个字符被拷贝。如果 s2 的长度大于 n,则结果中不包含字符串结束符。目的数组必须足够大,以容纳包括字符串结束符在内的新字符串	返回值为字符串 s1
const char * strpbrk (const char * s1, const char * s2)	strpbrk( )函数查找字符串 s1 是否包含字符串 s2 的字符	如果包含,则返回被找到的第一个字符的指针;否则返回值为空
const char * strrchr (char * s, int c) const char * strrichr (char * s, int c)	strrchr( )函数和 strchr( )函数相似;但它从字符串的尾端开始查找。 strrichr( )函数则是不区分大小写的 strrchr( )函数	返回值为字符 c 最后一次在字符串中出现时的指针。如果没出现,则返回值为空
const char * strstr (const char * s1, const char * s2) const char * stristr (const char * s1, const char * s2)	strstr( )函数返回字符数组 s1 中第一次出现字符数组 s2 的指针位置。 stristr( )函数则是不区分大小写的 strstr( )函数	

5.3.5　标准输入输出函数

使用标准输入输出函数时,应包含 stdio. h。例如:

```
#include  < stdio. h >
```

由于在嵌入式系统中没有所谓标准的输入输出设备(STDOUT 与 STDIN),工程人员习惯把串口(USART)作为标准的输入输出设备,但标准输入输出函数的基础:字符输出函数 putch( )与字符输入函数 getch( )需要用户自行实现。在 HT-PICC 的示例中给出了 USART. C 和 USART. H 模块,其中的 putch( )与 getch( )函数可供读者参考。

标准输入输出函数库的具体内容请参见表 5.7。

表 5.7　格式化输入输出函数库表

函数原型	功能描述	返回值
unsigned char getch (void);	从输入设备获得一个字符。具体函数内容由用户编写,在代码中指定输入设备,如 USART	获得的字符
unsigned char getche (void);	从输入设备获得一个字符,同时向输出设备输出此字符。此函数依赖于 getch()与 putch()的具体实现。	获得的字符
char * gets(char * str)	从输入设备获得一个字符串保存在 str 中。gets 依赖于 getch()函数	返回 str
void putch(unsigned charch)	向某输出设备输出一个字符。具体函数内容由用户编写,在代码中指定输出设备,如 USART	
intputchar(int ch)	调用 putch()输出字符 ch	返回 ch
int puts (const char *);	向 putch()指定的设备输出一行字符,自动加入换行符,但不包括字符串结束符	
unsigned char printf (const char * fmt, ...)	printf()函数用来向某输出设备格式化输出字符串,其输出设备由 putch()函数具体实现决定。fmt 为格式化列表,其后参数为要输出的数据。在单片机中通常用来向串口输出数据	返回值为输出的字符个数(包含字符串结束符)
unsigned char sprintf (char * buf, const char * fmt,...)	sprintf()函数和 printf()函数的操作类似,只是 sprintf()函数输出的字符被放到 buf 缓冲区中。字符串带有字符串结束符,buf 缓冲器中的数据被返回	返回值为输出的字符个数(包含字符串结束符)

5.3.6　字符测试函数

使用字符测试函数时,应包含 ctype. h。例如:

```
#include  < ctype. h >
```

字符测试函数库的具体内容请参见表 5.8。

表 5.8　字符测试函数库表

函数原型	功能描述	返回值
int isalnum (char c) int isalpha (char c) int isascii (char c) int iscntrl (char c) int isdigit (char c) int islower (char c) int isprint (char c) int isgraph (char c) int ispunct (char c) int isspace (char c) int isupper (char c) int isxdigit(char c)	测试给定的字符,看该字符是否为已知的几组字符中的成员。 isalnum (c)　c 为数字或字母 isalpha (c)　c 为字母 isascii (c)　c 为 7 位 ASCII 字符 iscntrl (c)　c 为控制字符 isdigit (c)　c 为十进制阿拉伯数字 islower (c)　c 在 a ~ z 范围内 isprint (c)　c 为打印字符 isgraph (c)　c 为非空格可打印字符 ispunct (c)　c 不是字母数字混合的 isspace (c)　c 是空格键、TAB 键或换行符 isupper (c)　c 为大写字母 isxdigit (c)　c 为十六进制数	c 在指定范围内返回 1,否则返回 0
char toupper (int c)	将小写字母 c 转换为大写字母	若 c 是小写字母,返回对应大写字母;若 c 不是小字母,则返回原值
char tolower (int c)	将大写字母 c 转换为小写字母	若 c 是大写字母,返回对应小写字母;若 c 不是大字母,则返回原值
char toascii (int c)	toascii()用来保证得到一个 0 ~ 127 之间的结果。即把 c 对 128 求余数	返回 c 对 128 求余数的结果

5.3.7　与 PIC 单片机硬件相关的函数

使用 PIC 单片机硬件相关函数时,应包含 htc. h。例如:

```
#include  <htc. h>
```

此函数库保护 PIC 单片机常用的硬件访问函数,包括开关中断函数、EEPROM 读写函数、延时函数等,其中某些是宏定义,具体内容请参见表 5.9。

表 5.9　PIC 单片机硬件相关函数

函数原型	功能描述	返回值
void ei(void) void di(void)	ei( )和 di( )宏分别实现全局中断使能和中断屏蔽。它们将被扩展为一条内嵌的汇编指令,分别对中断使能位进行置位和清零	
void _delay (unsigned long cycles)	此宏用来延时指定的指令周期。cycles 必须为立即数	
_ _delay_ms (unsigned longx)	此宏用来延时 x ms。x 必须为立即数。调用此宏前必须定义常数_XTAL_FREQ,例如: #define _XTAL_FREQ4000000L //定义主频为 4 MHz	

续表 5.9

函数原型	功能描述	返回值
_ _delay_us(unsigned longx)	此宏用来延时 x μs。x 必须为立即数。调用此宏前必须定义常数_XTAL_FREQ,例如: #define _XTAL_FREQ4000000L //定义主频为 4 MHz	
_ _IDLOC(x)	用来定义在编程期间向单片机 ID 区域写入的 4 个半字节。例如: _ _IDLOC(15F0)//写入 1,5,F,0	
_ _CONFIG( )	此宏用来设置 16 位硬件配置字。具体参数取值请见某款型号的头文件,例如: pic168xa. h	
_ _EEPROM_DATA(a,b,c,d,e,f,g,h)	用来定义在编程期间向 EEPROM 写入的 8 个字节数据,再次调用则后移 8 个地址后顺次写入下 8 个字节	
unsigned char eeprom_read (unsigned char addr)	在运行期间读取内置 EEPROM 地址 addr 处的一个字节	
void eeprom_write (unsigned char addr, unsigned char value)	在运行期间向内置 EEPROM 地址 addr 处写入一个字节。注意:EEPROM 写入是一个缓慢的过程	

5.4 多文件项目管理

C 语言源程序的编写往往是多个模块有机地组合在一起,为了提高源代码的可重用性,习惯上把一个大项目分成几个模块编写。有些模块完成一个 IC(集成电路)的驱动代码(驱动函数的定义),有些模块文件完成项目的逻辑功能代码(如 main 函数所在的文件)。每个模块一般由两部分构成:头文件(“. H”文件)和源码文件(“. C” 文件)。

下面分别讲解头文件和源码文件的书写规则。

5.4.1 C 语言头文件的书写

C 语言头文件又称“包含文件”,在文件系统中一般以“. H”结尾,此类文件中主要包含宏的定义和函数的声明。以下是一个“. H”文件“DELAY. H”的例子。

```
#ifndef _DELAY_H_                       //第 1 行
#define _DELAY_H_                       //第 2 行
#define MHz     *1000000                //第 3 行
#define FREQ4MHz                        //第 4 行,定义单片机主频常数
#define MS_COUNT   FREQ/57000           //第 5 行,定义毫秒延时用的循环常数
  void DelayMs(int ms);                 //第 6 行
#endif // _DELAY_H_                     //第 7 行,注意 endif 后全是注释
```

其中第 1 行、第 2 行和第 6 行是为了防止头文件的重复包含,因为 C 语言是不允许各种标识符重复声明或定义的。下面介绍其运行原理。

当预处理程序对源代码文件预处理时,会记录#define语句中定义的标识符是否出现过,当预处理程序第一次处理文件"DELAY. H"时,遇到"#ifndef _DELAY_H_"时,由于之前"_DELAY_H_"没有定义过,所以此预处理条件成立,接下来处理第2行、第3行语句(就像if语句成立时执行if后的内容一样,只不过这是预处理阶段的工作,不是执行阶段的工作),在执行完第二行后,标识符"_DELAY_H_"就被定义了。当"DELAY. H"再次被包含时,还会遇到"#ifndef _DELAY_H_",由于第一次处理"DELAY. H"时"_DELAY_H_"已经被定义过,所以此预处理条件不成立,预处理模块就略过第2行、第3行等语句,直接跳到"#endif"后执行,这样就避免了对第2行、第3行等语句的重复处理,达到了不重复声明或定义的目的。

第3行到第5行是宏定义。头文件中一般情况下不建议出现变量定义。

第6行是函数声明。一般情况下,在头文件中不建议出现函数定义代码。

总之,头文件中主要包含常量定义、宏的定义和函数的声明。一般情况下不要在头文件中定义变量或函数。

5.4.2 C语言源码文件的书写

C语言源码文件在文件系统中一般以". C"结尾,此类文件中主要包含函数、变量的定义和使用。例如,对应于"DELAY. H"的源码文件习惯上命名为"DELAY. C"。其内容就是对"DELAY. H"中声明的函数进行定义,对宏和常量进行使用。例如,"DELAY. C"可能内容如下:

```
#include "DELAY. H"   // 由于要用到DELAY. H中的宏和函数声明
void DelayMs(unsigned int ms) //此处必须与函数声明中形式完全一致
{
  int i=0,j=0;
  for(i=0;i<ms;i++)
  for(j=0;j<(MS_COUNT);j++)//在不同的主频下,1 ms的延时循环常数不同
   {}
}
```

在这里解释一下为什么用MS_COUNT,而不用一个立即数。因为程序执行的时间是与单片机主频相关的。所以延时函数中的循环代码用的时间也取决于单片机主频。这里用MS_COUNT来代表延时用的循环常数,MS_COUNT之前在"DELAY. H"中定义为:

```
#define MS_COUNT   FREQ/57000   //第5行,定义毫秒延时用的循环常数
```

而FREQ则是另外一个宏定义:

```
#define MHz          *1000000        //第3行
#define FREQ    4MHz                 //第4行,定义单片机主频常数
```

从这3个宏定义的关系可以看出,MS_COUNT的实际值与FREQ相关,当FREQ改变时MS_COUNT也会改变。这样就能保证在不同单片机主频下其延时时间基本相同。但是由于常数整除结果存在误差,所以这样编写出来的DelayMs函数也是有误差的。读者在使用时要注意这一点。要想精确延时,请使用HT-PICC编译器所提供的延时函数或硬件定时器实现精确延时。

在一般情况下,对于IC的驱动模块要写两个文件,即". H"文件和". C"文件。对于项目经常用到的常量或宏要编写一个". H"文件。对于项目的主要工作逻辑实现编写一个". C"文

件(一般就是 main 函数所在的文件,所以习惯上把主要工作逻辑实现的源文件命名为 main.C)。

5.4.3 模块文件添加到当前项目的方法

要想把编写好的模块文件用到当前项目中,需要在开发软件中把模块文件添加到当前项目文件内。以下是在 MPLAB IDE 中加入模块文件的步骤。

(1)把编写好的模块文件拷贝到项目所在的文件夹下。

(2)用 MPLAB 打开项目文件。

(3)在工作区窗口的"Source Files"处单击鼠标右键,选择"Add Files",如图 5.4 所示。

(4)在弹出的添加文件窗口,选择要添加的". C"文件(按 Ctrl 键单击多个文件可多选),如图 5.5 所示,而后点击"打开"即可。

图 5.4 添加新文件的方法

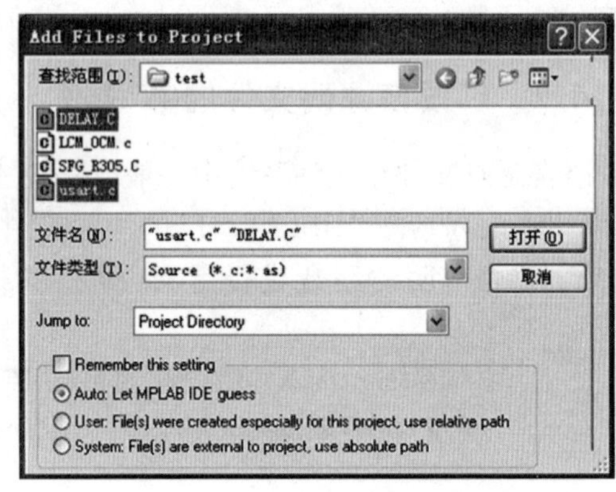

图 5.5 添加". C"文件窗口

(5)在工作区窗口的"Header Files"处单击鼠标右键,选择"Add Files",添加相应的". H"文件。

(6)在要使用该模块的源文件中包含该模块的头文件,而后就可以在源文件中使用该模块中的宏和函数了。

例如,在 main. c 文件内容要用到 DelayMs 函数,则可按如下程序书写。

```
#include <pic.h>
#include "DELAY.H"   //为了调用 DelayMs,先把头文件包含进来
__CONFIG(XT & WDTDIS & LVPDIS); //单片机特殊功能配置字
main( )
{  TRISD=0;
   PORTD=0;
   while(1)
   {
     PORTD++;
     DelayMs(1000);  //调用 DelayMs 函数
   }
}
```

初学者在建立多文件项目时经常遇到各种编译错误,现将常见错误总结如下。

```
Error[000] C:\S124\DELAY.obj 13 : signatures do not match:
_DelayMs (C:\S124\DELAY.obj): 0x1078/0x42
```

这说明头文件中函数声明与源文件中函数定义不符合。请检查函数的声明和定义中的函数首部的拼写错误和大小写错误,如果头文件中没有写函数声明也会出现此错误。

```
Error[000]   : undefined symbol:
Error[000]   : _delaym (C:\S124\main.obj)
```

这里说未定义的模块_delaym,往往都是拼写错误。请检查模块文件中函数如何拼写。

(7)编译成功后会生成以项目名称命名的目标文件,如 test.HEX。此文件就是将来要烧写的单片机中的最终目标文件。

5.5　PICC与单片机硬件的相关知识

5.5.1　PICC中的高级变量

除了bit型位变量外,PICC还完全支持数组、结构和联合等复合型高级变量,这和标准的C语言所支持的高级变量类型没有什么区别。例如:

```
数组:unsigned int SortData[10];
结构:struct commInData {
      unsigned char inBuff[16];
      unsigned char getPtr, putPtr;
      };
联合:union int_Byte {
      unsigned char c[2];
      unsigned int i;
      };
```

5.5.2　PICC中的数据存储器BANK管理

为了使编译器产生最高效的机器码,PICC把单片机中数据寄存器的BANK问题交由工程师自己管理,因此在定义普通变量时,工程师必须自己决定这些变量具体放在哪一个BANK中。如果没有特别指明,所定义的变量将被定位在BANK0,例如下面所定义的这些变量:

```
unsigned charRcvBuffer[32];
bit flag1,flag2;
float val[8];
```

除了BANK0内的变量声明时不需特殊处理外,定义在其他BANK内的变量前面必须加上相应的BANK序号,例如:

```
BANK1 unsigned charSendBuffer[32];  //变量定位在BANK1中
BANK2 bit flag3,flag4;     //变量定位在BANK2中
BANK3 float Temperature [8];     //变量定位在BANK3中
```

中档系列PIC单片机数据寄存器的一个BANK大小为128字节,但每个BANK中都有若干字节的特殊功能寄存器区域和不可用区域,导致每个BANK的连续可用区域是要远远少于

128 字节。用户在 C 语言中某一 BANK 内定义的变量字节总数不能超过本 BANK 可用 RAM 字节数。如果超过 BANK 容量,在编译连接时就会出错,常见的出错信息如下。

```
could not find space (100 bytes) for variable _bb
```

这说明编译器无法找到 100 个连续的字节存放变量 bb。可以试着把变量放到其他 BANK 中试试,但过大的变量(如大数组)放在哪个 BANK 中都是不够的,所以不建议在单片机 C 语言中使用大数组。

虽然变量所在的 BANK 定位必须由工程师自己决定,但在编写源程序时进行变量存取操作前无需再特意编写设定 BANK 的指令。PICC 编译器会根据所操作的对象自动生成对应 BANK 设定的汇编指令。为避免频繁的 BANK 切换以提高代码效率,尽量把实现同一任务的变量定位在同一个 BANK 内;对不同 BANK 内的变量进行读写操作时也尽量把位于相同 BANK 内的变量归并在一起进行连续操作。

5.5.3 PICC 的变量修饰关键词

1. extern——外部变量声明

如果在一个 C 源文件中要使用一些变量但其原型定义写在另外的 C 源文件中,那么在本文件中必须将这些变量声明成“extern”外部类型。例如程序文件 code1.c 中有如下定义:

```
BANK1 unsigned charSendBuffer[32];   //定义了 BANK1 中的一个数组
```

在另外一个程序文件 code2.c 中要对上面定义的变量进行操作,则必须在程序的开头定义:

```
extern BANK1 unsigned charSendBuffer[32] //声明位于 BANK1 的外部变量
```

2. volatile——易变型变量声明

volatile 用来修饰其内容会随机变化的变量,如在单片机中特殊寄存器的内容将会受到硬件信号激励而变化。为了防止编译器错误地把这种变量优化掉,则需要在这类变量定义时加入 volatile 修饰符来通知编译器此变量不允许优化。例如:

```
volatile unsigned charg_CAN_STATUS;
```

3. const——常数型变量声明

在 PICC 中,若变量定义前冠以“const”类型修饰,那么所有这些变量就成为常数,程序运行过程中不能对其修改。为了节省数据存储器空间,PICC 把 const 型变量都存放在程序存储器(ROM)中。

const 类型变量常用于存储大量不变的信息,如各种固定不变的中英文提示信息、字型点阵数据、图形图像数据等。以下是常见的 const 类型变量定义。

```
const unsigned charsMSG[ ]="请把指纹放在窗口上。"; //定义一个中文提示信息
const unsigned char sErrorMSG [ ]="Finger match error"; //定义一个英文提示信息
const unsigned char sHZ[ ]={  /*   文字:  汉   宽 x 高=16x16    --*/
0x10,0x60,0x01,0x86,0x60,0x04,0x1C,0xE4,0x04,0x04,0x04,0xE4,0x1C,0x04,0x00,0x00,
0x04,0x04,0x7E,0x01,0x40,0x20,0x20,0x10,0x0B,0x04,0x0B,0x10,0x30,0x60,0x20,0x00
} //定义一个常数数组,保存一个汉字点阵信息
const unsigned char BMP_Array[ ]={/* 0X00,0X10,0X30,0X00,0X30,0X00,0X01,0X1B, */
0XCA,0XD3,0XEA,0XDB,0XEA,0XDB,0X0B,0XE4,
0XEB,0XE3,0X0B,0XE4,0X0B,0XEC,0X0B,0XEC,
```

```
0X0B,0XEC,0X0B,0XEC,0X0B,0XEC,0X0B,0XEC,
0X2B,0XEC,0X2B,0XEC,0X6B,0XEC,0X6B,0XF4,
0X6B,0XFC,0X4B,0XFC,0X4C,0XFC,0X6D,0XFC,
0XCE,0XF4,0XEE,0XF4,0XCD,0XFC,0X8C,0XFC
};    //定义一个常数数组,存储BMP图像信息
```

【注意】 如果定义了"const"类型的位变量,那么这些位变量还是被放置在RAM中,但程序不能对其赋值或修改。

4. persistent——非初始化变量声明

按照标准C语言的约定,程序在开始运行前首先要把所有定义的但没有预置初值的变量全部清零。PICC会在最后生成的机器码中加入一小段初始化代码来实现这一变量清零操作,并且这一操作将在main函数被调用之前执行。问题是作为一个单片机的控制系统有很多变量是不允许在程序复位后被清零的。为了达到这一目的,PICC提供了"persistent"修饰词以声明此类变量无需在复位时自动清零,编程员应该自己决定程序中的哪些变量是必须声明成"persistent"类型,而且须自己判断什么时候需要对其进行初始化赋值。例如:

```
persistent unsigned char hour,minute,second; //定义时分秒变量
```

对于用persistent修饰的变量通常是在main函数内部开始处就判断目前的复位方式,若是上电复位则对其初始化,若是其他复位(如看门狗复位)则无需修改。例如:

```
main( )
{
    if(TO==1)    // 说明是上电复位,初始化相关persistent类型变量
    { hour=0;
    minute=0;
    second=0;
  }
  else
  { //说明是看门狗复位,不需要给persistent类型变量赋值了
  }
}
```

5.5.4 PICC中指针的使用

PICC中指针的基本概念和标准C语法没有太多的差别。但是在PIC单片机这一特定的架构上,指针的定义方式还是有几点需要特别注意。

1. 指向RAM的指针

由于PIC中档单片机的数据存储器分多个BANK存放,所以在定义指针时必须明确指定该指针所适用的BANK区域,例如:

```
unsigned char *ptr0;    //①定义覆盖BANK0/1的指针
BANK2 unsigned char *ptr1; //②定义覆盖BANK2/3的指针
BANK3 unsigned char *ptr2; //③定义覆盖BANK2/3的指针
```

由于PICC中指针采用一个字节存放,所以每个指针可以覆盖两个BANK(因为每个BANK有128个地址),这样上面定义了3个指针变量中:①指针没有任何BANK限定,缺省就是指向BANK0和BANK1;②和③一个指明了BANK2,另一个指明了BANK3,但实际上两者是

一样的。

既然定义的指针有明确的 BANK 适用区域，在对指针变量赋值时就必须实现 BANK 匹配。例如有如下变量定义：

```
unsigned char *ptr0;  //定义指向 BANK0/1 的指针
BANK2 unsigned char buff[8];  //定义 BANK2 中的一个缓冲区
```

若出现下面的指针赋值将产生一个致命错误。

```
ptr0=buff; //错误！试图将 BANK2 内的变量地址赋给指向 BANK0/1 的指针
```

若出现此类错误的指针操作，PICC 在最后连接时会告知类似于下面的信息：

```
Fixup overflow in expression (...)
```

同样的道理，若函数调用时用了指针作为传递参数，也必须注意 BANK 作用域的匹配，而这点往往容易被忽视。假定有下面的函数实现发送一个字符串的功能：

```
void SendMessage(unsigned char *);
```

那么被发送的字符串必须位于 BANK0 或 BANK1 中。如果还要发送位于 BANK2 或 BANK3 内的字符串，必须再另外单独写一个函数：

```
void SendMessage_2(BANK2 unsigned char *);
```

这两个函数从内部代码的实现来看可以一模一样，但传递的参数类型不同。

2. 指向 ROM 空间的指针

如果一组变量是已经被定义在 ROM 区的常数，那么指向它的指针可以定义如下：

```
const unsigned charsErrorMSG []=" Finger match error";  //定义 ROM 中的常数
const unsigned char *romPtr;      //定义指向 ROM 的指针
```

程序中可以对上面的指针变量赋值和实现取数操作：

```
romPtr=sErrorMSG; //指针赋初值
tmp_char = *romPtr++; //取指针指向的一个数，然后指针加 1
```

反过来，下面的操作将是一个错误：

```
*romPtr= data; //往指针指向的地址写一个数
```

因为该指针指向的是常数型变量，不能赋值。

5.5.5 PICC 中硬件配置字的使用

PICC 提供了相关的预处理指令以实现在 C 语言源程序中定义 PIC 单片机的硬件配置字和标记单元。

1. 定义硬件配置字

在 C 语言源程序中定义硬件配置的方式如下：

```
__CONFIG (HS & UNPROTECT & PWRTEN & BORDIS & WDTEN);
```

上面的关键词“__CONFIG”（注意前面有两个下划线）是专门用于芯片配置字的设定，后面括号中的各项配置位符号在特定型号单片机的头文件中已经定义（注意不是 pic.h 头文件），相互之间用逻辑“与”操作符组合在一起。这样定义的配置字信息最后将和程序代码一起放入同一个 HEX 文件。

在这里列出了适用于 16F87x 系列单片机配置位符号预定义（在 pic168xa.h 中），其他型号或系列的单片机配置字定义方式类似，使用前需查阅对应的头文件即可。

```
/*振荡器配置*/
```

```
#define RC   0x3FFF // RC 振荡
#define HS   0x3FFE // HS 模式
#define XT   0x3FFD // XT 模式
#define LP   0x3FFC // LP 模式
/ * 看门狗配置 * /
#define WDTEN   0x3FFF //看门狗打开
#define WDTDIS   0x3FFB //看门狗关闭
/ * 上电延时定时器配置 * /
#define PWRTEN   0x3FF7 //上电延时定时器打开
#define PWRTDIS 0x3FFF //上电延时定时器关闭
/ * 低电压复位配置 * /
#define BOREN   0x3FFF //低电压复位允许
#define BORDIS   0x3FBF //低电压复位禁止
/ * 代码保护配置 * /
#define UNPROTECT 0x3FFF //没有代码保护
#define PROTECT 0x3FEF //程序代码保护
```

2. 定义芯片标记单元

PIC单片机中的标记单元定义可以用下面的_ _IDLOC(注意前面有两个下划线符)预处理指令实现,方法如下:

```
_ _IDLOC (1234);
```

其特殊之处是括号内的值全部为十六进制数,不需要用"0x"引导。这样上面的定义就设定了标记单元内容为01020304。

5.5.6 PICC中内嵌汇编

由于不同的C语言编译器对内嵌汇编的方法不同,因此需要读者查看相应C编译器的数据手册得知。本书所讲的"HI-TECH PICC"编译器支持的内嵌汇编方式有两种。

1. 使用asm关键字嵌入一条汇编指令

例如,使用内嵌汇编执行PIC单片机的特殊指令。

```
asm("CLRWDT");
asm("NOP");
asm("SLEEP");
```

2. 使用预处理命令"#asm"和"#endasm"嵌入多行汇编指令

例如,用内嵌汇编实现字节数据高效的循环右移。

```
  unsigned char tmp;      // C 语言中的变量,默认在 BANK0
#asm
  CLRF   _STATUS          //直接把 STATUS 寄存器清零,注意前面有一个"_"
  RRF    _tmp,W           //在汇编语言中使用 C 语言变量时在变量名前面有一个"_"
  RRF    _tmp,F
#endasm
```

本章小结

本章首先简单回顾了 C 语言基础知识，包括 C 语言的数据类型运算符、控制语句、数组、函数及预处理命令等。

为了便于读者使用 C 语言的库函数，本章还介绍了 PIC 单片机常用库函数用法。这些函数约有 60 个，分为数学函数、时间函数、数据转换函数、字符串处理函数、标准输入输出函数、字符测试函数和 PIC 单片机硬件相关函数。其中除了 PIC 单片机硬件相关函数外都是标准 C 语言规定的基本函数，了解这些函数的用法能够大幅提高开发效率。

最后讲解了项目的模块化设计方法与 C 语言内嵌汇编的方法。

但是在单片机上用 C 语言编写程序不可完全照搬在 PC 上的编程模式，因为两者的硬件资源不同，在资源受限的单片机中，编写 C 语言程序必须考虑到系统的存储器资源和实时性。

思考与练习

1. “i = 1; j = i++;”这两条语句执行后 i,j 的结果是什么？说明原因。

2. 在用 C 语言比较一个变量与一个常量是否相等时，如何防止误把“==”写成“=”？

3. 计算以下表达式的值：

   3+4<<2　　23>>2　　13<<2　　14^11　　~14

4. 十进制数 14 的 BCD 码采用十六进制形式表达是多少？十进制形式呢？

5. 在 PICC 中，const，volatile 和 persistent 修饰符各有什么用途？

6. 在使用 ICD2 调试主频为 20 MHz 的 PIC16F877A 单片机时，需要用硬件配置字把 WDT 禁止、低电压编程禁止关掉。请写出在 PICC 中的表达方法。

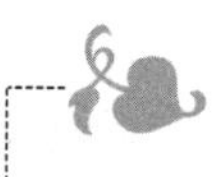

第6章 输入/输出端口的用法

本章重点:数码管扫描法与4×4 矩阵式键盘扫描法的设计原理。

本章难点:多数码管扫描算法与4×4 矩阵式键盘扫描算法的程序设计。

6.1 输入/输出端口简介

输入/输出端口又称 I/O(Input/Output)端口,是单片机用来与外界进行信息交换的主要通道。

PIC16F877A 共有 5 个 I/O 端口,分别为 PORTA,PORTB,PORTC,PORTD,PORTE。5 个 I/O端口对外以 I/O 引脚形式存在,如图 6.1 所示。PORTA 对应 RA0 到 RA5 共 6 个引脚、PORTB 对应 RB0 到 RB7 共 8 个引脚、PORTC 对应 RC0 到 RC7 共 8 个引脚、PORTD 对应 RD0 到 RD7 共 8 个引脚、PORTE 对应 RE0 到 RE2 共 3 个引脚,绝大多数 I/O 引脚都是有多种功能,除了具备常规的双向输入/输出功能外,还有各自的第二、第三特殊功能,但在某一时刻一个引脚只能执行一种特殊功能。

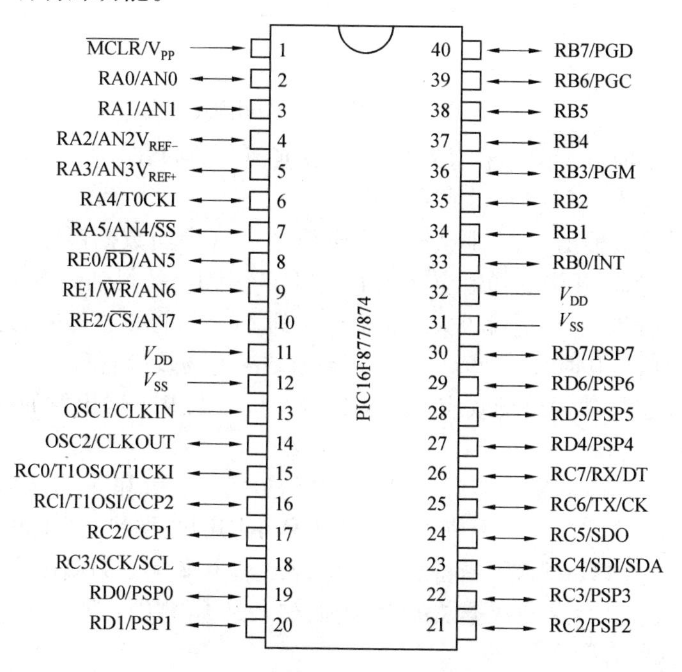

图 6.1 PIC16F877A 引脚分布图

PIC 单片机大多数 I/O 引脚(RA4 除外)作为输出时,可以提供很强的负载驱动能力,高电平输出时的拉出电流和低电平输出时的灌入电流都可以达到 25 mA。

6.1.1　输入/输出端口的工作原理

一个 I/O 端口由多个 I/O 引脚电路构成,每个 I/O 引脚电路可以被看作是单片机最小的一个外围功能模块。通过它可使单片机检测各种数字信号或控制其他电路和器件。PIC 单片机典型的 I/O 引脚电路逻辑结构如图 6.2 所示。

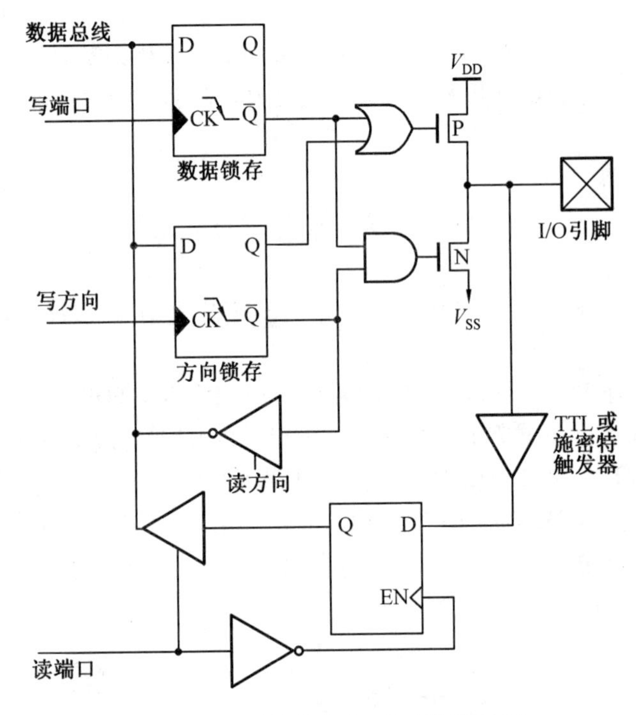

图 6.2　PIC 单片机典型 I/O 引脚逻辑图

通过图 6.2 可知向方向锁存器写入“0”后,数据锁存的内容才能出现在 I/O 引脚上。所以把对方向锁存器写入“0”称为“设成输出状态”。

如果该引脚被设成输出状态,那么输出逻辑信号“1”(即向数据锁存写“1”)时,图 6.2 中的 P 沟道场效应管导通,N 沟道场效应管截止,在 I/O 引脚上就得到高电平,驱动负载的电流由 P 沟道场效应管提供,此拉电流最大理论值可达到 25 mA,可以直接驱动发光二极管了。

反之输出逻辑信号 0 时,N 沟道场效应管导通,P 沟道场效应管截止,引脚输出低电平,外围负载的电流可以通过 N 沟道场效应管灌入到单片机。低电平输出时的灌入电流最大值为 25 mA。

通过图 6.2 可知向方向锁存器写入“1”后,P 沟道场效应管和 N 沟道场效应管双双截止。数据锁存器内容无法出现在 I/O 引脚上。但是 I/O 引脚的电平状态(来源于外部电路)可以通过其门限判别电路(TTL 型或施密特触发型)输入给图 6.2 下方的锁存器。当读端口信号有效时,I/O 引脚的状态就会送到数据总线上,进而输入到 CPU 中。所以把对方向锁存器写入“1”称为“设成输入状态”。

若作为输入的 I/O 引脚悬空,受外部干扰信号的影响将读到不确定的值。不仅如此,悬空的高输入阻抗引脚在干扰的作用下,会使门限判别电路的输入端晶体管交替导通而产生额外的电流消耗,故在硬件设计时应竭力避免输入引脚的悬空。

6.1.2　输入/输出端口的相关寄存器

每一个端口的每一个引脚在使用前应该要明确是作为输入还是输出,这可以通过软件设定其方向控制寄存器实现。PIC 单片机的每一个 I/O 端口 PORTX,都有一个对应的方向控制寄存器 TRISX,其中 X 可以是 A,B,C,D,E 等端口名称,视不同的单片机端口资源而定。

TRISX 寄存器中的每一位都对应于端口相应位的输入或输出状态。

若 TRISX 某位为 0,则对应端口位为输出状态。

若 TRISX 某位为 1,则对应端口位为输入状态。

从图 6.2 中可以看到,输入/输出方向的设定结果是被锁存的,一旦确定了一个状态,它将一直保持,直到软件改变方向寄存器的设定值为止。所以,在程序运行过程中的任何时刻都可以通过指令读到端口的当前输入/输出状态设定,即 TRISX 寄存器的值。

需要特别指出的是,PIC 单片机的所有 I/O 引脚在出现任何条件的复位后,将自动回到高阻抗输入状态(TRISX 寄存器内数据位全 1)。要想让端口处于输出状态就必须修改 TRISX 寄存器。

当端口方向位置为输出后,端口输出的内容由 PORTX 的值来决定。PORTX 一般是一个 8 位的寄存器,与某个端口的引脚一一对应。

当端口某位输出 1 时,对应引脚输出高电平。

当端口某位输出 0 时,对应引脚输出低电平。

【例 6.1】　编程使 PORTD 输出全 1。

题意分析

PORTD 要想全工作在输出状态,则其方向端口 TRISD 的 8 位应全为 0。

PORTD 的输出内容是通过其端口寄存器 PORTD 来决定的。本题要求输出全是 1,则输出数据的二进制形式就是 0b11111111,其十六进制形式为 0xFF 或 0FFH。

汇编语言参考代码

```
BANKSEL  TRISD        ;选择 TRISD 所在的 BANK
CLRF     TRISD        ;把 D 口方向寄存器的 8 位都清零
BANKSEL  PORTD        ;选择 PORTD 所在的 BANK
MOVLW    0xFF         ;0xFF 送到 W 寄存器
MOVWF    PORTD        ;W 送 PORTD 输出
```

C 语言参考代码

```
TRISD=0;              //把 D 口方向寄存器的 8 位都置为 0,即输出状态
PORTD=0b11111111;     //8 个引脚全部输出 1
```

在 PICC 中可以用 RXY 来代表某个引脚对应的数据位,其中 X 为 A,B,C,D,E 中的一个字母,Y 为 0 到 7 之间的整数。例如:

```
RD3=1;  //向 PIC 单片机的 RD3 引脚输出高电平
RC0=0;  //向 PIC 单片机的 RC0 引脚输出低电平
```

在 PICC 中可以用 TRISXY 来代表某个引脚对应的方向位,其中 X 为 A,B,C,D,E 中的一个字母,Y 为 0 到 7 之间的整数。例如:

```
TRISD3=0;  //把 PIC 单片机的 RD3 引脚置为输出状态
TRISB0=1;  //把 PIC 单片机的 RB0 引脚置为输入状态
```

当端口方向位被置为输入后,就可以从相应端口 PORT*X* 读入数据。端口输入的值由 PORT*X* 对应引脚的外接电平决定。

当对应引脚为高电平时,端口某位读到的是 1,称为输入 1。

当对应引脚为低电平时,端口某位读到的是 0,称为输入 0。

【例 6.2】 PIC 单片机的 RD0 引脚外接数字电路,编程实现读取 RD0 的外部状态。

题意分析

RD0 与 PORTD 的最低位对应。想读取 RD0 的状态,就读取 PORTD 最低位值即可。读取动作对于 PORTD 而言是输入数据,则 TRISD0 应为 1。

为了使读取到的数据能继续使用,需要设定一个变量来保存读取结果。为了编程方便,这里通过定义一个字符型变量来保存读取结果。

汇编语言参考代码

```
TEMP EQU 0x20                         ;定义临时变量 TEMP,并手动分配内存地址为 0x20

BANKSEL   TRISD                       ;选择 TRISD 所在的 BANK
BSF       TRISD,0                     ; TRISD 最低位置 1
BANKSEL   PORTD                       ;选择 PORTD 所在的 BANK
MOVF      PORTD,W                     ;读 PORTD 引脚电平状态
MOVWF     TEMP                        ;将读到的状态存于临时变量 TEMP 中,其最低位为结果
```

C 语言参考代码

```
char  chValue;
TRISD0=1;   // TRISD 最低位置 1
chValue =PORTD;   // 把 RD0 的状态读入到 chValue 的最低位
```

6.2 输出端口的用法

单片机的输出端口主要用来实现控制目的。通过外接各种控制电路和输出引脚的各种时序组合能够产生各种各样的效果,本节通过几个例子来给读者展示输出端口的基本用法。

6.2.1 跑马灯的设计

【例 6.3】 电路如图 6.3 所示。编程实现跑马灯的运行效果,即 D0 到 D7 循环被依次点亮,但同一时刻只有一个灯亮。单片机主频为 4 MHz。

题意分析

本题目的关键是如何实现 D0 到 D7 依次被点亮的效果。根据电路原理图可知把 PORTC 口某位置 1,其连接的 LED 就亮了。那么根据题意,PORTC 开始值应该是 0B00000001,过一会变为 0B00000010,再过一会是 0B00000100……分析 PORTC 值的变化规律会发现,PORTC 就是在初值为 0B00000001 的情况下不断地左移,左移 7 次后循环。

由以上的分析可得出其流程图,如图 6.4 所示。根据流程图可以很容易写出其程序。

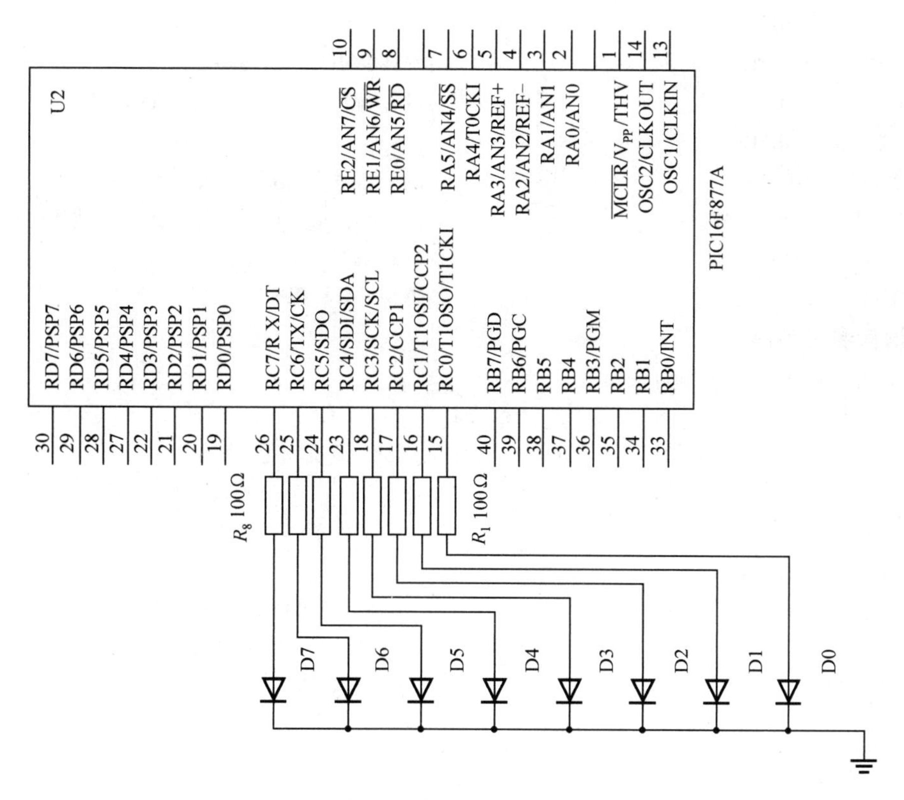

图 6.3　跑马灯电路图

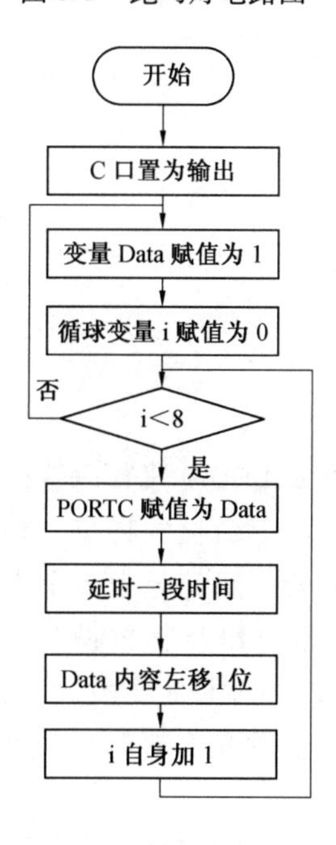

图 6.4　【例 6.3】流程图

汇编语言参考程序

```
BANKSEL     TRISC                              ;选择 TRISC 所在的 BANK
```

```
CLRF        TRISC                      ;C 口设置为输出
BANKSEL     PORTC                      ;选择 PORTC 所在的 BANK
MOVLW       0x01                       ;设置“跑马灯”初始状态到 PORTC
MOVWF       PORTC
CALL        DELAY                      ;调用延时程序 DELAY,需自行编写
RLF         PORTC,W;                   ;两条左移指令实现不带 C 进位的循环左移
RLF         PORTC,F
GOTO  $-3                              ;跳到 CALL DELAY 处循环
```

C 语言参考程序

```
// PIC 单片机 PORTC 跑马灯程序
#include <pic.h>
  __CONFIG(XT & WDTDIS & LVPDIS);              // ICD2 调试配置字
main()
{
   int i=0, DelayCNT=0;
   char Data=0;                                //用来记录向 PORTC 输出内容的变量
   TRISC=0;                                    // 把 C 口置为输出状态
   while(1)                                    //主循环必须是死循环
   {
     Data=0x01;                                //循环的初始值
     for(i=0;i<8;i++)                          //需要显示 8 次
     {
       PORTC=Data;                             //送 PORTC 显示
       for(DelayCNT=0                          ;DelayCNT<10000;DelayCNT++);    //延时
       Data=Data<<1;                           //每显示一次后 Data 左移一次
     }
   }
}
```

6.2.2 数码管的显示控制

在各种控制或测量系统中,通常用 LED 7 段数码管(简称数码管)来显示各种数字。由于它具有显示清晰、亮度高、使用电压低、寿命长的特点,因此使用非常广泛。例如,十字路口的倒计时牌、出租车的计价器等。数码管一般都是由 8 个发光二极管组成。其中 7 个长条形的发光管排列成“8”字形,另一个圆点形的 LED 在数码管的右下角作为显示小数点用,如图 6.5(a)所示。数码管有两种不同的形式:一种是 8 个发光二极管的阴极都连在一起,称之为共阴极数码管(图 6.5(b));另一种是 8 个发光二极管的阳极都连在一起,称之为共阳极数码管(图 6.5 (c))。

共阴和共阳结构的数码管各段安排顺序是相同的。其中 a,b,c,d,e,f,g,h 分别为每个 LED 的阳极引脚(对于图 6.5(b)而言)或阴极引脚(对于图 6.5(c)而言)。当在 a,b,c,d,e,f,g,h 和 COM 引脚加入恰当的电压和电流就会使相应的 LED 导通发光,不同的导通组合会使数码管显示出各种不同字形。以共阴极为例,把 COM 接地,将“b”和“c”接上高电平,其他引

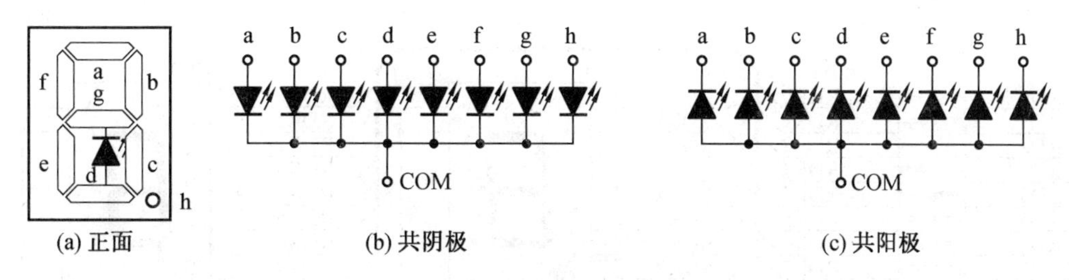

(a) 正面　(b) 共阴极　(c) 共阳极

图 6.5　数码管显示原理图

脚接地,那么"b"和"c"对应的 LED 发光,此时,数码管显示将显示数字"1";而将"a","b"和"c"都接高电平,其他阳极引脚接地,此时数码管将显示"7"。其他字符的显示原理类同。

由于 PIC 单片机的 I/O 引脚具有很强的驱动能力(每个引脚最大 25 mA,总计最大不超过 200 mA,具体请参考相应型号的数据手册),所以可以通过 PIC 的 I/O 引脚外加限流电阻直接驱动小功率数码管。一种简单的 PIC 单片机驱动一位数码管的电路如图 6.6 所示。

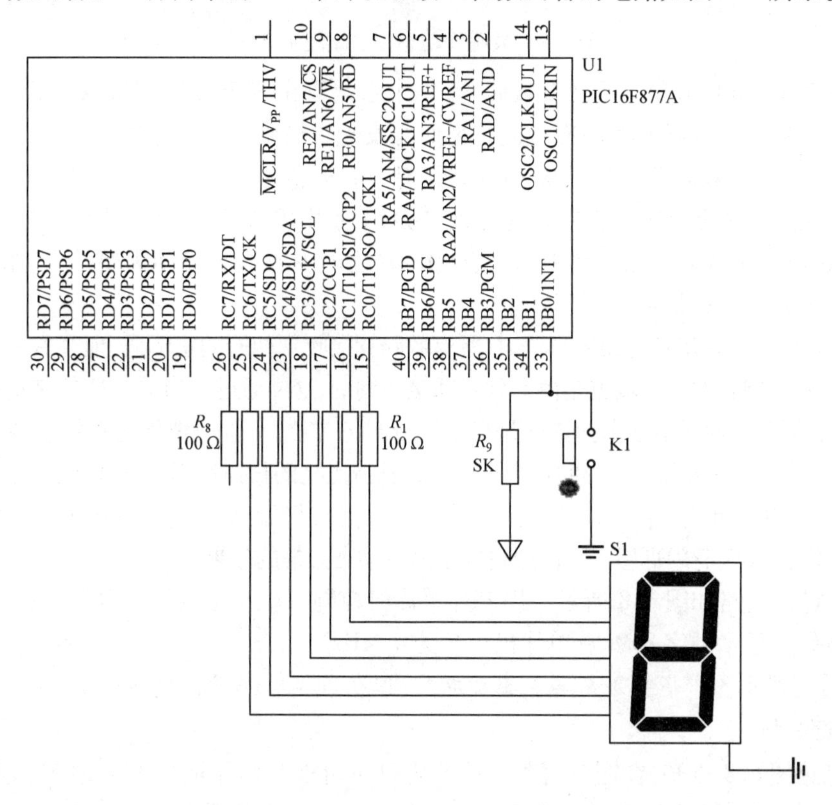

图 6.6　PIC 单片机控制一位数码管电路图

在实际应用中,往往需要用单片机控制多个数码管,如 2 个、4 个、6 个等。如果按照前文的方法,每个数码管占用 8 个 I/O 引脚,那么一片 PIC16F877A 在理论上最多可以直接控制 4 个数码管。这种数码管显示的方法称为静态显示法。这种方法的优点是控制简单,但缺点也很明显:如果这样做就已经没有空余的 I/O 引脚留做它用,如果想控制 5 个、8 个数码管怎么办呢?

由于静态显示占用的 I/O 引脚较多,单片机资源的开销很大,所以为了节省单片机的 I/O 引脚,常采用动态扫描方式作为 LED 数码管的接口电路,如图 6.7 所示。

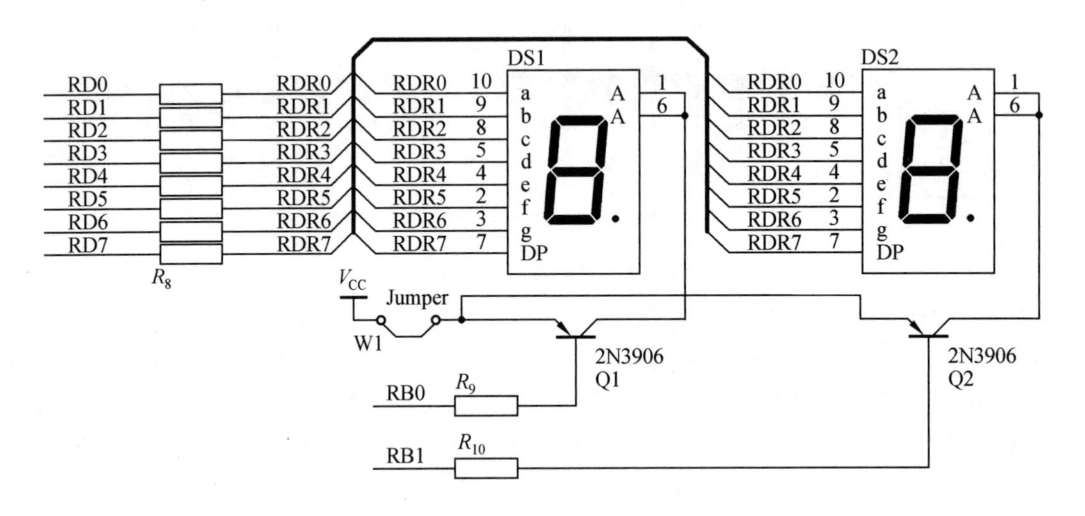

图 6.7　数码管动态扫描原理示意图

在图 6.7 中，DS1 和 DS2 是两个数码管，每个数码管由 8 个发光二极管构成，并排列成 8 字形和一个小数点。数码管的内部电路是把所有发光二极管的 8 个笔划段 a ~ g 和 DP 同名端连在一起，而每一个数码管的公共极 COM 端（对于共阳极数码管是 A 端，对于共阴极数码管是 K 端）与各自独立的 I/O 口连接。这样两个数码管用 10 个 I/O 引脚就可以控制了。采用这种思想，控制 4 个数码管只需要 12 个 I/O 引脚，远远少于静态控制需要的 32 个 I/O 引脚。下面讲解一下其动态扫描显示原理。

当单片机向字段输出口送出字形码时，所有数码管接收到相同的字形码，但究竟是哪个数码管亮，则取决于 COM 端，而这一端也是由 I/O 口间接控制的，这样通过适当的 I/O 控制就可以决定何时点亮哪个数码管。而所谓动态扫描就是指采用分时的方法，一位一位地轮流控制各个数码管的 COM 端，使各个数码管每隔一段时间点亮一次。在轮流点亮的扫描过程中，每位数码管的点亮时间是极为短暂的（约 10 ms），由于人的视觉暂留现象及发光二极管的余晖效应，给人的印象就是一组稳定的显示数据，不会有闪烁感。下面通过例子演示动态扫描的效果。

【例 6.4】　电路如图 6.8 所示。用 PIC 单片机控制一款 4 位共阳极数码管模块。编程实现让 4 个数码管显示数字 8192。单片机主频为 4 MHz。

【注意】　图 6.8 中省略了数码管驱动电路，但在搭建硬件实物时不应省略。

题意分析

根据电路图 6.8 可知，在同一时刻 4 位数码管不可能显示不同内容。但实际上由于人眼存在视觉暂留现象，若一个显示设备的刷新率大于 25 Hz，人眼看上去就是连续的动作。这样可以根据人眼的视觉暂留现象来设计此程序。

若要求 4 位数码管显示的刷新率大于 25 Hz，就是要求在 40 ms（1 000 ms/25）内每个数码管都显示一次数据，这样平均每个数码管显示数据的时间约为 10 ms。

经过以上分析，控制程序可以先只让 RD4 控制的数码管亮，显示 8 并延时 10 ms；接下来只让 RD5 控制的数码管亮，显示 1 并延时 10 ms；接下来只让 RD6 控制的数码管亮，显示 9 并延时 10 ms；接下来只让 RD7 控制的数码管亮，显示 2 并延时 10 ms；而后循环重复以上动作即可。根据以上分析，可得其流程图如图 6.9 所示。

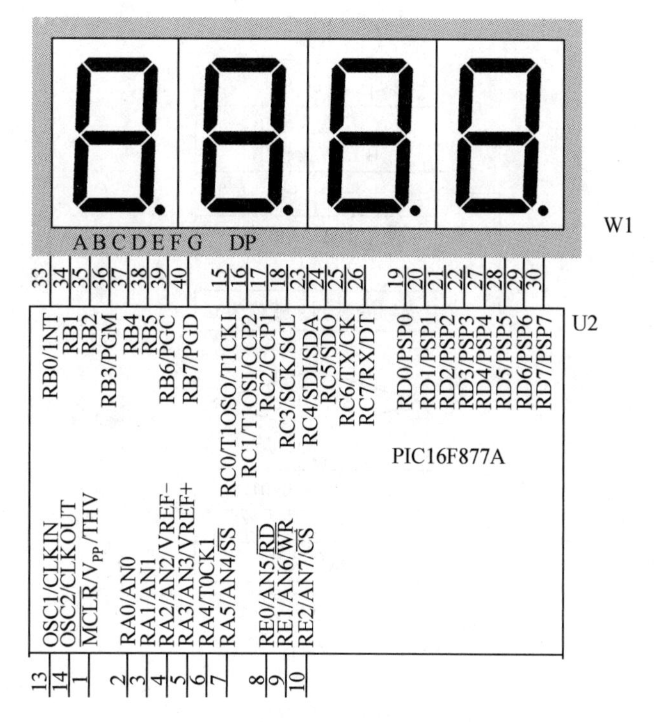

图6.8　4位数码管扫描显示原理图

汇编语言参考程序

```
SMG_Display                  ; 主程序部分,汇编模板内容略
            BANKSEL   TRISD
            CLRF      TRISD
            CLRF      TRISB
            BANKSEL   PORTD
NEXT
            MOVLW     0x10                    ;位选“千”位数码管
MOWF        PORTD
MOVLW       .8                                ;置查表偏移量
CALL        SMG_FONT                          ;查表取段码
MOVWF       PORTB                             ;千位段码输出
CALL        DELAY10MS                         ;延时 10 ms
MOVLW       0x20                              ;位选“百”位数码管
MOWF        PORTD
MOVLW       .1                                ;置查表偏移量
CALL        SMG_FONT                          ;查表取段码
MOVWF       PORTB                             ;百位段码输出
CALL        DELAY10MS                         ;延时 10 ms
MOVLW       0x40                              ;位选“十”位数码管
MOWF        PORTD
MOVLW       .9                                ;置查表偏移量
CALL        SMG_FONT                          ;查表取段码
```

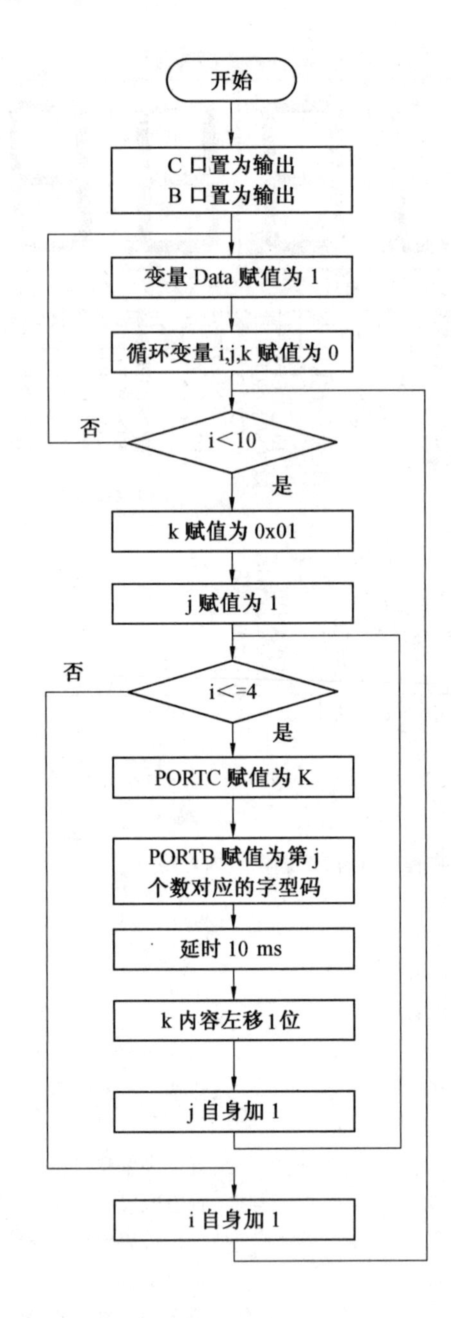

图 6.9 【例 6.4】程序流程图

```
MOVWF    PORTB                ;十位段码输出
CALL     DELAY10MS            ;延时 10 ms
MOVLW    0x80                 ;位选“个”位数码管
MOWF     PORTD
MOVLW    .2                   ;置查表偏移量
CALL     SMG_FONT             ;查表取段码
MOVWF    PORTB                ;个位段码输出
CALL     DELAY10MS            ;延时 10 ms
```

```
GOTO       NEXT                         ;进行下一轮扫描
SMG_FONT                                ;共阴极字形编码表(0~9)
           ADDWF PCL,F
           RETLW 3FH
           RETLW 06H
           RETLW 5BH
           RETLW 4FH
           RETLW 66H
           RETLW 6DH
           RETLW 7DH
           RETLW 07H
           RETLW 7FH
           RETLW 6FH
DELAY10MS                               ;10 ms 延时子程序,主频 4 MHz
           MOVLW     0DH
           MOVWF     20H
LOOP1
           MOVLW     0FFH
           MOVWF     21H
LOOP2
           DECFSZ    21H,F
           GOTO      LOOP2
           DECFSZ    20H,F
           GOTO      LOOP1
           RETURN
```

C 语言参考程序

```
//4 位数码管动态扫描程序,主频为 4 MHz
#include "pic.h"
  __CONFIG(XT & WDTDIS & LVPDIS);// 设置用于 ICD2 调试的控制字
void delay10ms(int m) //定义延时函数
{
  int i=0,j=0;
    for(i=0;i<m;i++)
    for(j=0;j<67;j++) //不同频率下 67 需要修改
      {;}
}
const charSMG_FONT[]={0b11000000,0b11111001,0b10100100,
                  0b10110000,0b10011001,0b10010010,0b10000010,
                  0b11111000,0b10000000,0b10010000};  //数码管字形数组
void main(void)
{
  TRISB=0x00;
  TRISD=0x00;
```

```
   while(1)
   {
    char i=0,j=0,k=0,Number[5]={0,0,0,0,0};//Number[0]未用
    Number[1]=8; // 8 对应千位
    Number[2]=1; // 1 对应百位
    Number[3]=9; // 9 对应十位
    Number[4]=2; // 2 对应个位
    //用 Number[1]到 Number[4]的目的是与电路图上的序号匹配,这样不易弄错
   for(i=0;i<10;i++)
   {
       PORTD=k=0x10;                        //每次循环不要忘记 k 赋初始值
       for(j=1;j<=4;j++)                    //共需要刷新 4 个数码管位置
       {
          PORTD=k;                          //设置要点亮的位置
          PORTB=SMG_FONT[ Number[j] ];      //设置字形
          delay10ms(1);                     //延时显示字形,造成视觉暂留现象
          k=k<<1;                           //左移为显示下一位置做准备
       }
     }
   }
}
```

上例中的 C 语言代码把所有函数都写在一个文件里,这不是好习惯。延时函数和数码管扫描代码在将来的内容中要频繁使用,如果能写成库函数的形式会便于这段代码的重复利用。在不同应用中数码管扫描用的端口不一定,所以要抽象出来,用宏定义可以实现。下面通过例子来学习如何把以上代码写成模块化的函数形式。

【例 6.5】 电路如图 6.8 所示。编程实现让 4 个数码管显示数字 8192。单片机主频为 4 MHz。要求把数码管扫描代码和延时函数分别写成不同的模块文件,在 main. c 中酌情调用。

题意分析

本例中延时函数可以单独写成一个模块。例如,在 delay. h 中写延时函数的声明,在 delay. c 中写延时函数定义。但是要考虑到单片机主频不同,导致同一段延时程序所用时间不同的问题。在编写延时函数时需要把单片机的频率考虑进去。本例中单片机主频是 4 MHz。

数码管动态扫描代码在工程项目中会频繁用到,所以有必要把它用函数改写。为了让此函数具有通用性,也需要把此函数单独写成一个模块。在 seg74. h 中写动态扫描函数的声明,在 seg74. c 中编写相应的函数定义。

对于数码管动态扫描函数建议用见名知意的方式来命名,如叫 SMG_Display。用数码管主要显示数字,所以应该有一个形参用来表示要显示的数值,这里假设只显示整数,并且小于 10 000(因为只有 4 位数码管,最大值为 9 999)。这样此函数的声明可以写为:

```
voidSMG_Display(unsigned int Data);
```

在数码管动态扫描函数中为了方便将来硬件连接改变后的代码移植,这里把与硬件相关的特殊寄存器用宏名替换,例如,用 SEG_FONT 宏定义替换函数代码中的 PORTB,数码管所用

的硬件连接在 seg74. h 中定义为:

```
#define      SEG_FONT_DATA                  PORTB  //  字形码输出用端口
#define      SEG_FONT_PORT_DIR              TRISB  //  字形端口的方向寄存器
```

这样如果将来电路修改,如改为 PORTC 作为字形码输出用端口,那么只需把 B 改为 C 即可:

```
#define      SEG_FONT_DATA                  PORTC  //  字形码输出用端口
#define      SEG_FONT_PORT_DIR              TRISC  //  字形端口的方向寄存器
```

其他位置都不用变就能继续使用此函数了。

设计过程

(1)用 MPLAB 新建项目,语言工具选择为"HI-TECH Universal Toolsuite"。

(2)新建"main. c"文件并加入项目中,其内容如下所示。

```
//4 位数码管动态扫描主程序,主频为 4MHz
#include "pic. h"
#include "delay. h"
#include "seg74. h"
  __CONFIG(XT & WDTDIS & LVPDIS);          //设置用于 ICD2 调试的控制字
void main(void)
{
  int  Data=8192;
  SEG_BITSEL_PORT_DIR=0x00;                //数码管位选端口方向寄存器,在 seg74. h 中定义
  SEG_FONT_PORT_DIR=0x00;                  //数码管字形端口方向寄存器,在 seg74. h 中定义
  while(1)
  {
    SMG_Display(Data);
  }
}
```

(3)新建"seg74. h"文件并加入项目中,其内容如下所示。

```
#ifndef _SEGMENT74_H_                      //防止重复编译本头文件
#define _SEGMENT74_H_

#define SEG_BITSEL_PORT                    PORTD  //  位选端口
#define SEG_BITSEL_PORT_DIR                TRISD  //  位选端口的方向寄存器
#define SEG_FONT_PORT                      PORTB  //  字形输出端口
#define SEG_FONT_PORT_DIR                  TRISB  //  字形端口的方向寄存器
voidSMG_Display(unsigned int iData);

#endif                                     // _SEGMENT74_H_
```

(4)新建"seg74. c"文件并加入项目中,其内容如下所示。

```
#include "pic. h"
#include "delay. h"
#include "seg74. h"
```

```
const charSMG_FONT[ ] = {0b11000000,0b11111001,0b10100100,
                0b10110000,0b10011001,0b10010010,0b10000010,
                0b11111000,0b10000000,0b10010000};  //字形码数组
voidSMG_Display(unsigned int Data)
{
  char i=0,j=0,k=0,Number[5]={0,0,0,0,0}; //Number[0]未用
  Number[1]=Data/1000;        // 千位
  Number[2]=Data%1000/100;    // 百位
  Number[3]=Data%100/10;      // 十位
  Number[4]=Data%10;          // 个位
  //用 Number[1]到 Number[4]的目的是与电路图上的序号匹配,这样不易弄错
  for(i=0;i<10;i++)
  {
      SEG_BITSEL_PORT=k=0x10;             //每次循环不要忘记 k 赋初始值
      for(j=1;j<=4;j++)                   //共需要刷新 4 个数码管位置
      {
        SEG_BITSEL_PORT=k;                //设置要点亮的位置
        SEG_FONT_PORT=SMG_FONT[ Number[j] ]; //设置字形
        delay10ms(1);                     //延时显示字形,造成视觉暂留现象
        k=k<<1;                           //左移为显示下一位置做准备
      }
  }
}
```

(5)新建“delay.h”文件并加入项目中,其内容如下所示。

```
#ifndef _DELAY_H_                         //防止重复编译本头文件
#define _DELAY_H_
#define DLY_MS67              //设置 4 MHz 主频下的延时时间常数。不同主频时需要修改
void delay10ms(int m);                    //声明延时函数
#endif // _DELAY_H_
```

(6)新建“delay.c”文件并加入项目中,其内容如下所示。

```
#include "delay.h"
voiddelay10ms(int ms)                     //定义延时函数
{
    int i=0,j=0;
  for(i=0;i<ms;i++)
    for(j=0;j< DLY_MS;j++)
      {;}
}
```

(7)程序录入完毕后,保存并编译。图 6.8 可以用 Proteus 软件绘制后,在 MPLAB 中用“Proteus VSM”载入并运行查看结果。

采用这种软硬件结合的动态扫描方法,用 PIC16F877A 理论上可以驱动 24 只数码管(1 个端口(8 个 I/O 引脚)用做字形显示,其他 3 个端口用做位选),这比静态控制方法能多控制 20

只数码管，由此可见，软硬件结合的方法的确能够大幅度提高硬件的利用效率。

6.3　输入端口的用法

当单片机的某I/O引脚工作在输入状态时，此引脚用来从外部电路获得数字信号值并保存在相应寄存器中。用户可以通过读取相应寄存器来得知此时外部电路状态，进而决定完成何种工作。在汇编语言中通过以下方式即可读取输入端口的值。

```
chTmp      EQU        0x21
BANKSEL    TRISC
MOVLW      0xFF
MOVWF      TRISC
BANKSEL    PORTC
MOVF       PORTC,W                    ;读取C口当前状态送W并保存在变量chTmp中
MOVWF      chTmp                      ;W送到变量chTmp中
```

在C语言中通过简单的赋值语句即可读取输入端口寄存器的值，如下所示。

```
char  chTmp;
TRISC=0xFF;                           //C口全置为输入状态
chTmp=PORTC;                          //读取C口当前状态并保存在变量chTmp中
```

下面通过例子讲解输入端口外部电路设计方法和相应的程序设计。

6.3.1　单个按键状态的读取

在控制类应用中最简单的输入就是按键式输入，用户按一个键（钮）后，控制电路实现相应功能。这就要求单片机能够识别按键的两种不同状态：按下和未按。一般都是通过如图6.10所示的电路来实现两种状态的区别。

在图6.10中，单片机引脚RB0连接两个元件：电阻R_9和按键K_1的一端。为了读取K_1的状态，RB0必须要置为输入状态。下面分析一下RB0的输入情况。

当K_1未按下时，RB0仅通过电阻R_9与电路中的电源V_{CC}相连，使RB0的电位被拉为高电平，即RB0输入值为1。

当K_1按下时，RB0还会与接地信号GND相连，使RB0输入为低电平，即逻辑的0。由于有R_9的存在，即使K_1按下也不会使V_{CC}和GND短路。

【注意】 这里的R_9被称为上拉电阻，对于本电路必须加，若不连接R_9则RB0悬空，当K_1未按时，RB0输入电平值不确定，这样就无法判断K_1是否按下了。

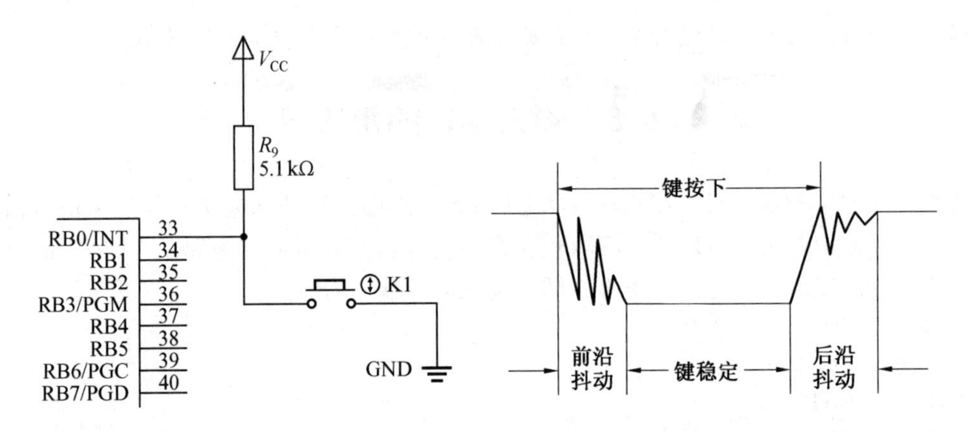

图6.10　单片机读取机械式按键电路图　　　图6.11　按键输入引脚电平抖动示意图

这样通过指令读取RB0引脚的状态即可得知外部的按键 K_1 是否按下了。但是由于机械按键存在按键接触点的抖动问题，在 K_1 按下过程中RB0不是立刻变为低电平，而是有一个抖动过程，如图6.11所示。

机械按键从按下到抬起的过程实际上是一个连续的机械零件动作：在 K_1 按下去的过程中有一段时间电平忽高忽低，术语称为前沿抖动。前沿抖动过后按键才真正按下去，状态才稳定。当 K_1 抬起的过程还有一段时间电平不稳定，术语称为后沿抖动。

这样在实际单片机读取按键时为了防止误判，要加入消除抖动处理，最简单的消抖方法就是软件延时。

对于普通人而言，正常的单击按键动作一般需要大约20 ms。按键稳定阶段大约12 ms。这里可以认为在按键从按下到松开的中间时刻按键状态是稳定的。

对于单片机而言就是检测到按键有变化后，软件延时10 ms（经验值）再读取按键状态方能得到正确的按键状态。下面举例说明。

【例6.6】 硬件电路如图6.12所示，要求编程实现每按一次 K_1 按键使数码管显示内容加1。

题意分析

按键 K_1 的电路功能前文已经分析过。由于机械按键部件使用时存在机械抖动，所以在程序中要作消抖处理。

数码管显示的内容可以用一个或几个变量保存，若用几个变量分别表示数码管个位、十位、百位、千位的值，则每次显示值加1后要进行进位调整。若用一个变量保存，则需要在显示程序中把此变量分为个位、十位、百位、千位值4部分分别输出。

数码管扫描程序也可以参考前文的例程。

根据以上分析可得到主程序流程图如图6.13所示。其中数码管显示采用函数形式表达。若采用汇编代码，则需要稍作修改。

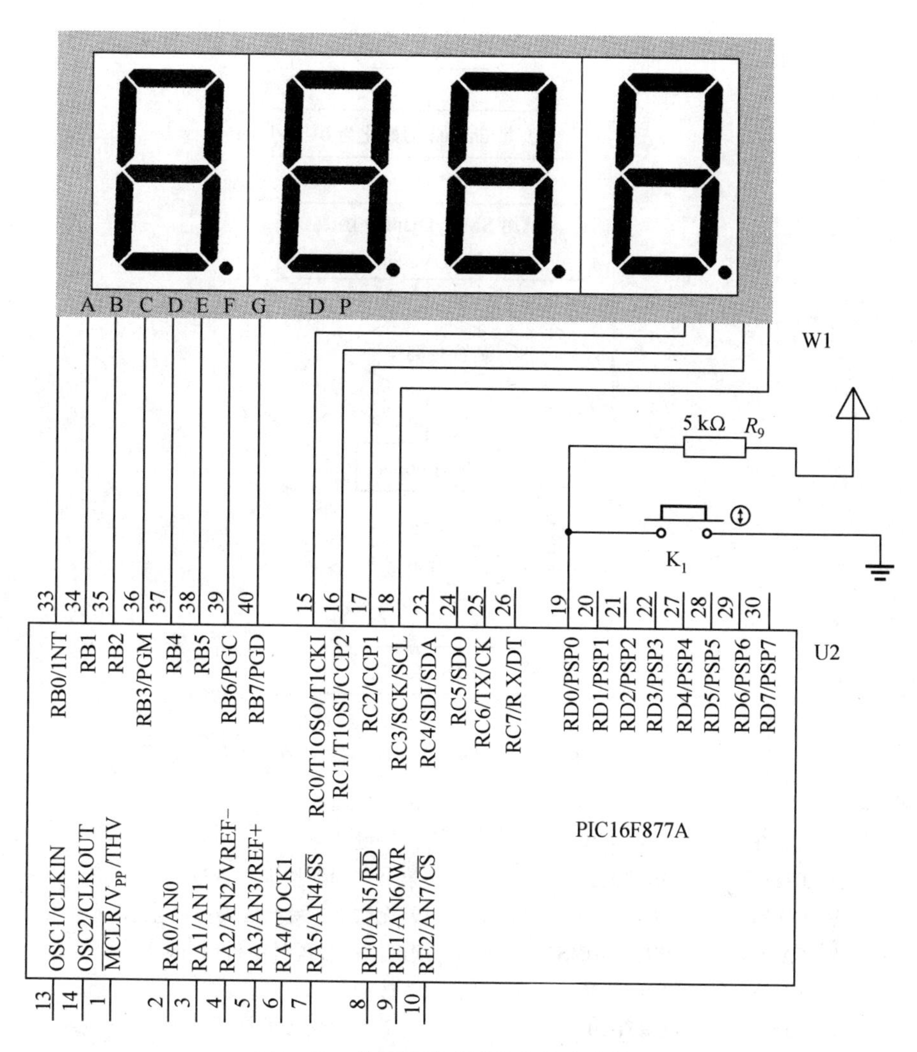

图 6.12　单按键状态读取实验电路图

汇编语言参考程序

```
        QW      EQU     0X25            ;“千”位变量定义
        BW      EQU     0X26            ;“百”位变量定义
        SW      EQU     0X27            ;“十”位变量定义
        GW      EQU     0X28            ;“个”位变量定义

MAIN
        BANKSEL TRISC
        CLRF    TRISC
        CLRF    TRISB
        BSF     TRISD,0                 ; RD0 置为输入
BANKSEL PORTC
SMG_Display             ;数码管显示程序端略,请参考前文 SMG_Display 汇编代码改写
……                      ;注意,显示内容在 QW,BW,SW,GW 内
```

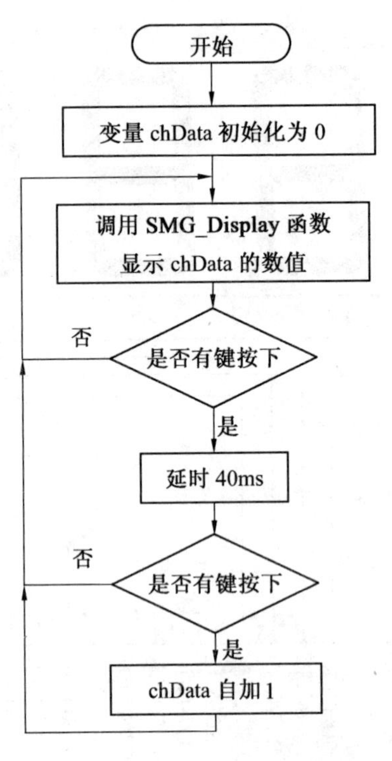

图 6.13 【例 6.6】主程序流程图

```
SCAN_KEY                                        ;键盘扫描程序段
          MOVF      PORTD,W                     ;读按键状态
          BTFSC     PORTD,0                     ;第 1 次判断按键是否按下
          GOTO      SMG_Display                 ;若无按下, 跳至数码扫描显示
          CALL      DELAY10MS                   ;若有按下,延时消抖 40 ms
          MOVF      PORTD,W                     ;读按键状态
          BTFSC     PORTD,0                     ;第 2 次判断按键是否按下
          GOTO      SMG_Display                 ;若无按下,跳至数码扫描显示
;若有按键按下,则判断是否有进位
DO_JINWEI                                       ;进位调整程序段
          INCF      GW,F                        ;个位值加 1
          MOVLW     0AH                         ;W 赋值为 10
          SUBWF     GW,W                        ;个位值与 10 作比较
          BTFSS     STATUS,Z                    ;判断是否为 0
          GOTO      JINWEI_OVER                 ;不为零,说明无进位,跳出进位调整程序段

          CLRF      GW                          ;若为零,说明有进位,则个位清零,十位加 1
          INCF      SW,F                        ;十位值加 1
          MOVLW     0AH                         ;W 赋值为 10
          SUBWF     SW,W                        ;十位值与 10 作比较
          BTFSS     STATUS,Z                    ;判断是否为 0
          GOTO      JINWEI_OVER                 ;不为零,说明无进位,跳出进位调整程序段
```

```
        CLRF    SW              ;百位判断
        INCF    BW,F
        MOVLW   0AH
        SUBWF   BW,W
        BTFSS   STATUS,Z
        GOTO    JINWEI_OVER

        CLRF    BW              ;千位判断
        INCF    QW,F
        MOVLW   0AH
        SUBWF   QW,W
        BTFSS   STATUS,Z
        GOTO    JINWEI_OVER
        CLRF    GW              ;若千位溢出,则所有位的值清零,重新计数
        CLRF    SW
        CLRF    BW
        CLRF    QW
JINWEI_OVER
        GOTO    SMG_Display     ;进行下一轮扫描显示,按键读取
        END
```

若采用 C 语言编程,由于在前例中已经把数码管显示代码做成了两个模块文件“seg74.h”和“seg74.c”。把其相关模块文件添加到当前项目中就可以直接使用数码管显示函数了(不需要重新编写函数内部代码)。

C 语言参考程序

```
//单个按钮读取程序,控制 4 位数码管内容变化,主频为 4 MHz
#include "pic.h"
#include "delay.h"
#include "seg74.h"
#define   SW   RD0                  //在程序中用 SW 代表 RD0,使程序阅读起来更容易
  __CONFIG(HS & WDTDIS & LVPDIS);   //设置用于 ICD2 调试的控制字
void main(void)
{
  char  chData=0;
  TRISD0=1;                         //RD0 置位输入状态
  SEG_BITSEL_PORT_DIR=0x00;
  SEG_FONT_PORT_DIR=0x00;
  while(1)
  {
    SMG_Display(chData);            //在数码管上显示变量内容
    if(SW==0)                       //检测到 SW 变化
    {
      delay10ms(40);                //在 ISIS 中的按钮按下到抬起过程比较长
```

```
                                        //如果是实际硬件话,则延时 10 ms 即可
                if(SW==0)               //这说明 SW 真的按下了
                {
                  chData++;             //变量 Data 自加 1
                }
              }
            }
          }
```

本例中还需要【例 6.5】中的"delay. h","delay. c","seg74. c","seg74. h"4 个文件。读者可以直接将其拷贝到本项目文件夹下并加入项目中即可使用。

执行效果分析

细心的读者会发现有时按了 SW 后数码管并没有加 1。这是因为读者按 SW 的时机恰好在程序执行数码管扫描程序期间(SMG_Display 函数没有执行完),而在判断 K1 前 SW 就被松开了,这样程序就会出现没有正确判断 SW 按下的问题。解决这个问题的方法有两种:第一,缩短数码管扫描函数中的延时时间;第二,采用中断来处理按键事件(可参考后文中断章节相关内容)。

有时按了一次 SW 后数码管会加 2 或者更多,这是为什么呢? 读者可以实验一下,按住 SW 不松手,读者会发现数码管显示内容会连续增加,这是因为此程序中仅判断了按键是否按下,如果 SW 被一直按住,则每次判断都认为 SW 按下并执行加 1 操作。所以按住 SW 时其值会不停增加。如果想避免这种情况的发生,可以在代码中加入消除按键的后沿抖动判断代码即可。一段 C 语言参考代码如下所示。

```
while(1)
{
  if(RD0==0)                      //第一次按键有变化时,则执行消除抖动代码
  {
    delayms(100);                 //毫秒级延时函数,消除前沿抖动,等待按键稳定
    if(RD0==0)                    //成立才说明是一次真正的按键动作
    {
        chData++;                 //执行按下后的处理代码
        PORTC=chData;
        DelayMs(100);             //消除后沿抖动
        while(RD0==0)             //如果按键未抬起,则循环等待,什么也不做
        {
        }
    }
  }
}
```

本例子是读取单个按键的例子,这种思想可以扩展到 2 个、3 个或多个按键的读取。

在实际项目中可能会用到更多的按键输入,例如银行密码输入按键需要十几个按键,计算机键盘需要 100 多个按键。如果每个按键都要独占一个 I/O 引脚,则会很浪费单片机资源并且程序编写也非常冗长。实际上,工程中常用矩阵扫描法实现多按键输入的识别,用少量的

I/O 引脚即可识别多个按键,这是一种典型的软硬件结合设计,下面就以 4×4 矩阵式键盘为例给读者讲解、分析其实现原理和编程方法。

6.3.2 4×4 矩阵式键盘的工作原理

4×4 矩阵式键盘的典型电路接法,如图 6.14 所示。8 个引脚分别与 4 条垂直线(又称列线)和 4 条水平线(又称行线)相连,每条水平线和垂直线在交叉处不直接连通,而是通过一个按键加以连接。这样,一个端口(如 PORTC 口)就可以构成 4×4=16 个按键,比每个引脚连接一个按键的方法多出了 1 倍,而且线数越多,区别越明显,比如,再多加 1 条线就可以构成 20 键的键盘,而直接用端口线则只能多出 1 键(9 键)。由此可见,需要的键数比较多时,采用矩阵法来做键盘是非常节省 I/O 引脚的。

4×4 键盘的读取一般采用“行反转扫描法”,现以图 6.14 为例说明其工作原理。其中 RC0 到 RC3 接列线,RC4 到 RC7 接行线。8 根导线都通过 4.7 kΩ 的上拉电阻与高电平(V_{DD})相连。其获得扫描码过程如下。

(1)将列线 RC3 到 RC0 输出 0,行线 RC7 到 RC4 置为输入态。若无按键按下,则行线会被上拉电阻拉为高电平,即行线输入值为 b′1111′(b 表示值为二进制)。只要有任意行线为 0,则表示键盘中有键被按下,此时先消除按键抖动,而后记录行线的 4 位输入值。

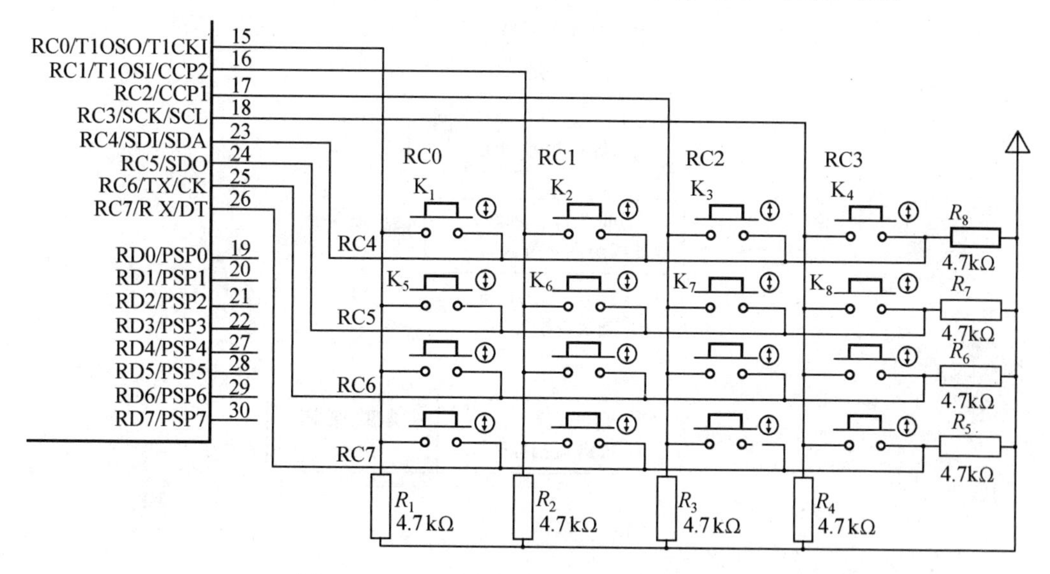

图 6.14 4×4 矩阵式键盘与单片机连接原理图

(2)将列线置为输入,行线置为输出,输出值为上步所得行线输入值。做短暂延时使输出稳定。读取列线 4 位输入值。把行线的 4 位值与列线的 4 位值分高低 4 位放在一个字节中就得到了某个按键的扫描码。

下面通过识别 K_1 按键的处理过程解释一下以上步骤。

(1)RC3 到 RC0 输出 0,RC7 到 RC0 置为输入。当无按键按下时,RC7 到 RC4 被上拉电阻拉高,输入值为 b′1111′。若 K_1 按下,则 RC0 会与 RC4 导通使 RC4 为 0。此时进行软件消抖,延时 10 ms。把 RC7 到 RC4 的值 b′1110′记录在一个字节变量 Key 的高 4 位中。

(2)RC3 到 RC0 置为输入,RC7 到 RC4 输出上一步输入值,本例中是 b′1110′。做短暂延时后使输出稳定,读取 RC3 到 RC0 的输入值。由于 RC4 输出 0,且 K_1 按下后,RC4 与 RC0 导通使 RC0 输入值为 0。把 RC3 到 RC0 的值 b′1110′放在字节变量 Key 的低 4 位中。这样就得到了 K_1 的扫描码 b′11101110′。

(3)根据以上步骤可绘制出基于矩阵式键盘的扫描算法流程,如图 6.15 所示。

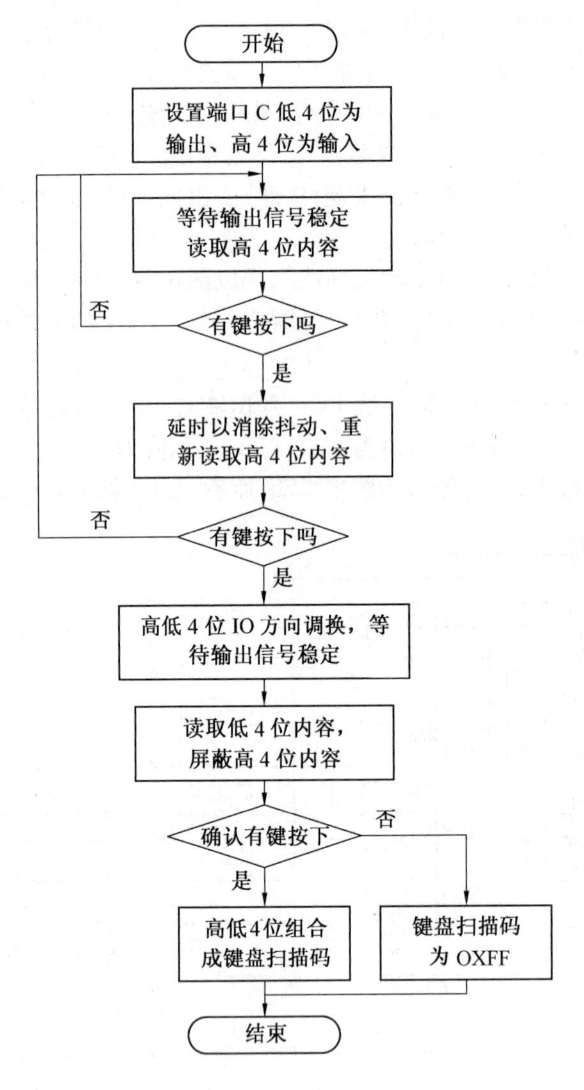

图 6.15　矩阵式键盘扫描算法流程图

读者可以按以上步骤试着算出 K_2 或 K_6 的扫描码。K_2 的扫描码是 b′11101101′,K_6 的扫描码是 b′11011101′。

由于这种接法和软件扫描的算法使每个按键都会产生不同的扫描码。在程序中通过判断不同的扫描码就可知是何按键按下了。若得到的扫描码是 0xFF,则说明是无效按键。

6.3.3　基于矩阵式键盘的扫描算法实现

本小节通过例子来讲解在编程语言中如何实现矩阵式键盘的扫描算法。

【例 6.7】　硬件电路如图 6.16 所示,要求采用扫描法把每个按键的扫描码显示条形

LED 上。

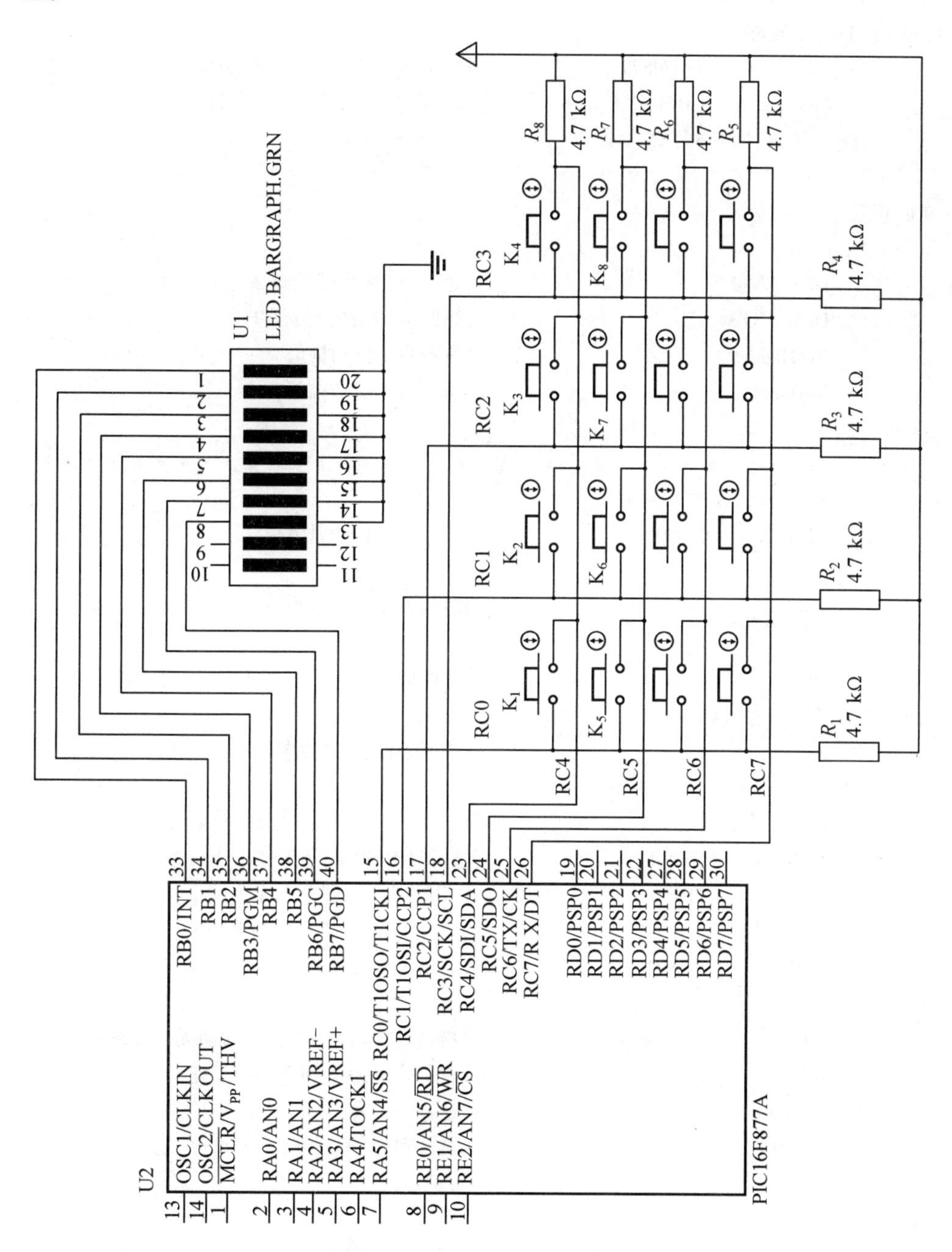

图6.16 【例6.7】硬件电路图

📖题意分析

图6.16中4×4矩阵式键盘连接在C口,RC7到RC4连接行线,RC3到RC0连接列线。这是典型的矩阵式接法。用某种编程语言实现其扫描过程就能得到某按键的扫描码。

由于PORTB的8个引脚连接在"LED-BARGRAPH-GRN"元件上,此元件是把10个LED并排连接而成,这样用此元件能够紧凑地显示B口的输出值。把扫描码直接输出给PORTB

就能直观地看到某按键的扫描值了。

汇编语言参考程序

```
            list        p=16f877A           ;指定目标单片机为 PIC16F877A
            #include    <p16f877A.inc>      ;包含 PIC16F877A 的头文件
  __CONFIG _WDT_OFF & _XT_OSC & _LVP_ON ;ICD2 配置字定义

;变量定义
  cblock    0x20
            DLY_CNT2                        ;延时 1 s 用的计数器 2
            DLY_CNT3                        ;延时 1 s 用的计数器 3
            KeyHigh4                        ;按键高 4 位扫描值
            KeyLow4                         ;按键低 4 位扫描值
  endc
;*************************************************************
            ORG         0x000               ;单片机复位向量入口
            nop                             ;ICD2 调试用
            goto        main                ;跳转到主程序入口

            ORG         0x004               ;中断向量入口
;这里省略了中断程序代码
            retfie                          ;中断返回,总中断打开
main
;这里写主程序
            BANKSEL     TRISB               ;选择 TRISB 寄存器的 BANK
            CLRF        TRISB               ;TRISB 清零,即 B 口全为输出
            BANKSEL     PORTB               ;选择 PORTB 寄存器的 BANK
            CLRF        PORTB               ;输出为 0,小灯全灭
LOOP:
            CALL        ScanKeypad          ;扫描码放在 W 中,为 0 说明无按键按下
            BZ          LOOP                ;若扫描码为 0,则继续扫描键盘
            MOVWF       PORTB               ;送 B 口显示
            GOTO        LOOP                ;跳转到标号 LOOP,循环执行

DELAY10MS:
            MOVLW       .200                ;中循环常数
            MOVWF       DLY_CNT2            ;中循环寄存器
LOOP2:
            MOVLW       .166                ;内循环常数
            MOVWF       DLY_CNT3            ;内循环寄存器
LOOP3:
            DECFSZ      DLY_CNT3,F          ;内循环寄存器递减
            GOTO        LOOP3               ;继续内循环
```

```
        DECFSZ      DLY_CNT2,F          ;中循环寄存器递减
        GOTO        LOOP2               ;继续中循环
        RETURN                          ;延时结束返回

ScanKeypad:
        BANKSEL     TRISC
        MOVLW       0xF0
        MOVWF       TRISC               ;高4位输入,低4位输出
        BANKSEL     PORTC
        CLRF        PORTC               ;低4位输出0
        NOP                             ;使指令执行完毕,输出状态确定
        MOVF        PORTC,W             ;读取高4位状态
        MOVWF       KeyHigh4            ;获得高4位输入值
        MOVLW       0xF0
        SUBWF       KeyHigh4,W          ;判断高4位全1吗?
        BZ          NoKey               ;全为1说明无按键按下
        CALL        DELAY10MS           ;延时消抖

        BANKSEL     TRISC
        MOVLW       0x0F
        MOVWF       TRISC               ;低4位输入,高4位输出
        BANKSELPORTC
        CLRFPORTC                       ;高四位输出0
        NOP                             ;使指令执行完毕,输出状态确定
        MOVF        PORTC,W             ;读取低4位状态
        MOVWF       KeyLow4             ;获得低4位输入值
        MOVLW       0x0F
        SUBWF       KeyLow4,W           ;判断低四位全1吗?
        BZ          NoKey               ;全为1说明无按键按下

        MOVF        KeyLow4,W
        IORWF       KeyHigh4,W          ;按位或运算,得到键值码
        RETURN                          ;扫描码放在W中
   NoKey                                ;执行到此处说明无按键按下,扫描完毕
        MOVLW       0x00                ;返回一个不是无任何按键的扫描码
        RETURN                          ;键盘扫描结束返回

        END                             ;汇编程序结束
```

C 语言参考程序

```
/*
   *4*4 键盘扫描测试代码。
   *硬件连接:4*4 键盘连接在 PORTC
   *8 个 LED 与 PORTB 相连
   *PIC16F877A 主频:4 MHz
   */
#include "pic.h"
  __CONFIG (XT & LVPDIS & WDTDIS);  // ICD2 调试编程用参数
void delay1ms(int ms)   // 4 MHz 下软件延时 1 ms 函数
{
     char i=0,j=0;
  for(i=0;i<ms;i++)
     for(j=0;j<67;j++)
        {;}
}
main()
{
     char key=0,key4L=0,KeyM=0;
     TRISB=0; // PORTB 用做输出
     PORTB=0;  //初始值为 0,LED 全灭
     while(1)
     {
     TRISD=0xF0;  //D 口高 4 位输入,低 4 位输出
                         PORTD=0x00;  //  低 4 位输出 0
                         asm("nop");  //  硬件空操作指令
                         asm("nop");  //  使端口输出稳定
                         key=PORTD;  //  读取 D 口状态送至变量 key
                         key=key&0xF0;//  屏蔽低 4 位,防止干扰。只保留高 4 位
                         if(key! =0xF0)//key 不为 0b11110000 则说明有按键按下
                         {
                    delay1ms(20);// 软件消除抖动
                    TRISD=0x0F; // D 口高 4 位输出,低 4 位输入
                    PORTD=key;  //把获得的高 4 位键值送 D 口高 4 位输出
                    asm("nop");  // 硬件空操作指令
                    asm("nop");  // 使端口输出稳定
                    key4L=PORTD;  // 读取 D 口状态送至变量 key4L
                    key4L=key4L&0x0F; //屏蔽 key4L 高 4 位,只保留低 4 位
                    if(key4L! =0x0F)  //不相等说明不是抖动
                    {
                        KeyM=key | key4L; //高 4 位按位或低 4 位得到最终扫描码
                    }
                    else
```

```
                {
                    KeyM=0xFF; //KeyM赋值为0xFF表示无键按下,或者一次意外
                }
            }
            if(KeyM! =0)  //不为0说明有按键按下
            {
                PORTB=KeyM; //把扫描码送B口输出
            }
    }
}
```

本章小结

本章介绍了输入/输出端口的设计原理、基本用法与高级用法。

对于输出端口,通过讲解跑马灯的设计让读者掌握输出端口的基本用法,通过讲解数码管扫描显示的设计让读者掌握输出端口软硬件结合的高级设计方法。

对于输入端口,通过讲解单一按键的读取让读者掌握输入端口的基本用法,通过讲解矩阵式键盘读取电路的设计让读者掌握输入端口软硬件结合的高级设计方法。

这些内容在后继章节中会经常用到,希望读者认真学习、掌握。

思考与练习

1. I/O 的全称是什么?

2. 简述4位数码管动态扫描输出原理。

3. 单片机读取机械按键状态时为什么要消除抖动,如何消除抖动?

4. 简述4×4按键动态扫描输入原理。

5. 电路如图6.17所示。要求编程控制LED实现效果:D0到D7依次全被点亮,即先是D0亮,过一会儿是D0和D1亮,再过一会儿是D0、D1、D2亮……最后是D0到D7全亮,而后是重新循环。

6. 用"Proteus ISIS"设计单片机控制两只数码管的电路,并编程实现在数码管上循环加1地显示0到99的数字。

7. 请把【例6.7】中基于矩阵键盘扫描的C语言代码采用模块化的函数形式改写,函数名为GetKey,返回值为某个按键的扫描码,并用此函数改写源程序相关部分。

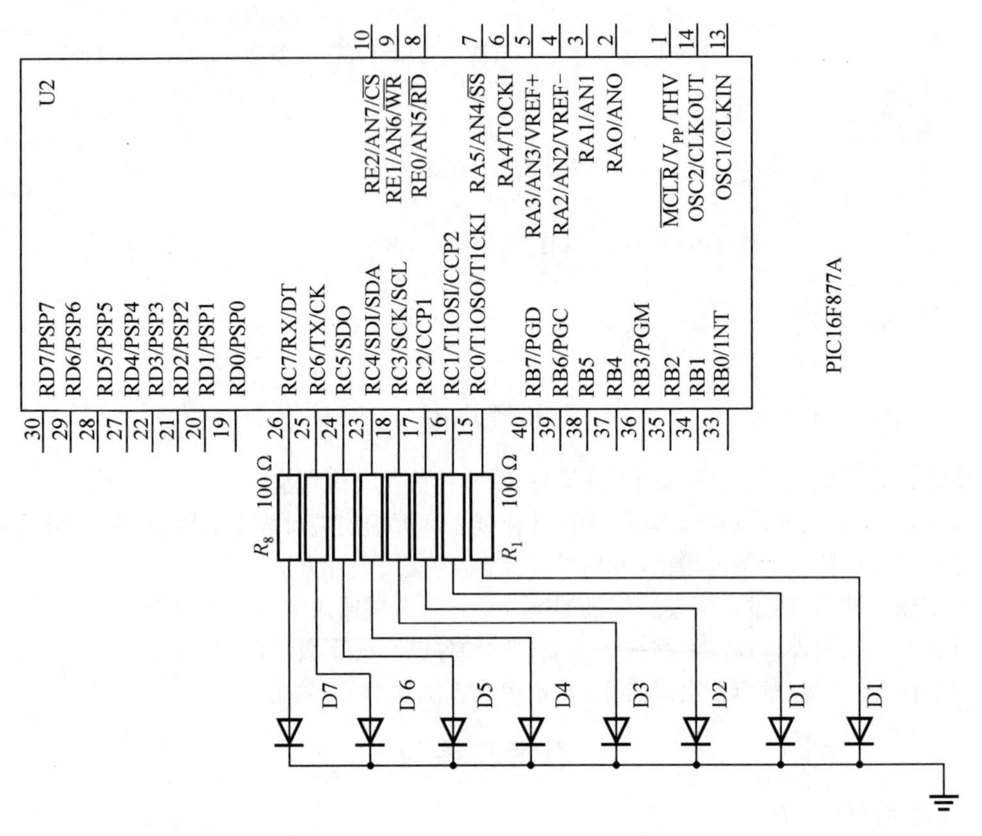
U2
PIC16F877A
RD7/PSP7
RD6/PSP6
RD5/PSP5
RD4/PSP4
RD3/PSP3
RD2/PSP2
RD1/PSP1
RD0/PSP0
RC7/RX/DT
RC6/TX/CK
RC5/SDO
RC4/SDI/SDA
RC3/SCK/SCL
RC2/CCP1
RC1/T1OSI/CCP2
RC0/T1OSO/T1CKI
RB7/PGD
RB6/PGC
RB5
RB4
RB3/PGM
RB2
RB1
RB0/INT
RE2/AN7/CS
RE1/AN6/WR
RE0/AN5/RD
RA5/AN4/SS
RA4/TOCKI
RA3/AN3/VREF+
RA2/AN2/VREF-
RA1/AN1
RAO/ANO
MCLR/V_PP/THV
OSC2/CLKOUT
OSC1/CLKIN
100 Ω
100 Ω
R8
R1
D7
D 6
D5
D4
D3
D2
D1
D1

图 6.17　5 题图

第7章　中断系统

本章重点：中断基本概念、PIC单片机中断过程处理、中断逻辑结构及相关重要寄存器的位定义(如中断寄存器INTCON、选项寄存器OPTION_REG等)。

本章难点：PIC单片机中断机制、PORTB电平变化中断用法。

7.1　中断的基本概念

通常计算机中只有一个CPU，CPU会按照事先设定的程序可预见地执行指令序列。但有时会有一些突发事件需要CPU响应，若采用频繁的查询方式，则会浪费大量的CPU时间，若采用隔一段时间查询一次，则有可能错过突发信号。为了解决这个问题，中断系统就应运而生了。

中断装置和中断处理程序统称为中断系统。中断系统是计算机科学中很重要的一个概念，是提高计算机工作效率的一项重要功能。它主要用来使单片机迅速响应内部或者外部的随机事件。几乎所有的计算机都有中断功能。中断功能的强弱是衡量一种计算机功能是否强大的重要指标之一。

中断系统主要实现以下3个功能。

1. 实现中断响应和中断返回

当CPU收到中断请求后，能根据具体情况决定是否响应中断，如果CPU没有更急、更重要的工作，则在执行完当前指令后响应这一中断请求。CPU中断响应过程如图7.1所示。

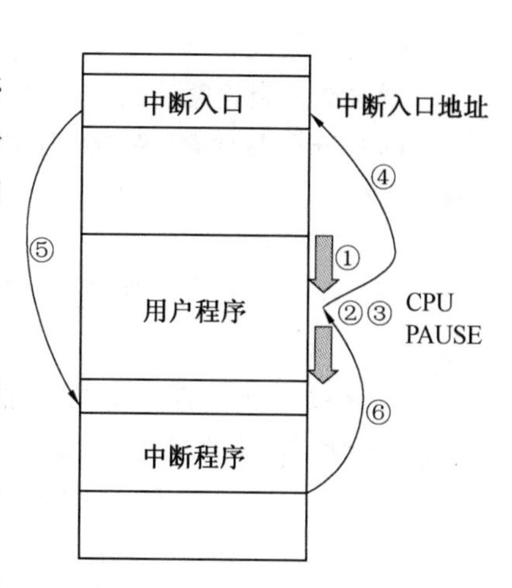

图7.1　典型的中断流程

(1)CPU正在执行用户程序；

(2)产生一个随机的中断信号；

(3)CPU立刻暂停当前程序的运行，并把下一条将要运行指令的地址(设此地址为PAUSE)保存到堆栈中；

(4)CPU自动关闭总中断控制位，CPU控制指令指针跳转至中断入口处执行；

(5)中断输入处往往都是一些跳转指令，跳转到中断程序入口来执行中断程序(又称为中断服务子程序(Interrupt Service Routine，ISR))；

(6)中断程序执行完毕，CPU打开总中断控制位，返回到被暂停的用户程序PAUSE处继续执行用户程序。

2. 实现优先权排队

通常系统中有多个中断源,当有多个中断源同时发出中断请求时,要求计算机能确定哪个中断更紧迫,以便首先响应。为此,计算机给每个中断源规定了优先级别,称为优先权。这样,当多个中断源同时发出中断请求时,优先权高的中断能先被响应,只有优先权高的中断处理结束后才能响应优先权低的中断。计算机按中断源优先权高低逐次响应的过程称为优先权排队,这个过程可通过硬件电路来实现,也可通过软件查询来实现。

3. 实现中断嵌套

当CPU响应某一中断时,若有优先权高的中断源发出中断请求,则CPU能中断正在进行的中断服务程序,并保留这个程序的断点(类似于子程序嵌套),响应高级中断,高级中断处理结束以后,再继续进行被中断的中断服务程序,这个过程称为中断嵌套。如果发出新的中断请求的中断源的优先权级别与正在处理的中断源同级或更低时,CPU不会响应这个中断请求,直至正在处理的中断服务程序执行完以后才能去处理新的中断请求。

单片机引入中断系统之后,其功能得到了大大的提高。其主要表现在以下几个方面。

1. 实现CPU与外部设备的同步

CPU与多个外部设备进行数据交换,由于许多外设速度较慢,无法与CPU同步,为此可以通过中断方式来实现CPU与外设的协调工作。CPU启动外部设备后可以继续执行原程序,与此同时,外部设备完成指定的操作后向CPU提出请求,CPU暂停原程序的执行而为外设服务,完成中断服务程序后继续执行原程序。而外设接受新命令后就继续与CPU并行工作。这种工作方式使CPU和外设能够并行工作的同时减少了外设不必要的等待和查询时间,大大地提高了工作效率。

2. 提高对实时数据的处理时效

在实时控制系统中,控制现场的实时参数、信息都要求CPU能够及时进行处理,以达到对系统实时调节和控制。因此,计算机处理实时数据的时效被看成是控制系统的生命,是影响系统安全运行的关键。

3. 增强故障自诊断能力

中断系统可以对突发故障(如硬件故障、程序故障、电源掉电等)及时发现并处理,而不必停机。

7.2 PIC16F877A的中断系统

PIC16F877A的中断系统结构非常简洁、清晰,如图7.2所示。

PIC16F877A单片机共有14个中断源,每一个中断源都配置有1个中断使能位(IE)和1个中断标志位(IF)。这14个中断按照原理和使能方式可分成两类:一类是基本中断源,也可称为内部中断源,共有3个,包括TMR0溢出中断、外部触发中断INT和RB端口电平变化中断,一般称为中断源第一梯队;另一类是特殊中断源,也可称为外围中断源,共有11个,包括E^2PROM中断、并行端口中断、A/D转换中断等中断源,一般称为中断源第二梯队。具体中断源可见表7.1。

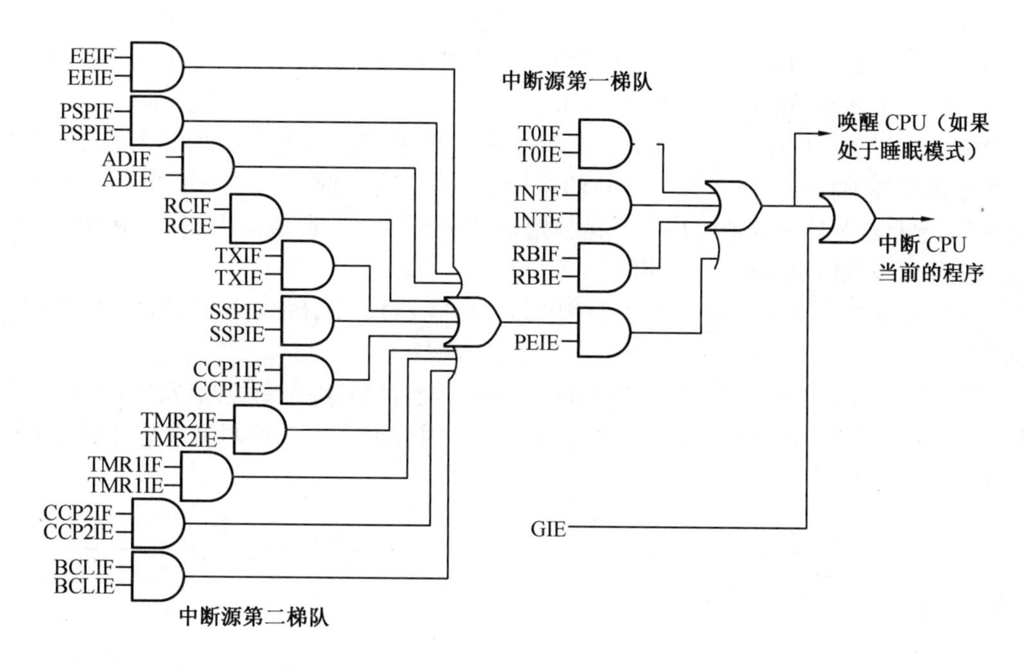

图 7.2　PIC16F877A 中断系统逻辑图

表 7.1　PIC16F877A 的中断源列表

中断源种类	标志位 F	使能位 E
TMR0 溢出中断	T0IF	T0IE
外部触发中断	INTF	INTE
RB 端口电平变化中断	RBIF	RBIE
EEPROM 写操作完成中断	EEIF	EEIE
并行从动端口读/写中断	PSPIF	PSPIE
A/D 转换完成中断	ADIF	ADIE
同步串行口中断	SSPIF	SSPIE
TMR1 溢出中断	TMR1IF	TMR1IE
TMR2 溢出中断	TMR2IF	TMR2IE
USART 发送数据完成中断	TXIF	TXIE
USART 接收数据完成中断	RCIF	RCIE
I^2C 总线冲突中断	BCLIF	BCLIE
捕捉/比较/脉宽调制中断	CCP1IF	CCP1IE
捕捉/比较/脉宽调制中断	CCP2IF	CCP2IE

中断源的使能方式就是允许中断的条件。PIC16F877A 单片机 14 个中断源的使能方式是按照两种中断源的分类而有所不同。对于 3 个内部中断源，中断使能条件有两个：一个是总中断使能位 GIE；一个是中断源本身的使能位。而对于外围中断源，中断使能条件则除了内部中断的两个条件外还有一个外围中断使能位 PEIE。

GIE 是总中断控制位，系统复位时 GIE 为 0，当 GIE 为 0 时会使中断系统的输出永远 0，也就是中断系统不会中断 CPU 当前的程序，相当于关闭了中断系统。只有当 GIE 为 1 时，其他中断信号才有可能由影响中断系统的输出来决定是否中断 CPU 当前程序。

PEIE 信号与 GIE 类似,称为外围中断信号使能位,它决定外围中断源的信号最终能否向 CPU 输出中断信号。当 PEIE 为 0 时,外围中断源的信号都不会影响 CPU,当 PEIE 为 1 时,外围中断源的信号才有可能影响 CPU 是否中断。

这些外围设备模块在启用时以及在工作过程中,都或多或少地需要 CPU 参与控制、协调或交换数据等各种服务工作。由于 CPU 的运行速度非常高,而各个外围设备模块的工作速度却非常低,况且这些外围设备模块也不是频繁地要求 CPU 对其服务。因此,采用中断技术可以让众多外围设备模块共享一个 CPU。

上文所提到的信号主要保存在 PIC 的内部寄存器 INTCON,PIE1,PIE2,PIR1 和 PIR2 中,下面分别介绍。

INTCON 称为中断控制寄存器,其中包括总中断控制位、外围中断控制位、INT 中断使能位和控制位、定时器 0 中断使能位和控制位、B 口高 4 位中断使能位和控制位。其各个位功能如图 7.3 所示。

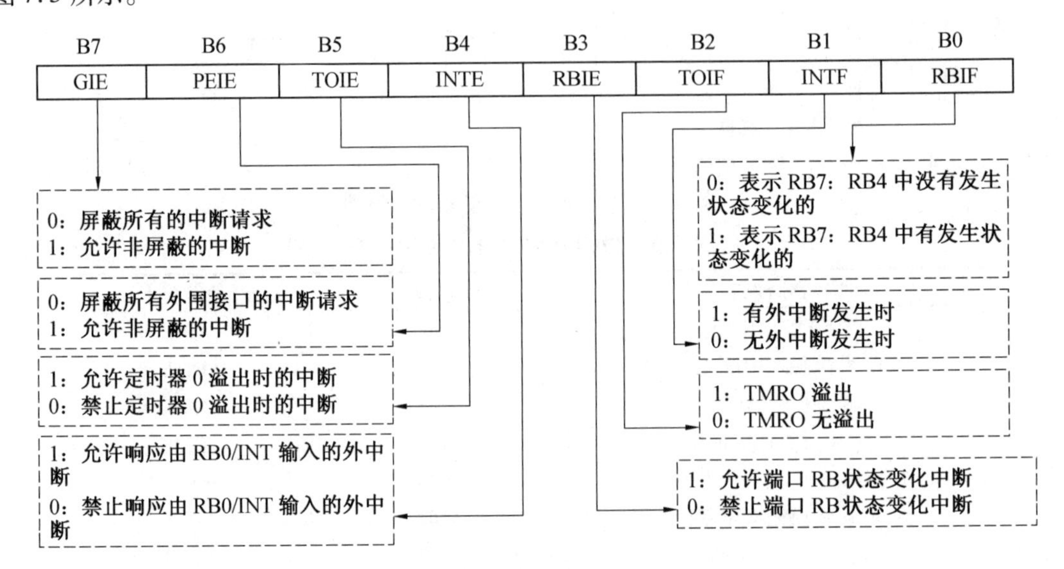

图 7.3　INTCON 寄存器各位功能介绍

其中:以 E(Enable)结尾的参数需要编写程序代码才能修改其内容;以 F(Flag)结尾的参数可以被外界影响所置位,需要软件清零。其他与中断相关的寄存器请见表 7.2。

表 7.2　与中断功能相关的其他寄存器

寄存器名称	寄存器符号（地址）	寄存器内容							
		Bit7	Bit6	Bit5	Bit4	Bit3	Bit2	Bit1	Bit0
第一外围中断使能寄存器	PIE1（8CH）	PSPIE	ADIE	RCIE	TXIE	SSPIE	CCP1IE	TMR2IE	TMR1IE
第一外围中断标志寄存器	PIR1（0CH）	PSPIF	ADIF	RCIF	TXIF	SSPIF	CCP1IF	TMR2IF	TMR1IF
第二外围中断使能寄存器	PIE2（8DH）	—	—	—	EEIE	BCLIE	—	—	CCP2IE
第二外围中断标志寄存器	PIR2（0DH）	—	—	—	EEIF	BCLIF	—	—	CCP2IF

7.3　PIC单片机中断的响应和处理

在PIC单片机中,当某中断源的使能条件满足并且其中断标志位置1时,会产生中断。CPU会进入中断响应过程。

中断响应的第一步就是CPU自动把返回地址压入硬件堆栈,而后跳转至其中断入口地址0004H处开始执行程序。在执行中断程序过程中很有可能修改一些重要的寄存器值,如W寄存器、STATUS寄存器等。然而这些寄存器在中断前可能有其他用途,为了使中断过程不影响原程序执行的正确性,需要对这些寄存器进行保护。

对于PIC16F877A而言,由于其没有像其他单片机PUSH(入栈)和POP(出栈)之类的指令,所以需要用户自行编写代码来实现类似的功能。当执行中断具体功能前将有关寄存器内容保护在数据存储器中。当中断返回前把相关寄存器值恢复。下面给出一段实现中断现场保护和恢复的范例程序段。

【例7.1】　PIC16F877A中断现场保护和恢复代码。

```
;*****相关变量定义
W_TEMP          EQU     0x7E
STATUS_TEMP     EQU     0x7F

ORG     0x004           ;中断向量

;将W,STATUS寄存器的内容保存到临时备份寄存器中
MOVWF     W_TEMP        ;复制W到它的临时备份寄存器W_TEMP中
SWAPF     STATUS,W      ;将STATUS寄存器高低半字节交换后放入W
MOVWF STATUS_TEMP       ;高低半字节交换后,STATUS送入STATUS_TEMP备份

;中断服务程序的核心功能处理部分(略)

;将W,STATUS和PCLATH寄存器的内容恢复
SWAPF   STATUS_TEMP,W               ;将STATUS_TEMP寄存器高低半字节交换放入W
MOVWF   STATUS                      ;恢复STATUS寄存器内容
SWAPF   W_TEMP,F                    ;将W_TEMP内容高低半字节交换后放回
SWAPF   W_TEMP,W                    ;将W_TEMP内容高低半字节交换后放入W
RETFIE                              ;中断返回,打开GIE
```

以上这段代码是标准的PIC中档单片机中断代码模板,在编写中断程序时直接套用即可。

其中采用SWAPF等两条指令来保存STATUS寄存器,其目的是保证在指令执行过程中不能影响到STATUS寄存器原有的标志位。

在有些情况下,PCLATH的内容也需要保护和恢复,尤其是汇编代码大于2 K时,具体代码与W寄存器的保护和恢复类似。

若采用PICC处理中断现场的保护和恢复,可交由编译器处理。

在PICC中用void interrupt修饰的函数就是中断服务程序,且只能有一个函数可以被void interrupt修饰。一个PICC中断函数的例子可能是这样的:

```
void interrupt ISR(void)
{
    // 用户的中断代码
}
```

此函数写在 main 函数外部，编译器会自动为中断函数添加中断现场的保护和恢复代码。这样用户就可以把注意力全部集中在中断程序内部来实现用户的功能了。

下面通过两种中断的使用来讲解中断系统的用法。

7.4 INT 中断的用法

INT 中断在某些单片机中又称为外部中断。它是用来根据 RB0 引脚上电平变化（由高变到低还是由低变到高）来引发一个中断事件。在实际应用中经常用来处理外界随机产生的开关量输入。

7.4.1 INT 中断的用途及特点

INT 中断又称 RB0 外部中断。到目前为止 RB0 有两种功能：一种是前文学习过的通用 I/O 引脚；另一种就是作为 INT 中断的触发引脚。当 RB0 处于 INT 中断模式（INTE=1）时，它用来感知 RB0 引脚的电平变化。此中断可通过软件编程设置为上升沿触发或下降沿。

INT 中断还可以把单片机从休眠状态唤醒。在低功耗设计中经常使用此中断。

7.4.2 INT 中断的相关寄存器

INT 中断的相关寄存器有 TRISB，INTCON 和 OPTION 寄存器。

只有当 TRISB 最低位为 1 时，RB0 才可能触发中断。

在 INTCON 中有 3 位与 INT 中断相关，包括 GIE，INTE 和 INTF。具体位介绍请参见图 7.3。

在 OPTION 寄存器中有只 1 位与 INT 中断相关，即 INTEDG 位，此位用来决定何种变化会引起中断（表 7.3）。

表 7.3 选项寄存器 OPTION（地址：81H，181H）

地址	寄存器名	Bit7	Bit6	Bit5	Bit4	Bit3	Bit2	Bit1	Bit0
81H/181H	OPTION		INTEDG						

当 INTEDG=1 时，RB0 电平由低到高跳变（也称上升沿）时引发一次中断；

当 INTEDG=0 时，RB0 电平由高到低跳变（也称下降沿）时引发一次中断。

使用汇编时，用 OPTION_REG 来访问选项寄存器。例如：

```
BANKSEL    OPTION_REG              ;选择 OPTION_REG 所在 BANK
BSF        OPTION_REG,INTEDG       ;把 INTEDG 置 1,上升沿触发中断
```

在 PICC 中使用 INTEDG 访问即可。

下面通过一个例子来学习如何用代码使单片机响应 INT 中断。

【例 7.2】 让 PIC16F877A 能够响应 INT 中断，并且是上升沿触发中断，写出其初始化代码。

汇编语言参考程序

```
        BANKSEL   OPTION_REG              ;选择 OPTION_REG 所在 BANK
        BSF       OPTION_REG,INTEDG       ;把 INTEDG 置 1,上升沿触发中断
        BSF       INTCON,INTE
        BSF       INTCON,GIE
        ;其他程序代码
```

C 语言参考程序

```
        void main(void)
        {
        INTE=1;          //打开 INT 中断
        INTEDG=1;        // 设置触发中断的条件为电平从高到低触发
        GIE=1;           // 打开总中断
        //其他程序代码
        }
```

7.4.3 INT 中断服务程序的编写

INT 中断服务程序应该写在中断代码中。对于汇编语言应该写在中断现场保护代码和中断现场恢复代码之间。对于 PICC 应该写在由 interrupt 修饰的函数内部。

下面以 INT 中断的处理代码为例,给出一个中断服务程序的代码框架。

例如,系统产生了 INT 中断,这样 INTF 会被置位。在中断服务程序中用户需要先判断是否是 INT 中断(因为系统中还可能有其他中断产生),如果是则把 INTF 清零并应处理此中断,如果不是则什么也不做。

汇编语言参考程序

```
ORG       0004H                               ;中断服务程序入口,地址为 0004H
;[保存现场]代码略,请参考前文
          BTFSC     INTCON,INTE               ;判断外部中断使能位是否有效
          BTFSS     INTCON,INTF               ;判断外部中断标志位是否有效
          GOTO      QUIT_INT                  ;退出中断处理
          ;执行到这里说明的确是 INT 中断
          BCF       INTCON,INTF               ;清除外部中断标志位
          ;用户的 INT 中断处理代码写在这里
QUIT_INT
;[恢复现场]代码略,请参考前文
```

C 语言代码参考程序

```
void interrupt ISR(void)
{  // 判断 INT 中断使能位和 INT 中断标志位是否同时有效
  if(INTE==1 && INTF==1)
  {
    INTF=0;// 清除外部中断标志位
    // 用户的 INT 中断处理代码写在这里
    }
}
```

7.4.4 INT 中断的硬件连接

INT 中断通过 RB0 引脚与外界联系，RB0 为一数字引脚，仅能接受系统电平规定的 1 或 0，且输入电流不能超过 25 mA，所以在硬件连接上要保证这些电气特性参数。若希望通过 INT 中断读取机械式按键的状态，一个参考的连接方法如图 7.4 所示。读者可自行分析电路工作原理。

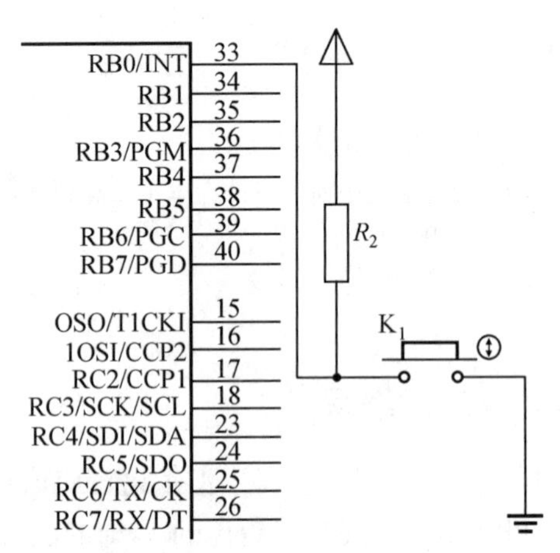

图 7.4 INT 引脚外接按键的图示

7.4.5 INT 中断实例

本节通过按键触发 INT 中断的例子来向读者讲解 PIC 单片机 INT 中断的编程方法。

【例 7.3】 实验电路如图 7.5 所示。编程实现每产生一次 INT 中断，则改变“跑马灯”运动方向。设单片机主频为 4 MHz。

题意分析

INT 中断由 RB0 产生。RB0 外部电路为一个电阻 R3 和一个按键 K，R3 为下拉电阻，当 K 未按下时，RB0 电平为低，当 K 按下时，RB0 变为高电平。这样 K 按与不按可以通过读取 RB0 的状态来判断。

“跑马灯”就是指同一时刻只有一个 LED 亮，每隔一会儿，亮的 LED 会进行移位。这可以用主程序来完成。

题意要求每出现一次 INT 中断，调转跑马灯运动方向。这里可以根据标志位进行“跑马灯”方向控制，若变量 bFlag=0，则向左运动，若 bFlag=1，则向右运动。由于 bFlag 只有两种状态，可以用位类型存储。bFlag 的值则由 INT 中断程序来修改。出现一次 INT 中断，把 bFlag 值取反即可。

汇编语言参考程序

```
LIST P=16F877A
#INCLUDE "p16F877a. INC"
BFLAG EQU 0X23                              ;定义一个字节变量，其最低位作为标志位
                org   0000H
                nop;
```

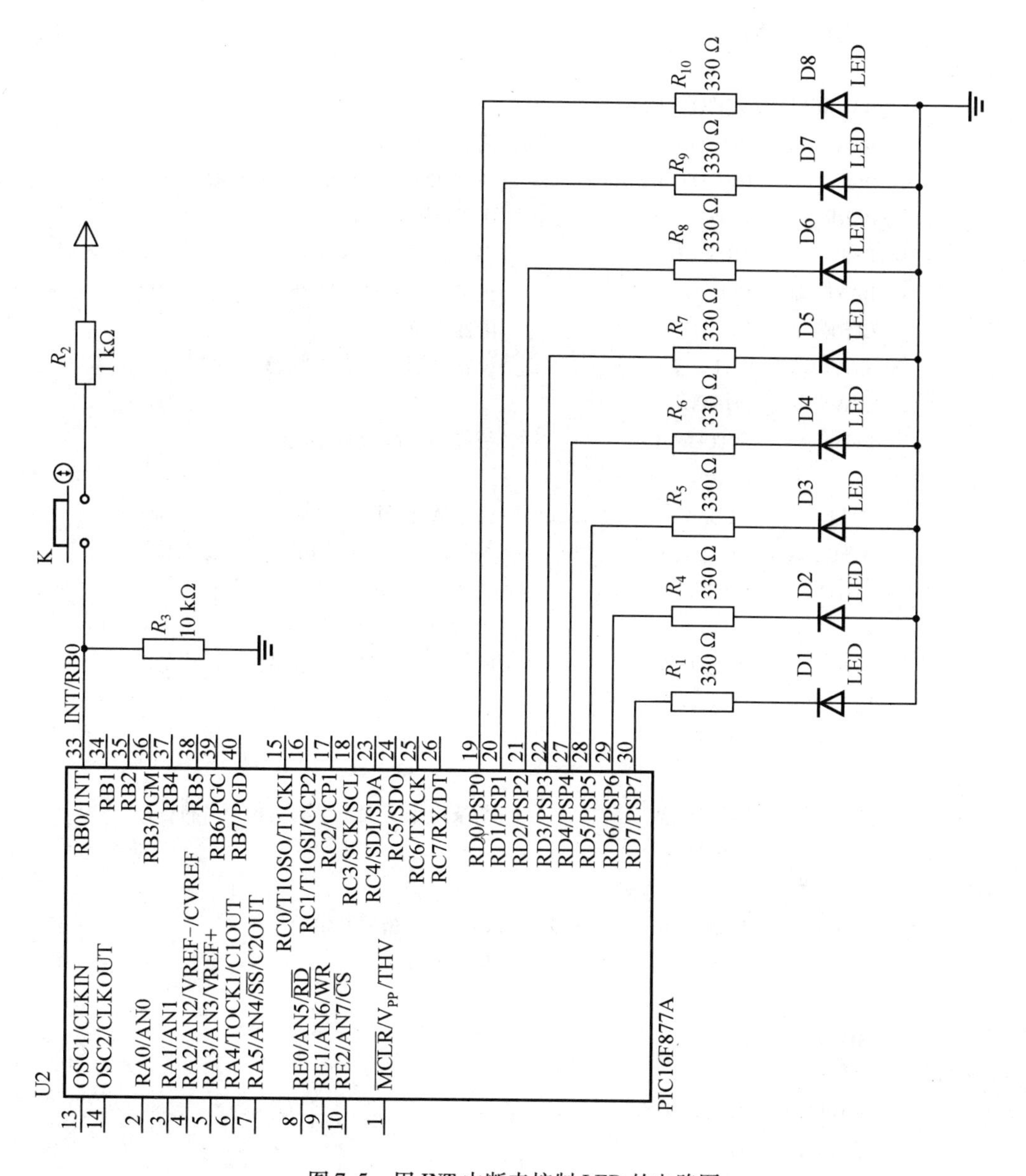

图7.5　用INT中断来控制LED的电路图

```
            goto MAIN
            org 0004H
;此处为保存现场代码(略)
        BTFSC       INTCON,INTE         ;判断外部中断使能位是否有效
        BTFSS       INTCON,INTF         ;判断外部中断标志位是否有效
        GOTO        QUIT_INT            ;退出中断处理
        ;执行到这里说明的确是INT中断
        BCF         INTCON,INTF         ;清除外部中断标志位
                                        ;用户的INT中断处理代码写在这里
        INCFBFLAG,F                     ;每加1,BFLAG最低位就变化一次
QUIT_INT
```

```
;此处为恢复现场代码(略)
MAIN
        BANKSEL  OPTION_REG
        BSF      INTCON,INTE         ;使能 INTE 中断
        BSF      OPTION_REG,INTEDG   ;INT 中断外触发方式为上升沿触发
        CLRF     TRISD               ;D 口设置为输出
        BSF      TRISB,0             ;RB0 引脚设置为输入
        BANKSEL  BFLAG               ;选 BFLAG 所在 BANK
        CLRF     BFLAG               ;清标志位
        MOVLW    01H                 ;设置"跑马灯"初始状态
        MOVWF    PORTD
        BSF      INTCON,GIE          ;使能(打开)全局中断
JUDG_LR
        CALL     DELAY               ;调用软件延时程序
        BTFSC    BFLAG,0             ;判断标志位(变量 BFLAG 的最低位)
        GOTO     RIGHT               ;若为"0",跳至 LEFT
LEFT                                 ;若为"1",跳至 RIGHT
        RLF      PORTD,W             ;两条指令实现不带进借位"C"的左移
        RLF      PORTD,F
        GOTO     NEXT
RIGHT
        RRF      PORTD,W             ;两条指令实现不带进借位"C"的右移
        RRF      PORTD,F
NEXT
        GOTO     JUDG_LR             ;跳至下次循环开始处
DELAY                                ;延时子程序
        MOVLW    0FFH
        MOVWF    20H
LOOP1
        MOVLW    0FFH
        MOVWF    21H
LOOP2
        DECFSZ   21H,F
        GOTO     LOOP2
        DECFSZ   20H,F
        GOTO     LOOP1
        RETURN
          END
```

C语言参考程序

```
// INT中断例程,用按键控制小灯状态
#include <pic.h>                         //包含系统寄存器定义
__CONFIG (XT & LVPDIS & WDTDIS); //配置字内容
bitbFlag=0;                  // 用来表示跑马灯方向的位变量,初始化为0
void interrupt ISR(void)  //中断服务函数,因为它用 interrupt 修饰了
{
  if(INTF==1)                     //判断 INT 中断标志是否置位(为1)
  {
    INTF=0;               // INTF 置位,说明有中断产生,需要清除中断标志
    bFlag=1;  // 用 bFlag 表示是否产生了 INT 中断
  }
}
main()          //主函数入口
{
  unsigned int i=0;
  INTEDG=1;  //设置触发中断的条件为电平从高到低触发
  TRISB0=1;  // B 口方向位最低位为输入,否则无法响应 INT 中断
  TRISD=0;  // D 口方向设置为输出
  PORTD=0x01;  //"跑马灯"初始状态
  INTE=1;    //打开 INT 中断
  GIE=1;     //打开总中断
  while(1)
  {
    if(bFlag==0)          //判断是否为"0"
    {
      PORTD<<=1;          //是"0"则左移
      if(PORTD==0) {PORTD=0x01;} //判断是否移过了
    }
    else                        //是"1"则右移
    {
      PORTD>>=1;
      if(PORTD==0) {PORTD=0x01;} //判断是否移过了
    }
    delay();  // 用户自行编写的软件延时程序,可参考前文
  }
}
```

有的读者可能会有疑问:为什么不在中断服务程序中直接写小灯闪烁代码呢?那样不就是省略了 bFlag 变量了吗?

这里之所以没有把控制小灯闪烁的代码放在中断中执行,是为了让中断迅速完成,以免漏掉其他中断事件。因为 PIC16 系列单片机在进入中断后会自动关闭总中断控制位 GIE,导致在中断服务程序执行过程中无法再响应其他中断事件。如果在处理某个中断源耗时很多,就

会有很大的概率错过其他中断事件,使程序功能出错。为了避免这个问题,建议在编写中断处理代码时要快进快出,仅处理标志位或简单地赋值,而后在主程序中根据标志位或全局变量内容分情况处理。由于在主程序中 GIE 是打开的,这样就不会错过其他中断事件了。

7.5 PORTB 电平变化中断的用法

PORTB 电平变化中断,简称 B 口中断,是根据 RB7:RB4 引脚上电平变化来引发一个中断事件。利用 RB7:RB4 引脚的电平变化中断功能和 PORTB 软件可配置的弱上拉功能,可以很容易地与键盘连接,实现按键中断或唤醒功能,并且不需要软件不断地查询 PORTB 的状态。

7.5.1 PORTB 电平变化中断的过程

PORTB 的 RB7:RB4 引脚被设置为输入时,若引脚电平有变化,则会产生中断。该功能的实现过程为:当前 RB7:RB4 引脚上的输入电平与前次从 PORTB 读入锁存器的旧值进行比较(异或运算),若有变化,则将 RBIF 标志位(INTCON<0>)置“1”,产生 PORTB 电平变化中断。

该中断可以唤醒 CPU。在中断服务程序中,用户要采用如下方式清除中断请求:

(1)对 PORTB 进行读操作,将结束引脚电平变化的情况。

(2)RBIF 标志位清零。

引脚上电平变化的情况会一直不断地将 RBIF 标志位置“1”。而对 PORTB 进行读操作,将结束引脚电平变化的情况,可以真正地将 RBIF 标志位清零。

7.5.2 PORTB 电平变化中断的相关寄存器

与 PORTB 电平变化中断的相关寄存器有 TRISB,INTCON 和 OPTION 寄存器。

当 TRISB 的高 4 位中某位为 1 时,PORTB 的相应位才可能产生中断信号 RBIF。但当 RB7:RB4 的任何一引脚被置为输出时,该引脚则不再具有电平变化的中断功能。

在 INTCON 中有 3 位与 PORTB 电平变化中断相关,包括 GIE,RBIE 和 RBIF。具体介绍请参见图 7.3。

在 OPTION 寄存器中有只一位与 RB 端口电平变化中断相关,即$\overline{\text{RBPU}}$位。

表 7.4 OPTION 寄存器与 RB 中断相关位

地址	寄存器名	Bit7	Bit6	Bit5	Bit4	Bit3	Bit2	Bit1	Bit0
81H/181H	OPTION	$\overline{\text{RBPU}}$							

当$\overline{\text{RBPU}}=1$时,禁止 PORTB 引脚的弱上拉;当$\overline{\text{RBPU}}=0$时,使能 PORTB 引脚的弱上拉。

在使用汇编时,用 NOT_RBPU 来代表$\overline{\text{RBPU}}$位。例如:

```
BANKSEL    OPTION_REG                  ;选择 OPTION_REG 所在 BANK
BCF        OPTION_REG,NOT_RBPU         ;把 RBPU 清零,使能 B 口弱上拉
```

在 PICC 中使用 RBPU 访问即可。

7.5.3　PORTB 电平变化中断实例

本节通过按键触发 PORTB 电平变化中断的例子来向读者讲解 PIC 单片机 PORTB 电平变化中断的编程方法。

【例 7.4】　实验电路如图 7.6 所示。编程实现每按一个按键,在数码管上显示相应按键编号。要求采用 PORTB 口电平变化中断实现。

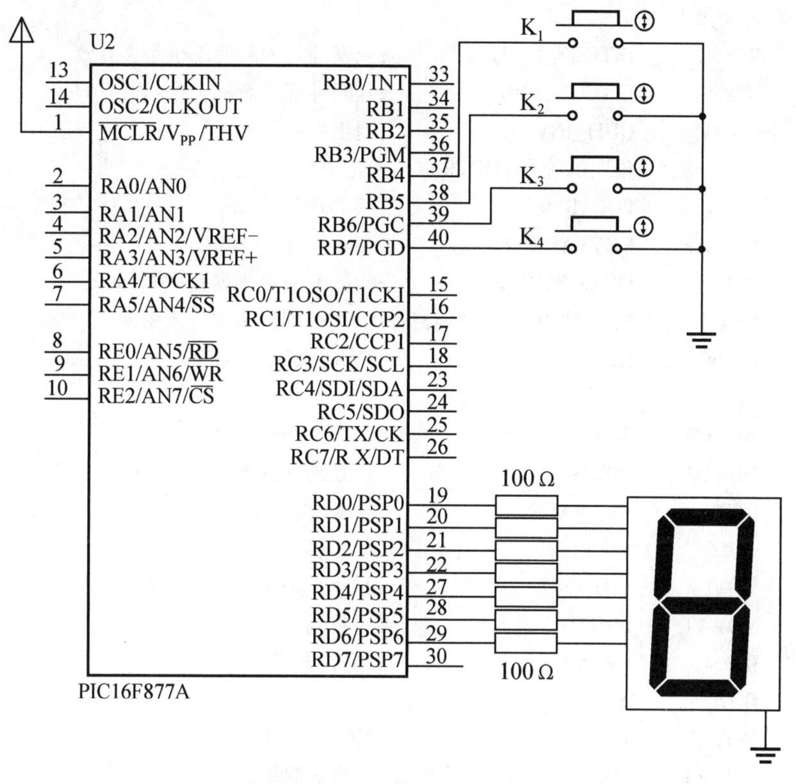

图 7.6　PORTB 中断实验电路图

题意分析

要想正确识别 K_1:K_4 的状态,则必须使能 PORTB 的弱上拉。

数码管连接在 D 口,并且是共阴极,说明数码管对应位给 1 亮,给 0 灭。

题意要求采用 PORTB 电平变化中断来处理按键事件,则需要编写中断程序,在中断程序中判断哪个按键按下了,根据不同的按键获得不同键值的字型码,而后送 PORTD 输出即可。要注意的是处理 B 口中断的过程,必须先读 B 口再清空 RBIF 位,否则会频繁触发中断。

由于采用按键触发 B 口中断,导致按键按下和抬起都会引发 B 口电平变化,也就是说,每按一次会触发两次中断,但两次中断 B 口相应位电平状态不同,在中断程序只判断一种状态,另一种就会被自动过滤掉了。

汇编语言参考程序

```
LIST P=16F877A
#INCLUDE "p16F877a. INC"
            CBLOCK 0x20                    ;定义变量块起始地址为0x20
```

```
        KEYVAL
        ENDC                            ;结束变量块定义
        org  0000H
        nop;
        clrf     PCLATH                 ; 保证代码在 0 页执行
        goto  MAIN
        org  0004H
;此处为保存现场代码(略)
      BTFSC       INTCON,RBIE           ;判断外部中断使能位是否有效
      BTFSS       INTCON,RBIF           ;判断外部中断标志位是否有效
      GOTO        QUIT_INT              ;退出中断处理
      ;执行到这里说明的确是 PORTB 电平变化中断
      MOVF        PORTB,W               ;读 PORTB 状态
      MOVWF       KEYVAL                ;高 4 位有效 0x0H
      BCF         INTCON,RBIF           ;清除 B 口电平变化中断标志位
;注意 B 口中断要求必须先读 POTB,而后才能清标志位,否则会多次进入中断
      BTFSC       KEYVAL,4              ;是 K1 按下了?
      GOTO         $ +3
      MOVLW       06H                   ;1 的字型码
      MOVWF       PORTD                 ;送数码管输出
      BTFSC       KEYVAL,5              ;是 K2 按下了?
      GOTO         $ +3
      MOVLW       5bH                   ;2 的字型码
      MOVWF       PORTD                 ;送数码管输出
      BTFSC       KEYVAL,6              ;是 K3 按下了?
      GOTO         $ +3
      MOVLW       4FH                   ;3 的字型码
      MOVWF       PORTD                 ;送数码管输出
      BTFSC       KEYVAL,7              ;是 K4 按下了?
      GOTO         $ +3
      MOVLW       66H                   ;4 的字型码
      MOVWF       PORTD                 ;送数码管输出
;此处为恢复现场代码(略)
MAIN
      BANKSEL     TRISB                 ;选择 TRISB 所在的体
      MOVLW       0F0H                  ;设置 B 口高 4 位是输入
      MOVWF       TRISB
      CLRF        TRISD                 ;设置 D 口为输出
      BSF         OPTION_REG, NOT_RBPU;使能 B 口弱上拉功能
      BSF         INTCON,RBIE           ;使能 B 口电平变化中断
      BANKSEL     PORTD                 ;选择 PORTD 所在的体
      CLRF        PORTD                 ;清 D 口,即数码管无显示
      BSF         INTCON,GIE            ;使能或打开全局中断
```

```
        GOTO    $                   ;主程序空闲等待
        END
```

C 语言参考程序

```
#include "pic.h"
  __CONFIG(XT & WDTDIS & LVPDIS); //设置用于 ICD2 调试的控制字
const unsigned char SMG_Font[] = {0x3F,0x06,0x5B,0x4F,0x66,
                                  0x6D,0x7D,0x07,0x7F,0x6F};
void interrupt rbint(void)      //中断服务函数
{
  if(RBIE==1 && RBIF==1)
  {   PORTB=PORTB;  //读取一次 PORTB,再清空 RBIF
    RBIF=0;     //清中断标志,为下次中断做准备
    //虽然按键按下和松开都会发生电平变化,但下面的表达式可将松开中断过滤掉
    if(RB7==0) PORTD=SMG_Font[4];        //K4 被按下
    if(RB6==0) PORTD=SMG_Font[3];        //K3 被按下
    if(RB5==0) PORTD=SMG_Font[2];        //K2 被按下
    if(RB4==0) PORTD=SMG_Font[1];        //K1 被按下
  }
}
main()      //主函数入口
{
  TRISB=0xF0;            /将 B 口高 4 位设置为输入
  TRISD=0x00;            //将 D 口设置为输出
  RBPU=0;                //使能 B 口弱上拉功能
  PORTD=0;               //清显示
  RBIF=0;                //清标志
  RBIE=1;                //中断使能
  GIE=1;                 //全局中断使能
  while(1);              //主程序空转,等待中断
}
```

本章小结

中断系统在计算机中具有重要作用,其主要实现 3 个功能:中断响应和返回、优先权排队和中断嵌套。

单片机引入中断系统之后,其功能得到了大大的提高。它主要表现在以下几个方面:实现了 CPU 与外部设备的同步;提高了对实时数据的处理时效;增强了故障自诊断能力。

PIC 单片机的中断系统非常简洁,共有 14 个中断源,每一个中断源都配置有一个中断使能位和一个中断标志位。PIC 单片机的中断系统部分没有实现硬件的优先权排队和中断嵌套,这部分功能可由用户用软件实现。

PIC 单片机中与中断相关的寄存器有 INTCON,PIR1,PIE1,PIR2 及 PIE2。

INT 中断是单片机的外部引脚电平变化中断,其相关寄存器有 INTCON,OPTION 寄存器。

PORTB 电平变化中断是 PIC 单片机 B 口高 4 位具有特殊功能,需要注意的 PORTB 电平

中断产生后必须读取 PORTB 的值才能够清除中断标志,否则会重复触发中断。

在使用汇编语言编写中断服务程序时,必须要进行中断现场的保护和恢复;在使用 C 语言编写编写中断服务程序时,必须把中断函数用 interrupt 关键字修饰。

对于中断系统,要求读者能够清晰地掌握中断的随机性和中断响应过程,对于中断程序的编写也要掌握其汇编语言模板用法和 C 语言中断函数写法。

思考与练习

1. 简述何为“中断”,并举例加以说明。
2. 简述中断系统作用。
3. 简述 PIC 单片机中断分类、中断源及中断逻辑结构。
4. 简述 PIC 单片机中断系统一次中断处理过程。
5. 电路如图 7.7 所示。编程实现每按一次 K_1,使数码管显示计数加 1,设数码管初始显示为 0,从 0 至 9 循环计数。

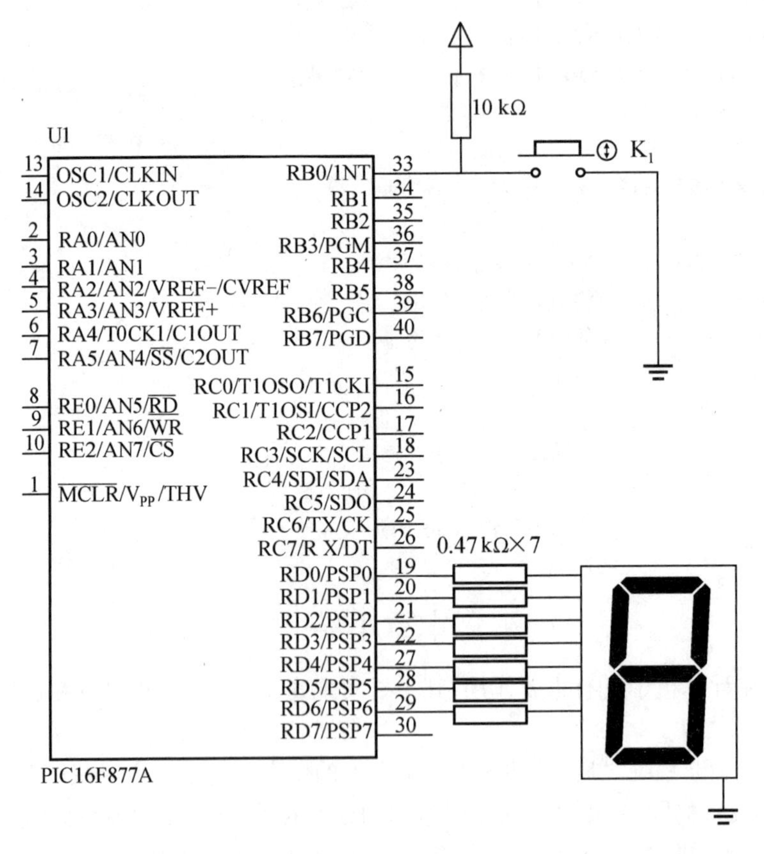

图 7.7　5 题图

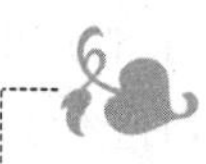

第 8 章　定时/计数器

本章重点：定时/计数的基本概念及应用，PIC 单片机中的定时/计数器逻辑结构及相关重要寄存器的位定义（如选项寄存器 OPTION_REG、中断寄存器 INTCON 等）。

本章难点：已知计数条件下，计数初值和分频比的推导。

8.1　定时与计数的关系

单片机在设计功能时经常会遇到定时或计数问题，例如，设计电子表每隔 1 s，秒计数变化 1 次；产品生产线每加工完 1 个产品，产品个数计数加 1。在单片机中有两种方法实现定时或计数：一种是软件方法，如前文介绍过的软件延时和按键计数；另一种使用硬件定时/计数器。

无论是定时还是计数其实质都是计数，只是计数的对象不同，定时累计的是某一时间间隔发生的次数或倍数，而计数累计的是某一事件发生（触发）的次数或倍数。

单片机中定时器的本质也是计数器，只不过它是记录单片机内某固定频率的信号。这个固定频率的信号往往都是单片机晶振的分频信号，例如，PIC 单片机中此信号是主晶振的 4 分频，而 51 单片机中此信号是主晶振的 12 分频。由于单片机的晶振就是用来产生周期固定的方波的，也就是说，单片机定时器记录的每个数字脉冲时间间隔相同，这样用计数值乘以频率固定信号的周期就得到了一个时间间隔，此时计数器就变成了定时器。

8.2　PIC 单片机的定时器与计数器

PIC16F877A 单片机共有 3 个定时/计数器：定时/计数器 0、定时/计数器 1 和定时器 2。以下分别用 Timer0，Timer1 和 Timer2 来表示，其基本配置、功能对照见表 8.1。

表 8.1　定时器模块配置、功能对照表

模块名称	位宽	分频器	普通功能	特别功能
Timer0	8	预分频器	定时/计数	通用目的
Timer1	16	预分频器	定时/计数	CCP
Timer2	8	双分频器	定时	脉宽调制

Timer0 是一个 8 位的简单增量溢出计数器，时钟源可以是内部指令时钟（来源于主频的 4 分频，即 Fosc/4），也可以是来自 RA4/T0CKI 引脚的外部数字脉冲。当对内部系统时钟的标准脉冲序列进行计数时即为定时器，对外部脉冲进行计数时就作为计数器使用。当使用外部时钟时，可以选择用脉冲的上升沿或下降沿来触发，进行加 1 计数。为了扩大定时或计数范围，

在 Timer0 中设计了一个可编程预分频器。这个预分频器可以用于 Timer0,也可以用于看门狗定时器(WDT)。

Timer1 是一个 16 位定时/计数器,由两个可读/写的寄存器来保存计数结果。Timer1 可以从 0 开始加 1 计数,到 0xFFFF 后再加 1 计数溢出,产生溢出中断,同时计数值归零。时钟源可以是内部系统时钟(Fosc/4),也可以是外部时钟。当对内部系统时钟的标准脉冲序列进行计数时即为定时器,对外部脉冲进行计数时就作为计数器使用。对外部时钟计数,可以选择与芯片同步工作,也可选择与芯片异步工作。在异步工作方式下,Timer1 可以在 CPU 休眠状态时工作。为了扩大定时或计数范围,在 Timer1 中也设计了一个可编程预分频器。同时 Timer1 可以配合 CCP 工作,作为 16 位捕捉器或 16 位比较器的时基。

Timer2 是一个 8 位定时器,并带有一个预分频器和一个后分频器,它特别适合用做 PWM 的时基,芯片的任何复位都可以使 Timer2 清零。在定时器 2 中还设置了一个周期寄存器 PR2,当 Timer2 的计数值与 PR2 的预置值相同(匹配)时,在下一个指令周期 Timer2 会清零。匹配的输出经过后分频器置位中断标志。

由于这 3 个定时器的核心部分都是由脉冲信号触发的循环加计数器;从预先设定的某初始值开始累加,在累加发生上溢时,计数器清零,并且同时会对一个标志位置位。下面仅以 Timer0 为例讲解定时/计数器用法。其他两个请参考数据手册学习。

8.2.1 Timer 0 的工作原理

Timer0 具有以下特点。

(1)8 位的定时/计数器;

(2)Timer0 寄存器可读、可写;

(3)8 位的软件可编程预分频器;

(4)内部或外部时钟可选(对应两种工作模式);

(5)当从 0FFH 计数溢出到 00H 时,可产生中断(T0IF 被系统置位);

(6)当选外部时钟时(T0CS=1),计数脉冲触发沿可选(T0SE=0/1)。

Timer0 内部结构与工作原理如图 8.1 所示。

Timer0 共有两种工作模式,由 T0CS(图 8.1 中的 SW1)决定。

当 T0CS 为 0 时,Timer0 的输入来源于主振荡器的 4 分频,即 Timer0 工作在定时模式;当 T0CS 为 1 时,由外部的 RA4/T0CKI 引脚输入提供计数脉冲,即 Timer0 工作在外部计数模式。

当信号进入 Timer0 内部电路后,通过 PSA(图 8.1 中的 SW2)来决定是否对 Timer0 分频。

当 PSA 为 0 时,预分频器分配给 Timer0 使用,通过 PS2,PS1,PS0 可实现 1:2、1:4 到 1:256共 8 种分频选择。

当 PSA 为 1 时,则预分频器分配给看门狗定时器(WDT)使用,此时 Timer0 的预分频器分频比相当于 1:1。而 WDT 通过 PS2,PS1,PS0 可实现 1:1、1:2 到 1:128 共 8 种分频选择。

当计数信号个数满足分频比个数后会使 Timer0 的计数寄存器 TMR0 内容自加 1,若超过 0FFH,则 TMR0 清零,同时 Timer0 的中断标志位 T0IF 置位。可以通过中断程序来处理此信号。

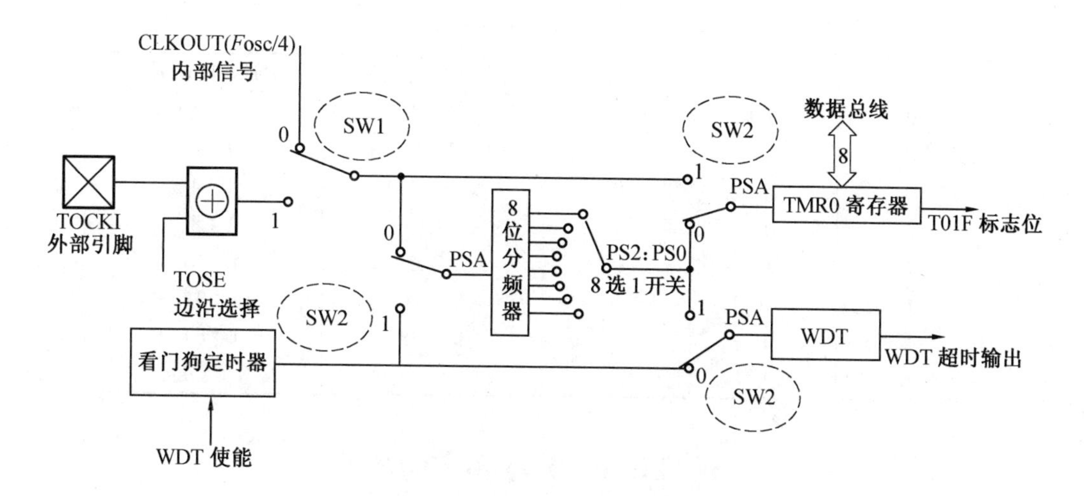

图 8.1　Timer0 内部结构与工作原理

8.2.2　与 Timer 0 相关的寄存器

1. TMR0 寄存器(地址:01H,101H)

D7	D6	D5	D4	D3	D2	D1	D0

8 位,软件可读写,最大计数 0FFH,计满溢出归零。

2. TRISA 寄存器(地址:85H)

			D4				

TRISA 第 4 位:RA4 方向控制位,为 1 使 RA4 处于输入状态。为 0 时使 RA4 处于输出状态,可能影响 Timer0 外部计数的正常工作。

3. 中断控制寄存器 INTCON(地址:0BH,8BH,10BH,18BH)

GIE		T0IE			T0IF		

GIE:全局中断使能位,值为 0:CPU 不响应任何中断请求;值为 1:允许 CPU 响应某一中断请求(只是允许,但不能决定响应,还需其他条件)。

T0IE:定时/计数器 0 中断使能位,值为 0:CPU 不响应该中断请求;值为 1:允许 CPU 响应该中断请求(前提条件为 GIE=1)。

T0IF:定时/计数器 0 中断标志位,当有该中断请求时,系统将其置位(T0IF=1)。

4. 选项寄存器 OPTION_REG(地址:81H,181H)

		T0CS	T0SE	PSA	PS2	PS1	PS0

T0CS:值为“0”,表示选择 Timer0 内部定时工作模式;值为“1”,表示选择 Timer0 外部计数工作模式。

T0SE:值为“0”,表示上升沿触发;值为“1”,表示下降沿触发。

PSA,PS2,PS1,PS0:配置见表 8.2。

表 8.2　分频比设置表

PS2	PS1	PS0	PSA = 0, Timer0	PSA = 1, WDT
0	0	0	1 : 2	1 : 1
0	0	1	1 : 4	1 : 2
0	1	0	1 : 8	1 : 4
0	1	1	1 : 16	1 : 8
1	0	0	1 : 32	1 : 16
1	0	1	1 : 64	1 : 32
1	1	0	1 : 128	1 : 64
1	1	1	1 : 256	1 : 128

8.3　Timer 0 内部定时实例

【例 8.1】　电路图如图 8.2 所示。单片机通过串入并出芯片 74HC164 接一个共阴极数码管,编程实现数码管每隔 64 ms 计数值加 1(从 0 至 9 循环计数)。设单片机主频 4 MHz,要求用 Timer0 内部定时中断实现。

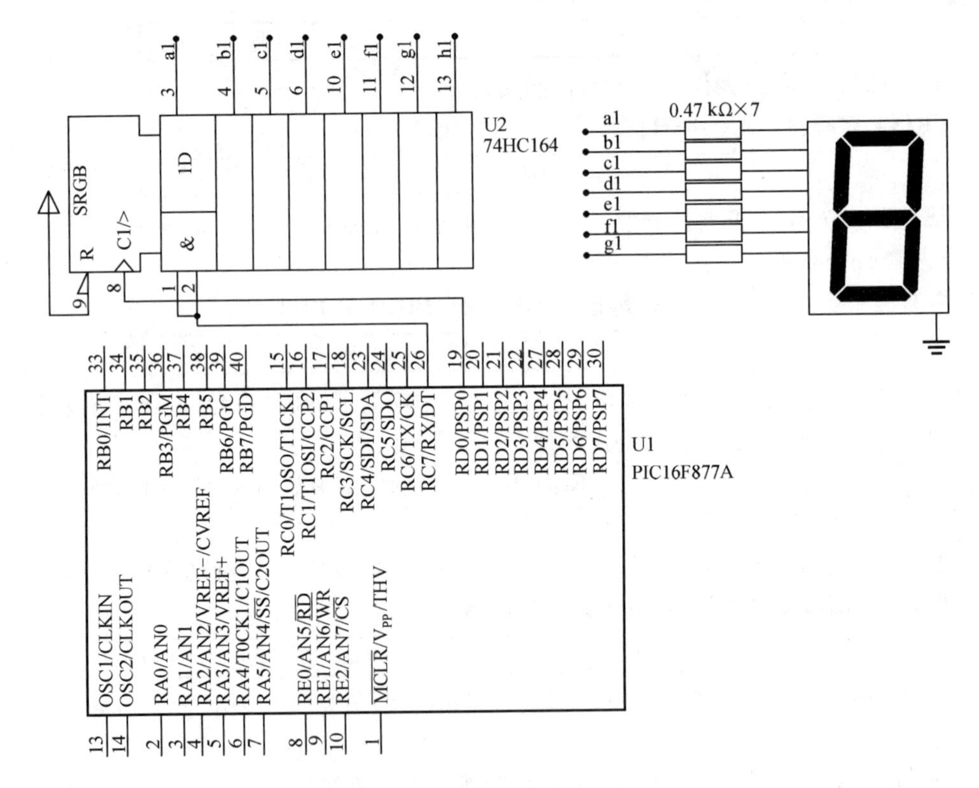

图 8.2　【例 8.1】仿真电路

📖电路分析

本例采用串入并出芯片 74HC164 进行端口扩展,需要编程模拟串行数据输出。

根据题目要求:时间间隔为 64 ms,数码管计数加 1。编程时,使数码管加 1 计数的条件或

原因是 TMR0 溢出。因此,计数初值和分频比可有以下几种组合情况(表 8.3):

表 8.3　计数初值和分频比组合情况

分频比	计算	计数值	计数初值
1 : 256	64 000/256	250	6=256-计数值
1 : 128	64 000/128	500	无效(256-计数值<0)

根据以上情况分析:间隔时间与分频比、计数初值间有一定的规律,在这里只能说是在某一范围内有效,当超出该范围时就失效了,一般规律如式(8.1)所示:

$$\text{时间间隔}=(256-\text{计数初值})\times\text{分频比值} \tag{8.1}$$

对于此例来说,时间间隔等于程序运行所消耗的指令周期数乘以指令周期,分频比值 256 是有效的,而比值为 128 时(或小于 128 时),时间间隔/分频比值等于 500(此值大于 TMR0 计数上限 255),式(8.1)就失效了。

若想进行更长时间的延时,可通过设置软件计数器来实现,基本方法是:先通过 TMR0 定时中断来实现一个基准时间,再定义一个软件计数器(8 位或 16 位),在中断服务程序中对软件计数器进行累加计数。

题意要求采用中断方式,则程序应分为两部分。

主程序任务:Timer0 中断初始化。

中断服务程序任务:更新显示缓冲区,更新数码显示,重置计数初值。

通信媒介:无。

根据以上分析可绘制出主程序流程,中断程序流程分别如图 8.3、图 8.4 所示。

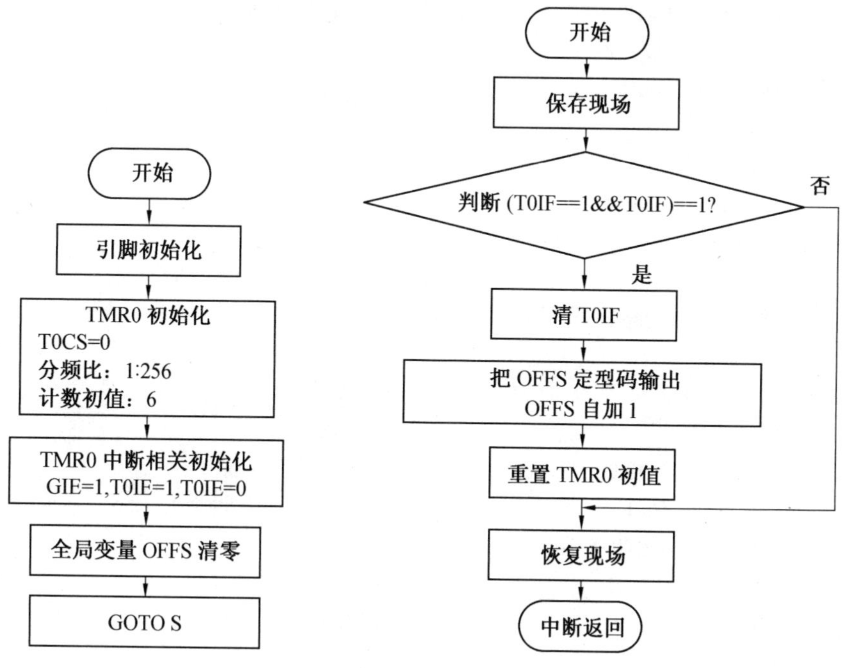

图 8.3　主程序流程　　　图 8.4　中断程序流程

中断方式的汇编语言编程

```
LIST P=16F877A
#INCLUDE "p16F878A.INC"
```

```
;--------变量定义------------
w_temp        EQU       0x70
status_temp   EQU       0x71
OFFS          EQU       0x22                    ;定义查表偏移量
TEMP          EQU       0x23                    ;定义临时变量
              ORG       0x000                   ;复位向量
              CLRF      PCLATH                  ;保证代码在 0 页执行
              GOTO      main                    ;跳转至主程序入口
              ORG       0x004                   ;中断向量
;--- ---中断服务子程序---------
;此处为保存中断现场代码(略)
;中断服务程序开始
              BTFSC     INTCON,T0IE             ;判断中断使能位是否有效
              BTFSS     INTCON,T0IF             ;判断中断标志位是否有效
              GOTO      QUIT_INT                ;退出中断处理
              BCF       INTCON,T0IF             ;清中断标志
              MOVF      OFFS,W                  ;置查表偏移量
              CALL      SMG_FONT                ;调用查表程序,取字型码
              MOVWF     TEMP                    ;存字型码于 TEMP 中
              CALL      SPI_SIM                 ;调用模拟串行发送程序
              INCF      OFFS,F                  ;偏移量调整(加 1)
              MOVLW     0AH                     ;判断偏移量边界
              SUBWFOFFS,W
              BTFSCSTATUS,Z
              CLRF      OFFS                    ;若超出边界,则清零
              MOVLW     06H                     ;重置计数
              MOVWF     TMR0
;中断服务程序结束
QUIT_INT
;此处为恢复中断现场代码(略)
main
  BANKSEL   OPTION_REG                          ;选择“1”体
  CLRF      TRISC                               ;C 口输出
              BCF       PORTD,0                 ;D 口最低位设为输出
              MOVLW     07H                     ;内部定时,分频比设为 1 : 256
              MOVWF     OPTION_REG
              BANKSEL   TMR0                    ;选择“0”体
              CLRF      OFFS                    ;清偏移量
              BSF       INTCON,GIE              ;使能全局中断
              BSF       INTCON,T0IE             ;使能 TMR0 中断
              BSF       INTCON,T0IF             ;清 TMR0 位 T0IF
              MOVLW     06H                     ;置定时器初值
              MOVWF     TMR0
```

```
        GOTO      $
CLK                                    ;模拟上升沿子程序
        BCF       PORTD,0
        NOP
        NOP
        BSF       PORTD,0
        NOP
        NOP
        BCF PORTD,0
        NOP
        NOP
        RETURN
SPI_SIM                                ;模拟串行发送子程序
        MOVF      TEMP,W               ;发送数据存于 PORTC 中
        MOVWF     PORTC
        CALL      CLK
        RLF       PORTC,F
        CALL      CLK
        RLF       PORTC,F
        CALL      CLK
        RLF       PORTC,F
        CALL      CLK
        RLF       PORTC,F
        CALL      CLK
        RLF       PORTC,F
        CALL      CLK
        RLF       PORTC,F
        CALL      CLK
        RLF       PORTC,F
        CALL      CLK
        RETURN
SMG_FONT                               ;共阴极字型编码表(0~9)
        ADDWF     PCL,F
        RETLW     3FH
        RETLW     06H
        RETLW     5BH
        RETLW     4FH
        RETLW     66H
        RETLW     6DH
        RETLW     7DH
        RETLW     07H
        RETLW     7FH
        RETLW     6FH
```

```
        END
```

中断方式的 C 语言编程

```
#include <pic.h>                          //包含系统寄存器定义
__CONFIG (XT & LVPDIS & WDTDIS);  //配置字内容

#define testbit(var, bit) ((var) & (1 <<(bit)))
#define SD   RC7
#define CLK RD0
unsigned charOFFS=0;          // 数码管显示的值,全局变量,初值为 0
unsigned charSMG_Font[10]={0x3F,0x06,0x5B,0x4F,0x66,
0x6D,0x7D,0x07,0x7F,0x6F};
void clk()                          //模拟串行输出时钟
{
CLK=0;
NOP();
NOP();
CLK=1;
NOP();
NOP();
}
void SPI_SIM(unsigned char tmp)        //模拟串行发送字节数据
{
testbit(tmp, 7)? SD=1:SD=0;
clk();
testbit(tmp, 6)? SD=1:SD=0;
clk();
testbit(tmp, 5)? SD=1:SD=0;
clk();
testbit(tmp, 4)? SD=1:SD=0;
clk();
testbit(tmp, 3)? SD=1:SD=0;
clk();
testbit(tmp, 2)? SD=1:SD=0;
clk();
testbit(tmp, 1)? SD=1:SD=0;
clk();
testbit(tmp, 0)? SD=1:SD=0;
clk();
}
void interruptISR(void)   // 中断服务函数用 interrupt 修饰
{
  if(T0IE==1&&T0IF==1)    //判断 Timer0 中断标志是否置位
  {
```

```
    T0IF=0;              // 清除中断标志位
SPI_SIM(SMG_Font[OFFS]);   //发送 1 个字节显示数据
OFFS++;
if(OFFS==10) OFFS=0;
TMR0=6;                  // 设置 TMR0 计数初值
  }
}
main()                   // 主函数入口
{
TRISC7=0;
TRISD0=0;
T0CS=0;                  // 设置 Timer0 工作模式(内部定时)
PS2=1;                   // 预分频器分频比 1:256
PS1=1;
PS0=1;
PSA=0;
TMR0=6;                  // 设置 TMR0 计数初值
T0IE=1;                  // 使能 Timer0 溢出中断
T0IF=0;                  // 清 Timer0 溢出标志位
GIE=1;                   // 使能全局中断
OFFS =0;                 // 初始化数码管显示值
while(1);                // 死循环
}
```

8.4　Timer 0 外部计数实例

【例 8.2】　电路图如图 8.5 所示。编程实现每按 4 下按键 K,数码管计数加 1,设单片机工作时钟为 4 MHz,要求采用 Timer0 外部计数中断完成。

电路分析

图 8.5 中按键 K 在按下过程中会在 RA4 引脚上产生下降沿,所以本例的 Timer0 外部触发可采用下降沿触发方式。

题意要求按 4 下 K 时数码管计数加 1。即需要通过 Timer0 计数 4 次。由于 Timer0 的输入可以分频,所以计数初值和分频比可有以下几种组合情况(表 8.4):

表 8.4　组合情况

分频比	计算	计数初值
1:1	256-4	252
1:2	256-2	254
1:4	256-1	255
1:8	无效	无效

根据以上情况分析:触发次数与分频比、计数初值间有一定的规律,在这里只能说是在某一范围内有效,当超出该范围时就失效了,一般规律如式(8.2)所示:

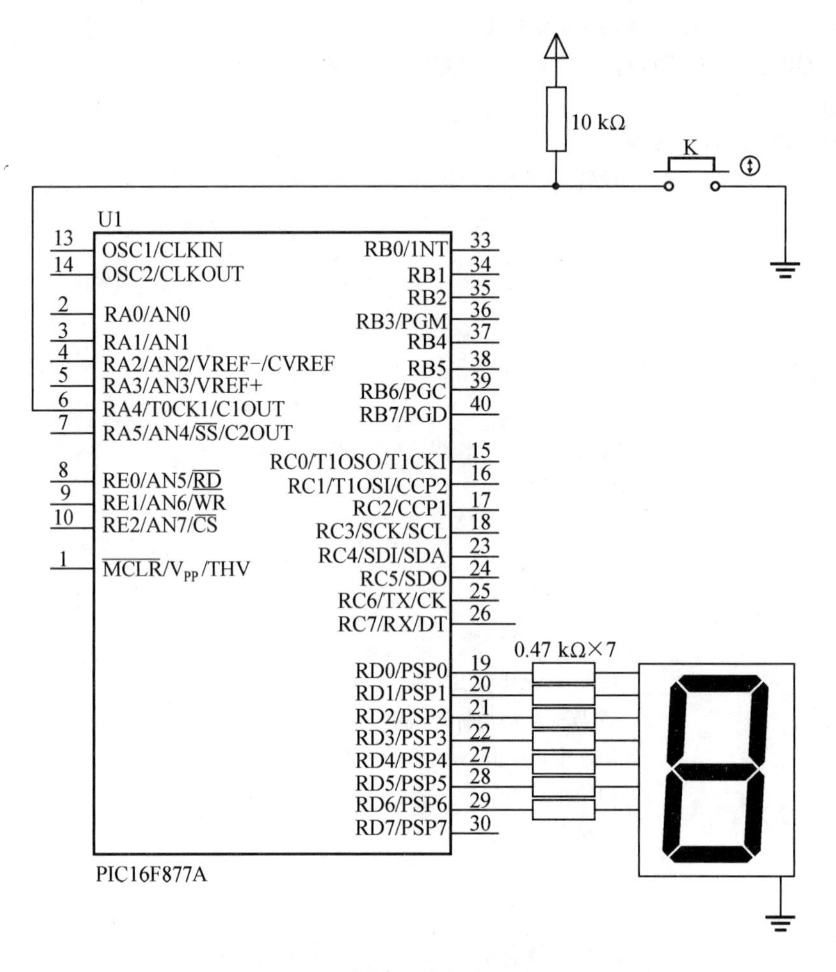

图 8.5 【例 8.2】仿真电路图

$$计数初值=256-触发次数/分频比值 \tag{8.2}$$

对于此例来说,分频比值 1,2,4 是有效的,而比值为 8 时(或大于 8 时),触发次数/分频比值等于 1/2(非整数),式(8.2)就失效了。本例采用不分频的方式(1∶1)来完成。

题意要求采用中断方式,则程序应分为两部分。

主程序任务:Timer0 中断初始化。

中断服务程序任务:根据偏移量从数组中取出字型编码送显示,调整偏移量(自加 1),若等于 10,则清零。

通信媒介:无。

根据以上分析,可绘制出主程序流程,中断程序流程分别如图 8.6、图 8.7 所示。

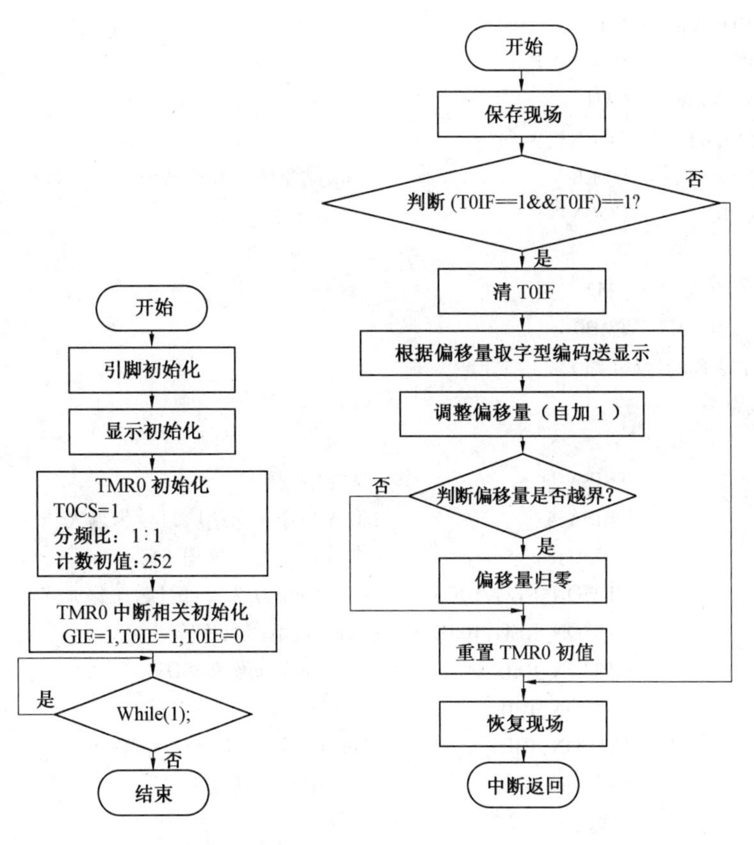

图 8.6　主程序流程　　　　图 8.7　中断程序流程

汇编语言程序代码

```
LIST P=16F877A
#INCLUDE "p16F878A.INC"
;--------变量定义------------
COUNT          EQU       0x22
;定义一个变量,作为偏移量
            ORG       0x000              ;复位向量
            CLRF      PCLATH             ;保证代码在0页执行
            GOTO      MAIN               ;跳转至主程序入口
            ORG       0x004              ;中断向量
;--- ---中断服务子程序---------
;此处为保存中断现场代码(略)
            BTFSC     INTCON,T0IE        ;判断外部中断使能位是否有效
            BTFSS     INTCON,T0IF        ;判断外部中断标志位是否有效
            GOTO      OVER               ;退出中断处理
                      ;执行到这里说明的确是 Timer0 中断
            BCF       INTCON,T0IF        ;清 Timer0 中断标志位
            MOVF      COUNT,W
            CALL      SMG_FONTLE
```

```
            MOVWF   PORTD
            INCF    COUNT,F
            MOVLW   0AH
            SUBWF   COUNT,W
            BNZ     OVER                ;相减结果不为 0 则调整
            CLRF    COUNT
OVER
             MOVLW  .252
             MOVWF  TMR0
    ;此处为恢复中断现场代码(略)
    ;-------主程序-------
MAIN
      BANKSEL           TRISA               ;选择“1”体
      BSF               TRISA,4             ;将 A 口第 4 个引脚设置为输入
      CLRF              TRISD               ;将 D 口设置为输出
      BSF               OPTION_REG,T0CS     ;设置 Timer0 为外部计数工作方式
      BSF               OPTION_REG,T0SE     ;设置外部计数,下降沿触发
      BSF               OPTION_REG,PSA      ;将预分器分配给 WDT
      BCF               INTCON,T0IF         ;清 T0IF
      BSF               INTCON,T0IE         ;Timer0 溢出中断允许位置“1”
      BSF               INTCON,GIE          ;全局中断允许位置“1”
      BANKSEL           PORTD               ;选择“0”体
      MOVLW             .252                ;设置 TMR0 计数初值
      MOVWF             TMR0
      CLRF              COUNT               ;偏移量清零
      MOVLW             40H                 ;初始化数码管显示-
      MOVWF             PORTD
      GOTO  $                               ;死循环
    SMG_FONT                                ;共阴极字型编码表(0~9)
    ADDWF               PCL,F
    RETLW               3FH
    RETLW               06H
    RETLW               5BH
    RETLW               4FH
    RETLW               66H
    RETLW               6DH
    RETLW               7DH
    RETLW               07H
    RETLW               7FH
    RETLW               6FH
      END
```

C 语言程序

```
#include <pic.h>                  //包含系统寄存器定义
```

```
_ _CONFIG (XT & LVPDIS & WDTDIS);  //配置字内容
unsigned char count=0;            //偏移量,初值为0
unsigned charSMG_Font[10]={0x3F,0x06,0x5B,0x4F,0x66,
0x6D,0x7D,0x07,0x7F,0x6F};
void interruptISR(void)
{
  if(T0IE==1&&T0IF==1)  // 判断 Timer0 中断标志是否置位
  {
    T0IF=0;                //清除 Timer0 中断标志位
    PORTD=SMG_Font[count];
    count+=1;
    if(count==10) count=0;
TMR0=252;                  // 设置 TMR0 计数初值
  }
}
main()
{
TRISA4=1;                  // RA4 引脚设置为输入
TRISD=0x00;
PORTD=0x40;                //数码管初始显示-
T0CS=1;                    //设置 Timer0 工作模式(外部计数)
T0SE=1;                    //设置触发方式(下降沿触发)
PSA=1;                     //预分频器分配给 WDT,对 Timer0 来说相当于 1:1
TMR0=252;                  // 设置 TMR0 计数初值
T0IE=1;                    //使能 Timer0 溢出中断
T0IF=0;                    //清 Timer0 溢出标志位
GIE=1;                     //使能全局中断
while(1);
  }
```

8.5　看门狗定时器

由于单片机的应用环境复杂,有些环境中存在很强的电磁干扰,会使单片机程序“跑飞”或陷入死循环,此时指令冗余技术和软件陷阱技术都无能为力,系统表现为停止工作、重复错误动作或无法响应任何输入,这就是常说的死机。单片机死机后,只有复位才能走出死循环。此时让单片机自动复位最好的办法就是使用看门狗定时器(Watchdog Timer)。

8.5.1　看门狗定时器的用途

看门狗定时器可以按固定速率计时,计满预定时间就发出溢出脉冲使单片机复位。如果每次在看门狗定时器溢出前强行让看门狗定时器清零,就不会发出溢出脉冲。清零脉冲由CPU 发出,在单片机程序中每隔一段语句放一个清看门狗定时器的语句,以保证程序正常运行时看门狗定时器不会溢出。一旦程序进入一个不含看门狗定时器的语句的死循环,看门狗定时器将溢出,导致单片机复位,跳出这个死循环。在现有的集成电路中有专用的看门狗定时器芯片,如 MAX706,MAX791 等;还有许多单片机自身就集成了这种看门狗定时器,如 PIC16F877A,MC68HC705 等。本节就以 PIC16F877A 单片机为例讲解看门狗定时器的用法。

8.5.2 看门狗定时器的特点

PIC16F877A 中的看门狗定时器称为 WDT,其用途就是防止单片机运行时出现跑飞或陷入死循环等死机状态。若在开启看门狗定时器的状态下程序跑飞后,看门狗定时器会溢出使单片机复位。其特点如下。

(1)工作晶振来源于于单片机内部独立 RC 晶振,与主频无关;

(2)与 Timer0 共用一个 8 位的预分频器;

(3)溢出后会复位单片机;

(4)WDT 一经启用,无法用软件关闭。

8.5.3 看门狗定时器的系统结构

PIC16F877A 单片机中硬件看门狗定时器的原理图如图 8.1 所示。图 8.1 中"WDT 使能"信号位于 PIC 单片机 CONIFG 寄存器的 WDTE 位,无法用软件寻址,只能由编译器用特殊指令或语句处理。例如,在 MPASM 中用如下特别语句来关闭看门狗定时器:

```
__CONFIG  _WDT_OFF ;关闭看门狗定时器
__CONFIG  _WDT_ON  ;打开看门狗定时器
```

在 PICC 中用__CONFIG 宏来决定是否使用看门狗定时器。例如:

```
__CONFIG(WDTDIS) ;  //关闭看门狗定时器
__CONFIG(WDTEN) ;  //打开看门狗定时器
```

由于看门狗定时器的时钟由单片机内部独立的 RC 振荡电路提供,所以它的准确度受环境因素影响较大,定时周期不固定。在不考虑预分频器的情况下,看门狗定时器的定时周期为 7 ~ 33 ms,典型值为 18 ms。如果需要更长的时间,就需要把预分频器分配给看门狗定时器。此时,预分频器的最大分频比为 1 : 128,这样可使看门狗定时器的定时时间扩大 128 倍,达到 2.3 s。故看门狗定时器的定时常数可设置为 18 ms ~ 2.3 s。

在正常工作状态下,WDT 时间到就会产生个复位信号(即看门狗定时器复位)。如果单片机处于睡眠模式,WDT 超时会把芯片唤醒,继续正常工作。WDT 超时,STATUS 寄存器中的超时标志位 TO(Timer Overflow,在 PICC 中用全局位变量 TO 表示)将被清零。TO 位功能如下。

1:单片机初始加电或执行了看门狗定时器清零指令(CLRWDT)或系统睡眠指令(SLEEP)后,该位置 1。

0:看门狗定时器超时溢出时,自动清零。

当系统复位时可以判断此位的值来得知此复位是不是 WDT 超时造成的复位。一般情况下,如果是 WDT 超时复位,则主程序应该跳过上电初始化程序段并合理设置相关变量和寄存器内容后才能正常执行主循环。

8.5.4 看门狗定时器的软件编程

当看门狗定时器开启后,在汇编语言中用 CLRWDT 指令对 WDT 清零,除此之外,SLEEP

指令也会使 WDT 清零。

在 PICC 中把 CLRWDT 和 SLEEP 指令用宏定义为如下形式：

```
#define      CLRWDT( )  asm("clrwdt")
#define      SLEEP( )   asm("sleep")
```

其中 asm 是 PICC 内嵌汇编的关键字。

若把预分频器配置给 WDT,用 CLRWDT 和 SLEEP 指令可以同时对 WDT 和预分频器清零,从而防止计时溢出引起芯片复位。

在程序正常运行时,必须在每次计时溢出之前执行一条 CLRWDT 清看门狗定时器的指令(俗称“喂狗”),以避免引起芯片复位。当系统受到严重干扰处于失控状态时,例如不在原有程序循环中运行,这样就不可能在每次计时溢出之前执行一条 CLRWDT 指令,WDT 就会产生计时溢出,从而引起芯片复位,使其由失控状态重新进入复位状态执行。

【例8.3】 电路图如图8.8所示,用 Timer0 的定时器模式实现每隔1 s 使数码管显示内容加1,若按 K_1 后则进入一无清看门狗定时器指令的死循环。单片机主频为32.768 kHz,打开看门狗定时器。

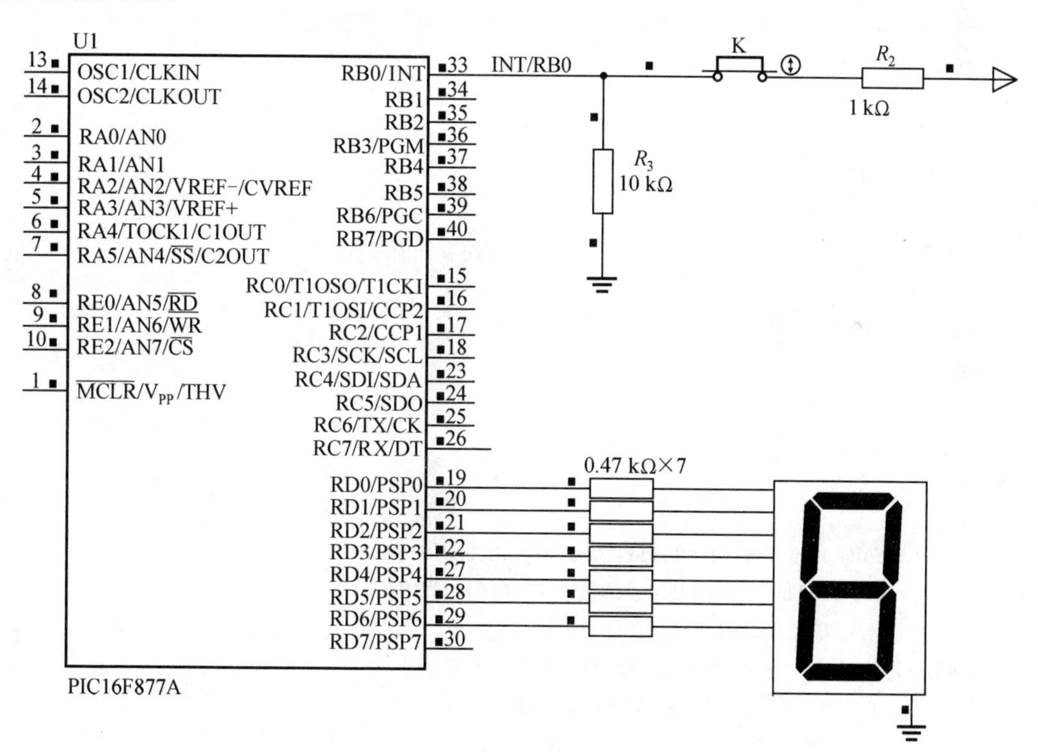

图8.8 【例8.3】仿真电路

电路分析

图8.8中按键 K 采用下拉方式与单片机引脚 RB0 相连。不按时,RB0 输入为0,按下后 RB0 输入为1;数码管是共阴极接法,对应 LED 给一亮,通过 PORTD 即可控制。

根据题目要求 Timer0 定时间隔为1 s。由于主频是32.768 kHz,则主频4分频是8 192,即需要 Timer0 记录8 192个内部脉冲才说明是1 s。Timer0 最大计数值仅为256,所以需要预分频器来扩大计数个数,由于分频比有多种选择,则计数初值与分频比也有多种组合情况,下面仅列出 4 组(表 8.5)。

表 8.5　组合情况

分频比	计算	计数值	计数初值
1 : 256	8192/256	32	256-计数值=224
1 : 128	8192/128	64	256-计数值=192
1 : 64	8192/64	128	256-计数值=128
1 : 32	8192/32	256	256-计数值=0

从以上 4 组中选择任意一组分频比和计数初值都可满足题意要求,本例选择第 4 组。

本例题意要求采用中断方式,则程序应分为两部分。

主程序任务:Timer0 中断初始化。根据 cnt 值从数组中取出字型编码送显示。

中断服务程序任务:cnt 自加 1,若等于 10,则清零。

通信媒介:cnt。

根据以上分析,可以容易的编写出其程序代码。本例仅给出 C 语言代码。

```
#include <pic.h>
    __CONFIG(WDTEN);                    //开启看门狗定时器
unsigned char cnt;
void interrupt ISR(void)
{
  if(T0IF && T0IE)
  {
    T0IF=0;                             //用软件清除标志位
    cnt++;
    if(cnt==10) cnt=0;
  }
}

main()
{
  const char SMG_Font[]={0b00111111,0b00000110,0b01011011,
          0b01001111,0b01100110,0b01101101,0b01111101,
          0b00000111,0b01111111,0b01101111};      //字型码
   T0CS=0;            //选择 CLKOUT 信号为时钟源
   PSA=0;             //预分频器给 Timer0 用
   PS2=1;
   PS1=0;
   PS0=0;             //分频比为 1 : 32
   T0IF=0;
   T0IE=1;
   GIE=1;
   TMR0=0;            // 计数初值为 0
   TRISD=0;
   while(1)           //主循环必须是死循环
```

```
{
    CLRWDT();          //清看门狗定时器
    PORTD=SMG_Font[cnt];
    if(RB0==0)
    {
      while(1);        //无清看门狗定时器指令的死循环
    }
}
}
```

本章小结

PIC16F877A 单片机共有 3 个定时/计数器,3 者都是的增量溢出计数器。其中 Timer0 是一个 8 位计数器,可内部触发,也可外部触发,并具有 1 个 8 位的预分频器;Timer1 与 Timer0 类似,但是其为 16 位宽;Timer0 是一个 8 位的定时器,因为其只能内部触发。本章仅以 Timer0 为例讲解定时/计数器用法。

Timer0 是一个 8 位计数器,可内部触发,也可外部触发,并且都可以产生中断,在用做外部触发时通过 RA4 引脚输入信号,此时必须把 RA4 置为输入状态。与 Timer0 相关的寄存器有 TMR0,TRISA,INTCON 和 OPTION 寄存器。

PIC16F877A 具有一路硬件的看门狗定时器,其与 Timer0 分时共享一个预分频器,但看门狗定时器的时钟源来源于单片机内部的独立 RC 振荡器,不受主晶振影响,但受温度影响较大。其最大溢出时间约为 2.3 s。最后给出了看门狗定时器的软件编程例子。

思考与练习

1. 什么是定时和计数？分别举例加以说明。

2. 软件延时与硬件延时主要有哪些区别?

3. 简述 Timer0 与 WDT 如何使用同一预分频器。

4. 简述内部定时与外部计数主要区别。

5. 电路图如图 8.9 所示。单片机通过串入并出芯片 74HC164 接 2 个共阴极数码管,编程实现数码管加 1 计数(从 00 至 99 循环计数)。设单片机主频为 4 MHz,计数间隔为 256 ms。

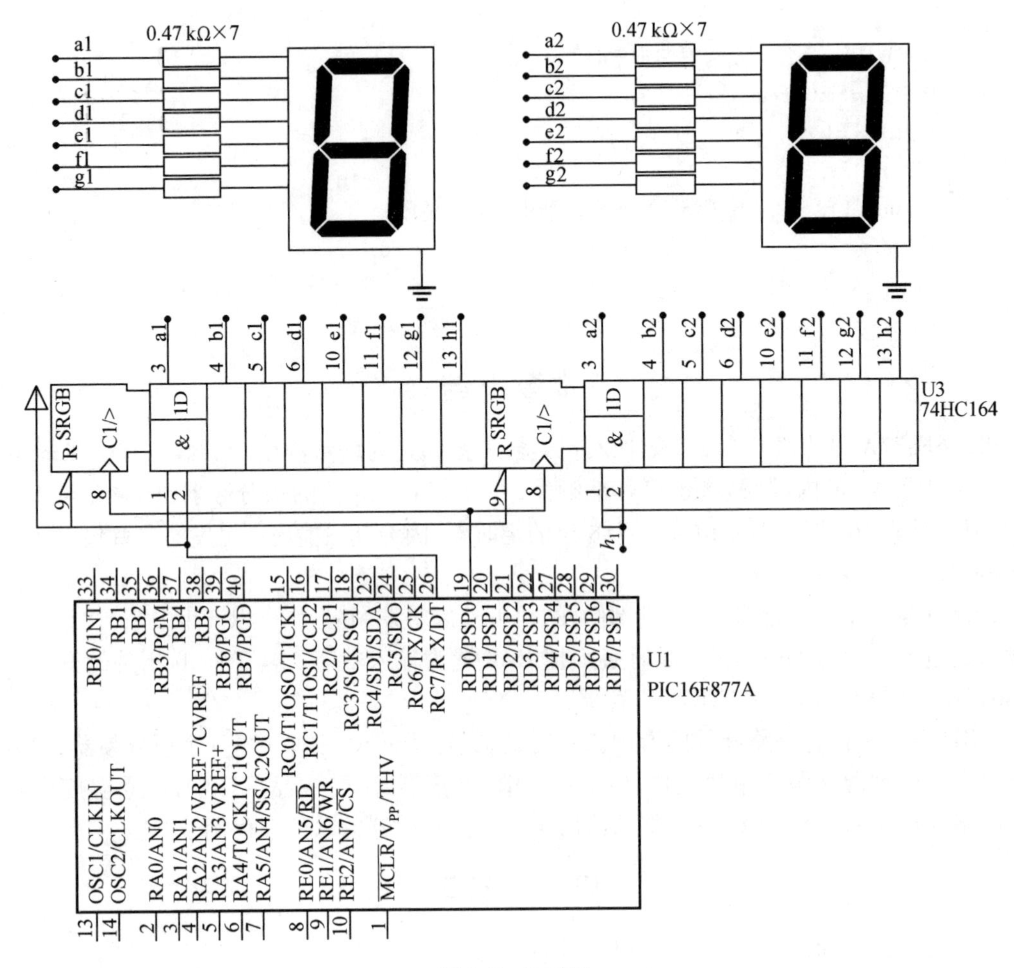

0.47 kΩ×7
a1
b1
c1
d1
e1
f1
g1
0.47 kΩ×7
a2
b2
c2
d2
e2
f2
g2
3 a1
4 b1
5 c1
6 d1
10 e1
11 f1
12 g1
13 h1
3 a2
4 b2
5 c2
6 d2
10 e2
11 f2
12 g2
13 h2
U3
74HC164
SRGB
R
C1/>
1D
&
9
8
1
2
h1
U1
PIC16F877A
RB0/INT
RB1
RB2
RB3/PGM
RB4
RB5
RB6/PGC
RB7/PGD
RC0/T1OSO/T1CKI
RC1/T1OSI/CCP2
RC2/CCP1
RC3/SCK/SCL
RC4/SDI/SDA
RC5/SDO
RC6/TX/CK
RC7/RX/DT
RD0/PSP0
RD1/PSP1
RD2/PSP2
RD3/PSP3
RD4/PSP4
RD5/PSP5
RD6/PSP6
RD7/PSP7
OSC1/CLKIN
OSC2/CLKOUT
RA0/AN0
RA1/AN1
RA2/AN2/VREF-/CVREF
RA3/AN3/VREF+
RA4/TOCK1/C1OUT
RA5/AN4/SS/C2OUT
RE0/AN5/RD
RE1/AN6/WR
RE2/AN7/CS
MCLR/VPP/THV

图 8.9　5 题图

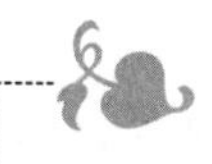

第9章　单片机与 A/D,D/A 的接口

本章重点:A/D 和 D/A 基本概念、技术指标;PIC 单片机内嵌 A/D 模块的用法;DAC0832 的外围电路设计及其用法。

本章难点:DAC0832 外围电路的设计。

9.1　A/D,D/A 概述

随着现代科学技术,特别是信息技术的飞速发展,在现代控制、通信及检测等领域,为了提高系统的性能指标,对信号的处理广泛采用了数字计算机技术。由于实际的测控对象往往都是一些模拟量(如温度、湿度、浓度等),要使计算机或数字仪表能识别、处理这些信号,必须首先采集到这些物理信号并转换成计算机能够处理的信号,这需要通过以下两步骤来实现。

(1)通过传感器把物理信号转换成电信号。

传感器是一种能将物理信号转换成电信号的设备或元件。在将物理量转换成数字量之前,必须先将物理量转换成电模拟量,这种转换是靠传感器完成的。传感器的种类繁多,如温度传感器、湿度传感器、光传感器、气敏传感器等。典型温、湿度传感器如图 9.1 所示。

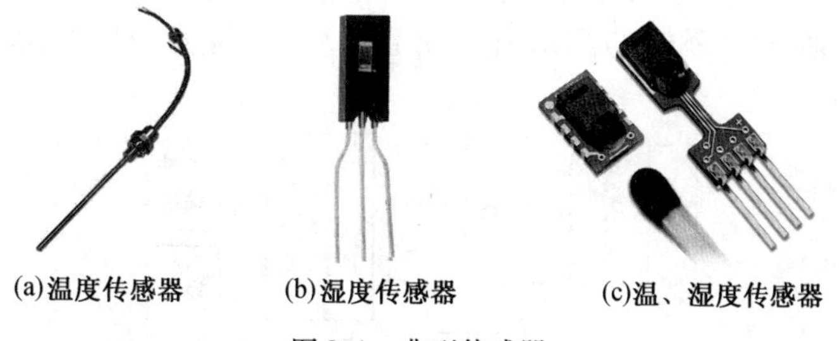

(a)温度传感器　(b)湿度传感器　(c)温、湿度传感器

图 9.1　典型传感器

(2)通过模数转换器把电信号转换成计算机中的数字信号。

通过传感器得到的是模拟的电信号,如电压、电流、电阻等。要把模拟的电信号转换成数字信号则需要一种专用电路,即模数转换电路。模数转换电路又称为模数转换器(简称 A/D 转换器或 ADC,Analog to Digital Converter)。

通过传感器和 ADC 获得外部物理量状态后即可通过计算机中的软件对其进行处理。而经计算机分析、处理后输出的数字量也往往需要将其转换为相应模拟信号才能为执行机构所接受。这就需要另一种电路:把数字信号转换为模拟信号的电路,这种电路称为数模转换器(简称 D/A 转换器或 DAC,Digital to Analog Converter)。本章就是介绍 A/D,D/A 相关的基本概念及典型芯片(模块)的用法。

9.2 A/D,D/A 在测控系统中的作用

在测控领域中,“测”通常是指实时采集被控对象的物理参量,这些参量通常都是模拟量,即连续变化的物理量;“控”通常是把采集的数据经单片机计算、比较等处理后得出结论,以对被控对象实施校正控制。在传统的测控系统中引入计算机处理后,其系统模型也发生了变化。

图 9.2 是一种典型的基于计算机的数据采集模型。其中传感器用来把物理量转换为模拟的电信号,若电信号微弱,则可用放大器把电信号放大,然后送采样保持电路。采样就是把连续的模拟信号变成离散的数字信号,而保持是因为 AD 转换需要时间,因此需要把信号保持一段时间(采样保持电路一般集成在 AD 中)。多路转换是通过分时复用转换器来实现多通道转换的,这样用一路 A/D 转换器就可以分时采集多路模拟量数据,极大地降低了系统成本。生活中常见的数字式温度计、数字式湿度计、数字式血压计等都是这类数据采集系统。

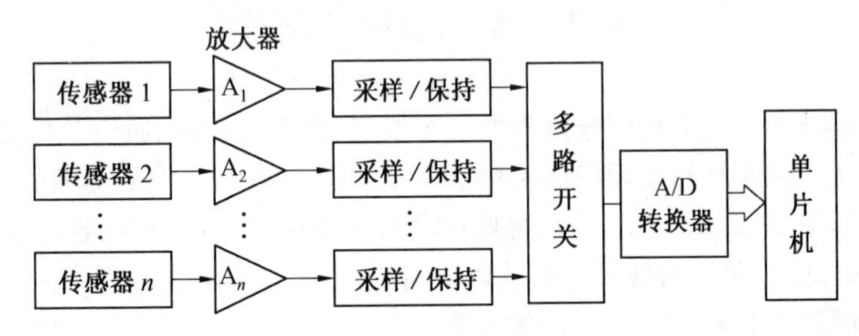

图 9.2 数据采集模型

除了单向的数据采集模型外,也有些测控系统既要求采集现场数据,又要求实时对采集的内容进行合理分析并作出决策,对被控实体进行控制,这类系统通常被称为“闭环控制系统”,如图 9.3 所示。其中计算机通过传感器和 A/D 转换器获得被控实体的状态,而后通过 D/A 输出反馈给被控实体,这样就构成了闭环控制系统。生活中常见的空调、冰箱等都是这种闭环控制系统。

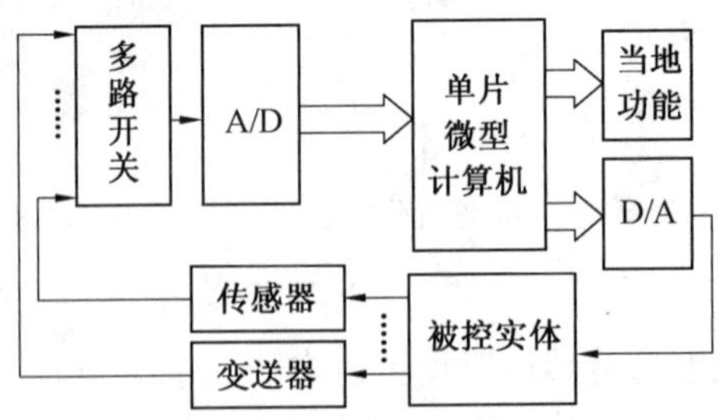

图 9.3 闭环控制系统模型

9.3 A/D 转换器简介

A/D 转换器又称模数转换器,它已成为信息系统中不可缺少的接口电路。为确保系统处理结果的精确度,A/D 转换器必须具有足够的转换精度;如果要实现快速变化信号的实时控

制与检测,A/D转换器还要求具有较高的转换速度。转换精度与转换速度是衡量A/D转换器的重要技术指标,但两者不可能同时做到。通常,数字位数越多,装置的速度就越慢。

9.3.1 A/D转换器的主要性能参数

A/D转换器的主要性能参数有转换的分辨率、转换时间、绝对精度、相对精度和量化误差。现分别介绍如下。

(1)分辨率。

它表明A/D对模拟信号的分辨能力,由它确定能被A/D辨别的最小模拟量变化。一般来说,A/D转换器的位数越多,其分辨率就越高。实际的A/D转换器通常为8,10,12,16位等。

(4)转换时间。

转换时间是A/D完成一次转换所需要的时间。一般转换速度越快越好,常见有高速(转换时间<1 μs)、中速(转换时间<1 ms)和低速(转换时间<1 s)等。

(5)转换精度。

转换精度定义为一个实际A/D转换器与一个理想A/D转换器在量化值上的差值,可用绝对误差或相对误差表示。例如,对于一个8位0~+5 V的A/D转换器,它能把0~+5 V的电压分为256份,每份电压差为0.019 531 25 V。如果其相对误差为1 LSb(数字量最低有效位),则其绝对误差为19.5 mV,相对误差为0.39%。

(6)量化误差。

量化误差是在A/D转换中由于模拟输入被量化成数字所产生的固有误差。量化误差在±1/2LSb之间。例如,一个8位的A/D转换器,它把输入电压信号分成$2^8=256$等份,若它的量程为0~5 V,那么,量化单位$q\approx 0.019\,531\,25$ V,即19.531 25 mV,q正好是A/D输出的数字量中最低位LSb为1时所对应的电压值。因而,这个量化误差的绝对值是转换器的分辨率和满量程范围的函数。

量化误差存在于整个模拟数字转换过程中。减小量化误差的唯一方法是提高A/D转换器的分辨率。

9.3.2 A/D转换器的发展方向

为了满足数字系统的发展要求,A/D转换器的性能也必须不断提高。它将有以下几个主要的发展方向。

(1)高转换速度。

现代数字系统的数据处理速度越来越快,要求获取数据的速度也要不断提高。比如,在软件无线电系统中,A/D转换器的位置是非常关键的,它要求A/D转换器的最大输入信号频率在1~5 GHz之间,以目前的技术水平,还很难实现。因此,向超高速A/D转换器方向发展的趋势是必要的。

(2)高精度。

现代数字系统的分辨率在不断提高,比如,高级仪表的最小可测值在不断地减小,因此,A/D转换器的分辨率也必须随之提高;在专业音频处理系统中,为了能获得更加逼真的声音效果,需要高精度的A/D转换器。目前,最高精度可达24位的A/D转换器也不能满足要求。因此,人们正致力于研制更高精度的A/D转换器。

(3)低功耗。

片上系统(SoC:System-on-a-chip)已经成为集成电路发展的趋势,在同一块芯片上既有模拟电路又有数字电路。为了完成复杂的系统功能,大系统中每个子模块的功耗应尽可能地低,因此,低功耗 A/D 转换器是必不可少的。在以往的设计中,8 ~ 12 位分辨率 A/D 转换器的典型功耗为 100 ~ 150 mW。这远不能满足片上系统的发展要求,所以,低功耗将是 A/D 转换器一个必然的发展趋势。

9.4 PIC16F877A 片内 A/D 转换器

PIC16F877A 单片机内部已经集成了 A/D 转换模块,其特点如下。

(1)A/D 转换器通过逐次逼近式进行模数转换,转换的结果为 10 位数字量,典型转换时间为 15 μs。

(2)8 个模拟量输入通道共享一个转换器,用一个多路复用器(MUX)进行切换。

(3)A/D 转换的模拟基准电压用软件编程选择,可以选择芯片的正电源电压 V_{DD}、负电源 V_{SS}及外部参考电压 V_{ref}。

(4)此 A/D 转换器在 CPU 休眠期间能正常工作(此时的 A/D 转换时钟必须选择芯片内部的 RC 振荡器)。

(5)模块使用简单。初始化、启动 A/D 转换、读 A/D 结果,判断转换是否结束可通过中断或查询方式实现。

9.4.1 A/D 转换模块的内部结构

A/D 转换模块的内部结构如图 9.4 所示。

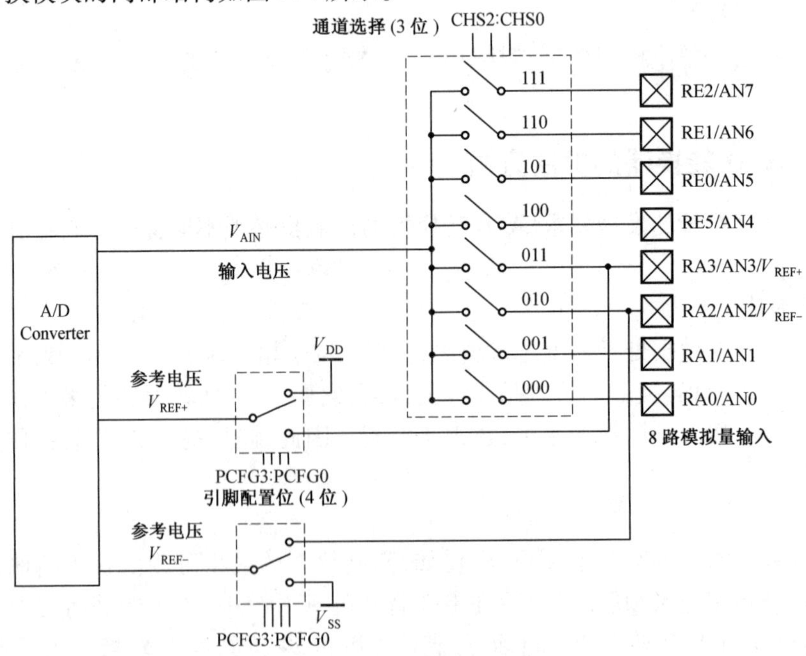

图 9.4 A/D 转换模块的内部结构

其中,由RE2~RE0,RA5,RA3~RA0引脚构成8路模拟量输入引脚,可以通过ADCON1寄存器的PCFG3:PCFG0这4位来配置,具体引脚功能配置见表9.1。

表9.1 模拟量输入引脚功能配置表

PCFG3…PCFG0	RE2 AN7	RE1	RE0	RA5	RA3	RA2	RA1	RA0	V_{REF+}	V_{REF-}
0000	A	A	A	A	A	A	A	A	V_{DD}	V_{SS}
0001	A	A	A	A	V_{REF+}	A	A	A	RA3	V_{SS}
0010	D	D	D	A	A	A	A	A	V_{DD}	V_{SS}
0011	D	D	D	A	V_{REF+}	A	A	A	RA3	V_{SS}
0100	D	D	D	D	A	D	A	A	V_{DD}	V_{SS}
0101	D	D	D	D	V_{REF+}	D	A	A	RA3	V_{SS}
011x	D	D	D	D	D	D	D	D	V_{DD}	V_{SS}
1000	A	A	A	A	V_{REF+}	V_{REF-}	A	A	RA3	RA2
1001	D	D	A	A	A	A	A	A	V_{DD}	V_{SS}
1010	D	D	A	A	V_{REF+}	A	A	A	RA3	V_{SS}
1011	D	D	A	A	V_{REF+}	V_{REF-}	A	A	RA3	RA2
1100	D	D	D	A	V_{REF+}	V_{REF-}	A	A	RA3	RA2
1101	D	D	D	D	V_{REF+}	V_{REF-}	A	A	RA3	RA2
1110	D	D	D	D	D	D	D	A	V_{DD}	V_{SS}
1111	D	D	D	D	V_{REF+}	V_{REF-}	D	A	RA3	RA2

说明:

A:作为模拟量输入引脚。

D:作为数字量输入引脚。

X:表示0或1均可。

V_{REF+}:参考电压上限。

V_{REF-}:低参考电压下限。

V_{DD}:单片机供电的高电平。

V_{SS}:信号地,即低电平。

根据表9.1可知,当PCFG3:PCFG0为特定值(如1100)时,PIC单片机的A/D模块可以自选参考电压范围。这样通过缩小连在RA3和RA2上的参考电压差可以提高测量精度。但这个参考电压不是任意小的,根据PIC16F877A的数据手册上说明RA3上的参考电压V_{REF+}输入范围在2.2 V到V_{DD}之间,V_{REF-}的输入范围是(V_{SS}-0.3 V)到(V_{DD}-3.0 V)之间。但是V_{REF+}和V_{REF-}之间的电压差至少为2.5 V,不符合这几个条件,将导致A/D转换模块工作异常。

9.4.2 与A/D转换相关的寄存器

与A/D转换相关的寄存器有TRISA,TRISE,ADCON0,ADCON1,INTCON,PIR1,PIE1。下面分别介绍相关寄存器功能。

TRISA的RA5,RA3~RA0与A/D转换模块相关,如表9.2所示,当RA5,RA3~RA0用做模拟量输入时,D5~D0应为1。否则会影响测量结果。

表 9.2 TRISA 中与 A/D 转换相关的位

地址	寄存器名	Bit7	Bit6	Bit5	Bit4	Bit3	Bit2	Bit1	Bit0
0x085	TRISA			D5		D3	D2	D1	D0

TRISE 的 RE2 ~ RE0 与 A/D 转换模块相关,如表 9.3 所示。当 RE2 ~ RE0 用做模拟量输入时,D2 ~ D0 应为 1。否则会影响测量结果。

表 9.3 TRISE 中与 A/D 转换相关的位

地址	寄存器名	Bit7	Bit6	Bit5	Bit4	Bit3	Bit2	Bit1	Bit0
0x089	TRISE						D2	D1	D0

ADCON0 是 A/D 转换控制寄存器 0,它控制着 A/D 转换的开关、转换时钟选择、转换通道选择和 A/D 转换的启停标志。各位功能如表 9.4 所示。

表 9.4 ADCON0 寄存器各位功能

地址	寄存器名	Bit7	Bit6	Bit5	Bit4	Bit3	Bit2	Bit1	Bit0
0x1F	ADCON0	ADCS1	ADCS0	CHS2	CHS1	CHS0	GO/$\overline{\text{DONE}}$		ADON

(1)Bit7 ~ Bit6 ADCS1:ADCS0:A/D 转换时钟选择位。

00:使用单片机主频 2 分频(*F*osc/2)作为转换时钟 T_{AD}。

01:使用单片机主频 8 分频(*F*osc/8)作为转换时钟。

10:使用单片机主频 32 分频(*F*osc/32)作为转换时钟。

11:使用 A/D 转换模块自带的 RC 振荡器作为转换时钟。

【注意】 无论采用哪种时钟源,都要保证转换时钟大于 1.6 μs。

(2)2. Bit5 ~ Bit3 CHS2:CHS0:A/D 转换通道选择位。

000:通道 0,AN0;

001:通道 1,AN1;

……

111:通道 7,AN7;

(3)Bit2 GO/$\overline{\text{DONE}}$:A/D 转换启动位/状态位,仅当 A/D 转换模块开启时才有效。

1:A/D 转换进行中,软件将此位置位会启动新一次 A/D 转换过程。

0:A/D 转换结束,当 A/D 转换结束时,此位会被硬件自动清零表示 A/D 转换完成。

(4)Bit0 ADON:A/D 转换模块开关位。

1:A/D 转换模块开启。

0:A/D 转换模块关闭,此时 A/D 转换模块不消耗工作电流。

ADRESH 是 A/D 转换结果的高位字节,其内存地址为 0x1E。

ADRESL 是 A/D 转换结果的低位字节,其内存地址为 0x9E。

ADCON1 是 A/D 转换控制寄存器 2,其主要控制 A/D 转换结果的对齐方式和 A/D 端口的配置情况,具体位功能如表 9.5 所示。

表 9.5 ADCON1 寄存器内容

地址	寄存器名	Bit7	Bit6	Bit5	Bit4	Bit3	Bit2	Bit1	Bit0
0x9F	ADCON1	ADFM				PCFG3	PCFG2	PCFG1	PCFG0

(1)Bit7 ADFM:A/D 转换结果格式选择位。

1:右对齐模式,即转换结果低8位放置在ADRESL寄存器中,高2位放在ADRESH的低2位,如图9.5(a)所示。

0:左对齐模式,即转换结果高8位放置在ADRESH寄存器中,低2位放在ADRESH的高2位,如图9.5(b)所示。

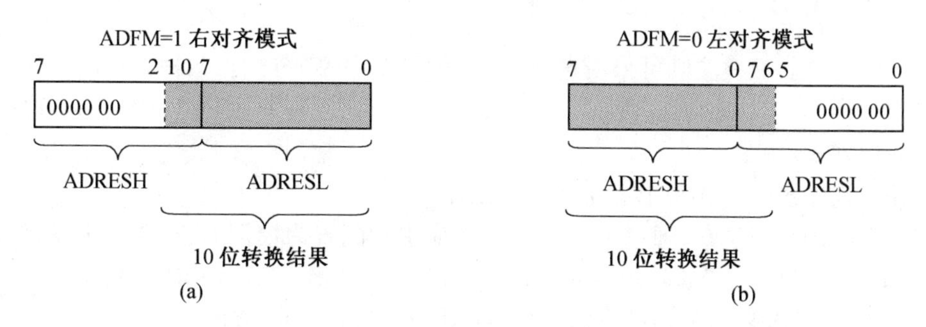

图9.5　A/D转换结果对齐模式

(2)Bit6 ~ Bit4 :未使用,读出为0。

(3)Bit3 ~ Bit0 PCFG3:PCFG0:A/D端口配置位,具体内容见表9.1。

A/D转换模块也可工作于中断方式下,此时必须打开PIC的总中断使能位GIE和外设中断使能位PEIE(表9.6)。

表9.6　INTCON与A/D转换相关位

地址	寄存器名	Bit7	Bit6	Bit5	Bit4	Bit3	Bit2	Bit1	Bit0
0x0B,0x8B, 0x10B,0x18B	INTCON	GIE	PEIE						

(1)Bit7　GIE:总中断使能位。

0=关闭中断,封闭中断逻辑电路向CPU发送中断请求信号。

1=开放中断,中断逻辑电路可以向CPU发送中断请求信号。

(2)Bit6　PEIE:外设中断使能位。

0=关闭外设中断,封闭外设中断逻辑电路向CPU发送中断请求信号。

1=开放外设中断,外设中断逻辑电路可以向CPU发送中断请求信号。

当GIE和PEIE置位后,通过把PIE1中的ADIE位(表9.7)置位来使能A/D转换中断。

表9.7　PIE1与A/D转换相关位

地址	寄存器名	Bit7	Bit6	Bit5	Bit4	Bit3	Bit2	Bit1	Bit0
0x8C	PIE1		ADIE						

Bit6　ADIE:A/D转换模块中断使能位。

0=禁止A/D转换模块的中断请求。

1=允许A/D转换模块的中断请求。

当A/D转换完成后,系统会自动把PIR1的ADIF位(表9.8)置位,同时引起中断响应。在中断响应过程中必须用软件把ADIF位清零,否则会引起重复中断。

表9.8　PIR1中与A/D转换相关位

地址	寄存器名	Bit7	Bit6	Bit5	Bit4	Bit3	Bit2	Bit1	Bit0
0x0C	PIR1		ADIF						

Bit6　ADIF：A/D 模块中断标志位。

0＝A/D 转换未完成。

1＝A/D 转换已经完成，需要软件清零。

9.4.3　A/D 转换模块的工作流程

PIC 的 A/D 转换模块既可采用查询方式，也可采用中断方式。两种方式的工作流程分别如下。

1. 查询方式

采用查询方式进行 A/D 转换的操作步骤如下：

(1)根据硬件连接方式通过 ADCON1 把相应引脚配置为模拟通道，并正确设置参考电压引脚(PCFG3：PCFG0)，设置转换结果格式(由 ADCON1 最高位 ADFM 决定)。

(2)把相应模拟输入通道的方向寄存器置为输入模式(TRISA)。

(3)通过 ADCON0 选择 A/D 输入通道(CHS2：CHS0)，选择转换时钟(ADCS1：ADCS0)，开启 A/D 转换开关(ADON)，清空 A/D 转换状态位(GO/$\overline{\text{DONE}}$)。

(4)在一次新的 AD 转换进行前要延时一段时间(至少两个 T_{AD})。

(5)把 ADCON0 的 GO/$\overline{\text{DONE}}$置位，启动一次 A/D 转换。

(6)循环查询 ADCON0 的 GO/$\overline{\text{DONE}}$是否为 0，为 1 则继续查询此位，直到为 0 为止。此位为 0 则说明一次 A/D 转换完成。

(7)根据 ADFM 的设置来读取 ADRESH 和 ADRESL 的相关位来获得一次转换结果。

(8)若想获得多次转换结果请循环(4)到(7)。

(9)若想选择其他通道进行测量，先修改 A/D 输入通道 CHS2：CHS0，而后重复(4)到(8)的步骤即可。

2. 中断方式

采用中断方式的步骤与查询方式类似，只不过在中断方式下，当 A/D 转换完成后，系统会自动把 ADIF 位置位，当 ADIE，PEIE 和 GIE 都使能的情况下就会产生一次中断响应。用户在中断处理程序中判断 ADIF 为 1，即说明一次 A/D 转换完成，此时读取转换结果即可。

9.4.4　A/D 转换实例

【例 9.1】　电路图如图 9.6 所示。利用 PIC 单片机的 A/D 转换模块测量 RA0 引脚的模拟电压，并将其数字量转换结果送排式 LED 发光二极管(U2)输出。

📖题意分析

(1)图 9.6 中 A/D 输入通道选择的是 RA0，所以程序中应该把 RA0 置为输入状态，并把 A/D 转换通道设为 AN0。

(2)U2 是一个组合元器件，由 10 个发光二极管组成，为了使电路图看着紧凑，本图中省略了 I/O 引脚到发光二极管之间的限流电阻，实际电路图中不可省略。

(3)图 9.6 中采用 PORTD 和 PORTC 控制 U2，则 PORTD 与 PORTC 应为输出状态。

(4)PORTD 连接了 8 个 LED，PORTC 的高 2 位连接了 2 个 LED，这与 A/D 转换结果的左对齐模式相同，可以通过把 ADFM 置位来实现，把转换结果的 ADRESH 赋值给 PORTD，

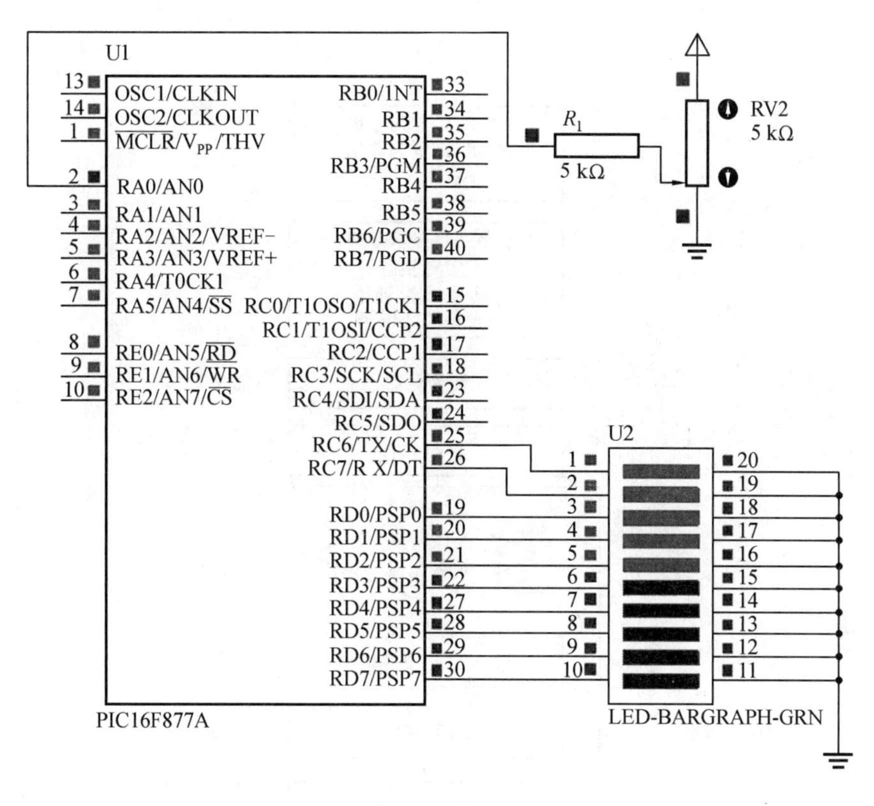

图9.6　A/D转换实验电路

ADRESL赋值给PORTC即可。

根据以上分析,可得其中断方式A/D转换流程如图9.7所示。

汇编语言参考程序

```
LIST P=16F877A
#INCLUDE "P16F877A.INC"
            CBLOCK 0x20          ;定义变量块起始地址为0x20
              DLY_CNT            ;延时用临时变量
            ENDC                 ;结束变量块定义
            ORG0x000             ;主程序入口
            NOP
            clrf   PCLATH
            goto main
            ORG        0x004     ;中断入口
            ;保护现场代码略
            ;恢复现场代码略
;------------- ------------主程序---------------------
main
BANKSEL TRISD
CLRF TRISD                       ;将D口设置为输出
CLRF PORTC                       ;将C口设置为输出
BSF   TRISA,0                    ;将RA0引脚设置为输入
```

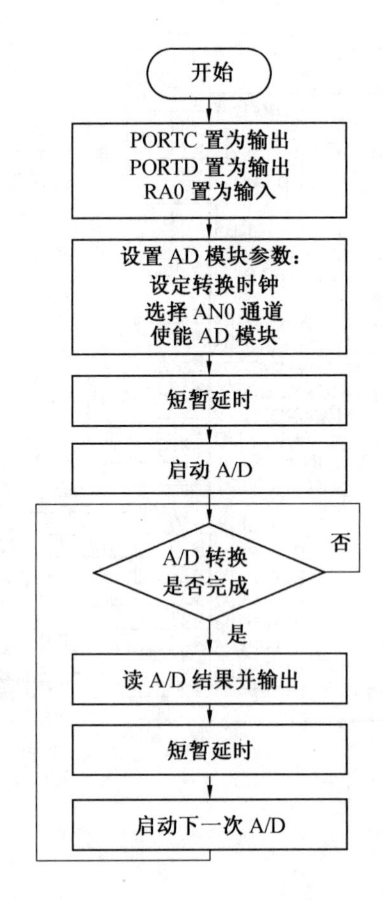

图 9.7　查询方式 A/D 转换程序流程

```
MOVLW B'00001110'          ;将 RA0 置为模拟量输入,AD 结果左对齐
MOVWF ADCON1
BANKSEL ADCON0
MOVLW B'11000001'          ;选择内部 RC 时钟,AN0,使能 A/D
MOVWF ADCON0
CALLDELAY                  ;延时 2 个 TAD以上,请自行编写
BSF ADCON0,GO              ;启动一次 A/D,GO 在 P16F877A. INC 中定义
MAIN_LOOP
BTFSSCADCON0,GO
GOTOMAIN_LOOP
MOVFADRESH,W
MOVWFPORTC
MOVFADRESL,W
MOVWFPORTD
CALLDELAY                  ;延时 2 个 TAD 以上,请自行编写
BSF ADCON0,GO              ;启动一次 A/D
GOTOMAIN_LOOP
DELAY                      ;短暂延时,要大于 2Tad
CLRFDLY_CNT
```

```
DECFSZDLY_CNT
GOTO $ -1
RETURN
END
```

C语言参考代码

```
#include "pic.h"
  __CONFIG(XT & WDTDIS & LVPDIS);// ICD2 调试配置字
void main(void)
{
  char i=0;
  TRISA0=1;             // AN0是RA0,所以要把A口置为输入
  TRISC=0;              // C口用做输出控制LED
  TRISD=0;              // B口用做输出控制LED
  ADFM=0;               //左对齐,ADRESH保存高8位
  PCFG3=0;
  PCFG2=0;
  PCFG1=0;
  PCFG0=0; // PCFG3:PCFG0=0000,全为模拟引脚,参考电压为VDD和VSS
  //以上5条语句可以用一条语句表达:ADCON1=0b00000000;
  //分开写的目的是易于理解
  ADCS1=1;
  ADCS0=1; //使用A/D转换模块内部RC振荡器作为时钟
  CHS2=0;
  CHS1=0;
  CHS0=0; // CHS2:CHS0=000,选择通道0进行A/D转换
  ADON=1; //开启A/D转换模块
  //以上6条语句可以用一条语句表达:ADCON0=0b11000001;
  for(i=0;i<25;i++)
  { //为了采样保持电路充电的延时,超过2Tad即可
  }
  ADGO=1; //启动一次A/D转换,在HT-PICC中ADGO为转换启动位
  while(1)
  {
   if(ADGO==0)
   {
   PORTD=ADRESH; // 高8位送PORTD
PORTC=ADRESL; // 低2位送PORTC
for(i=0;i<25;i++)
   { // 为了采样保持电路充电的延时,超过2Tad即可
   }
   ADGO=1; // 启动一次A/D转换
   }
  }
```

}

9.5 D/A 转换器

D/A 转换器是 Digital to Analog Converter(数字模拟信号转换器)的缩写,又称数模转换器,简称 DAC 或者 D/A,它是把数字量转变成模拟电信号的器件。D/A 转换器基本上由 4 个部分组成,即权电阻网络、运算放大器、基准电源和模拟开关。

9.5.1 D/A 转换器的工作原理

在 D/A 转换中,要将数字量转换成模拟量,必须先把每一位代码按其"权"的大小转换成相应的模拟量,然后将各分量相加,其总和就是与数字量相应的模拟量,这就是 D/A 转换的基本原理。

如图 9.8 所示为 T 型(R-2R)电阻网络组成的 D/A 转换器原理图。

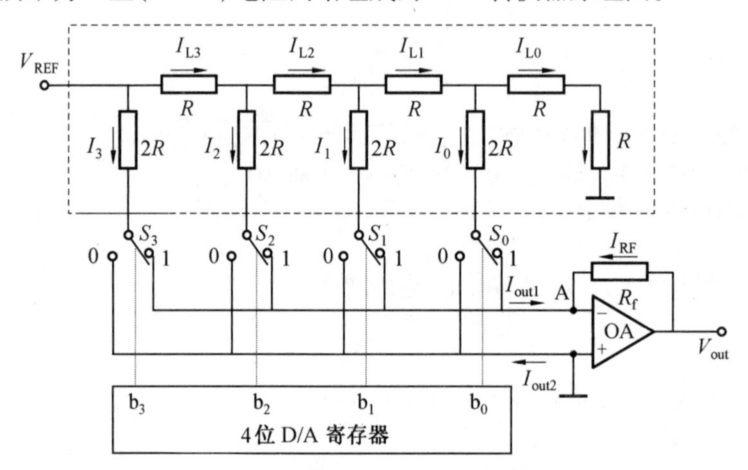

图 9.8 4 位 D/A 转换器原理图

其中,各个符号作用如下。

$b_i(i=0,1,\cdots,3)$:为外部向 D/A 转换器输入数字量的各二进制位,b_i的取值为 0 或 1,其数值 DATA 可表示如下:

$$DATA=b_0\times2^0+b_1\times2^1+b_2\times2^2+b_3\times2^3(2^0,2^1,\cdots,2^3\text{分别为对应数位的权})$$

V_{REF}:基准电压;

V_{out}:输出模拟电压;

$S_i(i=0,1,\cdots,3)$:位切换开关;

OA:运算放大器。

根据电路分析可知,输出电压 V_{out}与输入二进制数 DATA 的关系为:

$$V_{out}=-V_{REF}\times DATA/2^4$$

由 4 位二进制数字量与经过 D/A 转换后输出的电压模拟量之间的对应关系可以看出,两个相邻数码转换出的电压值是不连续的,两者的电压差由最低码位代表的位权值决定。它是信息所能分辨的最小量,常用 LSb(Least Significant bit)表示。对应于最大输入数字量的最大电压输出值(绝对值),用 FSR(Full Scale Range)表示。

由于采用了 T 型(R-2R)电阻网络,4 位 D/A 转换器可以很容易地扩展为 n 位 D/A 转换器,其原理与 4 位 D/A 转换器相同。

9.5.2　D/A 转换器的主要性能参数

1. 分辨率

分辨率表明 D/A 转换器对模拟量的分辨能力,它是最低有效位(LSb)所对应的模拟量,它确定了能由 D/A 转换器产生的最小模拟量的变化。通常用二进制数的位数表示 D/A 转换器的分辨率,如分辨率为 8 位的 D/A 能给出满量程电压的 1/28 的分辨能力,显然 D/A 转换器的位数越多,则分辨率越高。

2. 线性误差

D/A 转换器的实际转换值偏离理想转换特性的最大偏差与满量程之间的百分比称为线性误差。

3. 建立时间

建立时间指在数字输入端发生满量程码的变化以后,D/A 转换器的模拟输出稳定到最终值±1/2LSb 时所需要的时间。它是 D/A 转换器的一个重要性能参数。

4. 温度灵敏度

它是指在数字输入不变的情况下,模拟输出信号随温度的变化。一般 D/A 转换器的温度灵敏度为$\pm 50\times 10^{-6}$℃。

5. 输出电平

不同型号的 D/A 转换器的输出电平相差较大,一般为 5～10 V,有的高压输出型的输出电平高达 24～30 V。

这里以一款 16 位串行输入 D/A 转换器 PCM56 为例,说明一下具体 D/A 转换器芯片的主要技术指标。

①串行输入;

②动态范围 96 dB;

③分辨率 16 位;

④线性误差 0.001%;

⑤转换输出时间 1.5 μs;

⑥±3 V 或±1.5 mA 音频输出;

⑦工作电压±5～±12 V;

⑧引线输出允许 I_{out} 输出选择;

⑨塑料双列直插封装或贴片封装;

⑩功耗:±5 V 供电时为 175 mW;±12 V 供电时为 468 mW;

⑪工作温度:-25～+70 ℃,储存温度 -60～+100 ℃。

9.6　单片机与 DAC0832 的接口

9.6.1　DAC0832 简介

DAC0832 是一款典型的 8 位 D/A 转换器芯片,其内部结构如图 9.9 所示。DAC0832 采用单电源供电，从+5～+15 V 均可正常工作，基准电压的范围为±10 V，电流建立时间为 1 μs，CMOS 工艺，功耗低至 20 mW。它由 1 个 8 位输入寄存器、1 个 8 位D/A寄存器和 1 个 8 位D/A转换器组成。

该 D/A 转换器为 20 引脚双列直插式封装，其外部引脚排列如图 9.10 所示。

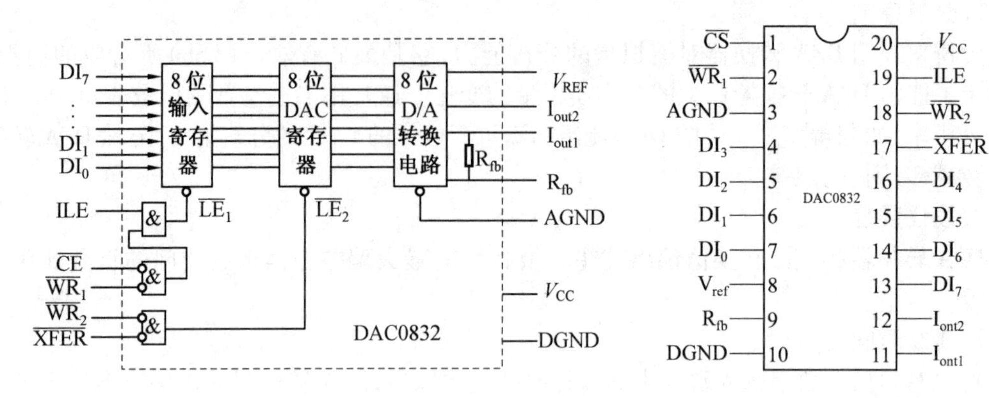

图 9.9　DAC0832 内部结构　　图 9.10　DAC0832 外部引脚排列

各引脚含义如下。

(1) DI_7～DI_0：转换数据输入。

(2) $\overline{CS}$：片选信号(输入)，低电平有效。

(3) ILE：数据锁存允许信号(输入)，高电平有效。

(4) $\overline{WR1}$：第一写信号(输入)，低电平有效。该信号与 ILE 信号共同控制输入寄存器是数据直通方式还是数据锁存方式：

当 ILE=1 和$\overline{WR1}$=0 时，为输入寄存器直通方式；

当 ILE=1 和$\overline{WR1}$=1 时，为输入寄存器锁存方式。

(5) $\overline{WR2}$：第二写信号(输入)，低电平有效。该信号与$\overline{XFER}$信号合在一起控制 DAC 寄存器是数据直通方式还是数据锁存方式：

当$\overline{WR2}$=0 和$\overline{XFER}$=0 时，为 DAC 寄存器直通方式；

当$\overline{WR2}$=1 和$\overline{XFER}$=0 时，为 DAC 寄存器锁存方式。

(6) $\overline{XFER}$：数据传送控制信号(输入)，低电平有效。

(7) I_{out1}：输出电流信号 1，当数据为全"1"时，输出电流最大；为全"0"时输出电流最小。

(8) I_{out2}：输出电流信号 2，DAC 转换器的特性之一是：$I_{out1}+I_{out2}$=常数。

(9) R_{fb}：反馈电阻端，即运算放大器的反馈电阻端，此电阻(15 kΩ)已固化在芯片中。因为 DAC0832 是电流输出型 D/A 转换器，为得到电压的转换输出，使用时需在两个电流输出端接运算放大器，R_{fb}即为运算放大器的反馈电阻。

(10) V_{ref}：基准电压，是外加高精度电压源，与芯片内的电阻网络相连接，该电压可正可负，范围为-10～+10V。

(11) DGND：数字地。

(12) AGND:模拟地。

DAC0832利用$\overline{WR1}$,$\overline{WR2}$,ILE,$\overline{XFER}$控制信号可以构成3种不同的工作方式。

①直通方式:当$\overline{WR1}=\overline{WR2}=0$时,数据可以从输入端经两个寄存器直接进入D/A转换器。

②单缓冲方式:两个寄存器只有一个始终处于直通,即$\overline{WR1}=0$或$\overline{WR1}=0$,另一个寄存器处于受控状态。

③双缓冲方式:两个寄存器均处于受控状态。这种工作方式适合于多模拟信号同时输出的应用场合。

9.6.2　DAC0832的接口设计与应用实例

在一些控制应用中,需要有一个线性增长的电压(锯齿波)来控制检测过程、移动记录笔或移动电子束等。其波形如图9.11所示。

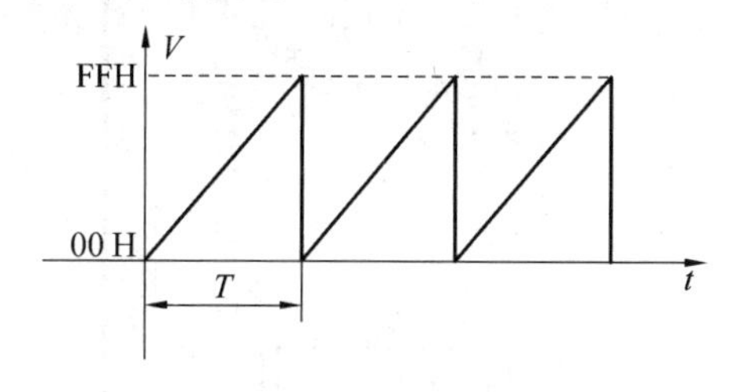

图9.11　锯齿波波形

对图9.11的波形可通过在DAC0832的输出端接运算放大器,产生可变的电压来实现。下面举例说明。

【例9.2】　电路图如图9.12所示。编程实现用单片机控制DAC08332输出满幅锯齿波。周期为256 ms。单片机主频为4 MHz。

📖题意分析

(1)U2为DAC0832,其数据输入来源于单片机的PORTB,控制信号$\overline{WR2}$和$\overline{XFER}$接地,说明DAC寄存器为直通方式。ILE接高电平,$\overline{WR1}$与RD0相连,则数据寄存器状态受RD0控制,当RD0为0时,数据寄存器为直通方式,当RD0为1时,数据寄存器内容被锁存。这是一种典型的单缓冲连接方式。

(2)U3为运算放大器,其与DAC0832的接法可参考DAC0832数据手册。

(3)希望程序产生周期为256 ms的满幅锯齿波,由于PORTB的输出值范围为0~255,所以每个输出值需要锁存1 ms。每隔1 ms,PORTB输出值加1并锁存在DAC0832的数据寄存器中,DAC0832的输出就会变化。

(4)实际上,锯齿波的上升边由256组小阶梯构成,由于阶梯很小,所以从宏观上看就是线性增长的锯齿波。

(5)根据以上分析可绘制出程序流程如图9.13所示。

汇编语言参考程序

```
list        p=16f877
list        p=16f877A
```

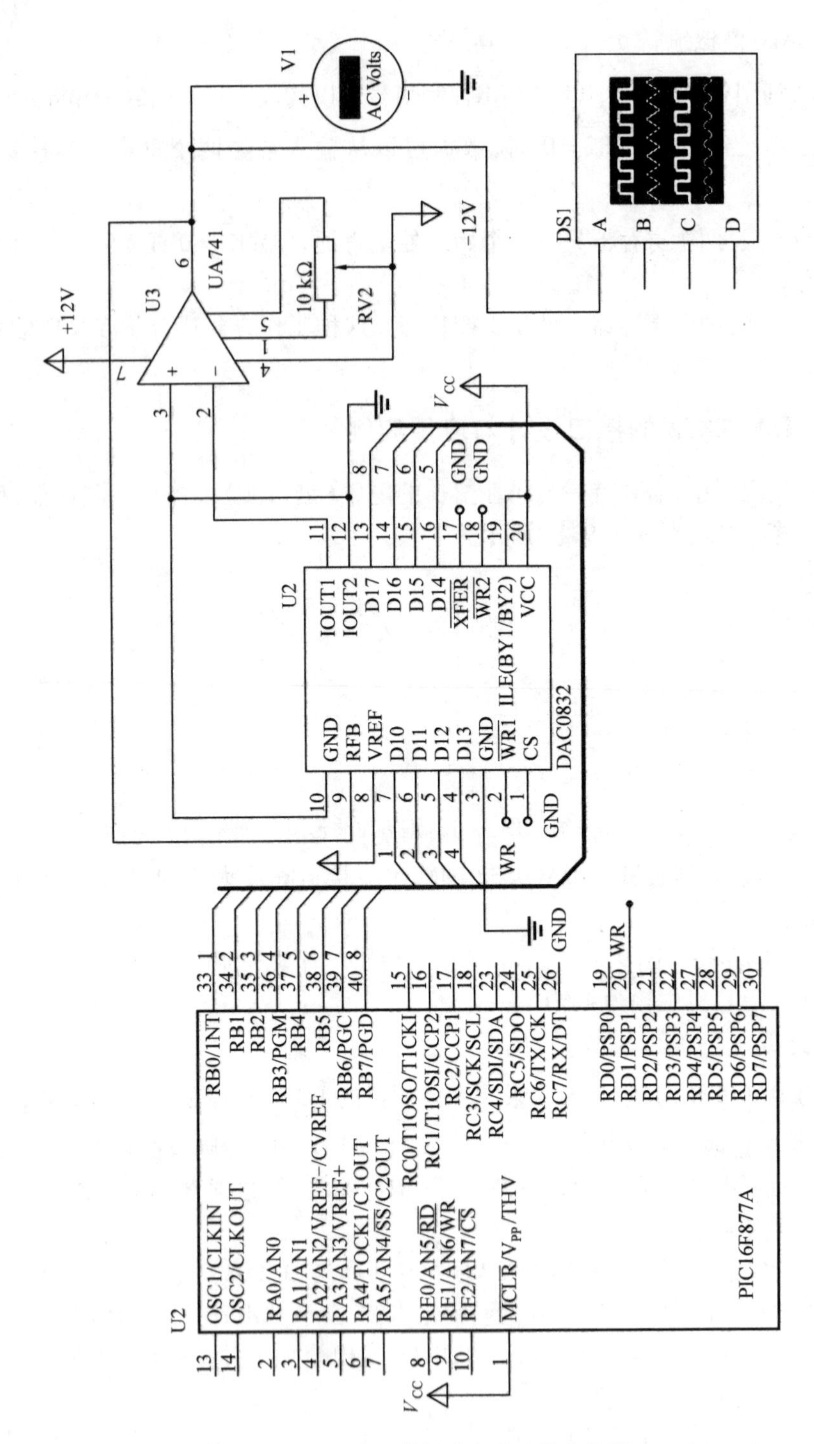

图 9.12　DAC0832 单缓冲方式连接电路图

```
#include <p16f877A. inc>
_ _CONFIG _WDT_OFF & _LVP_ON & _XT_OSC
CBLOCK      0x20                                ;定义变量块起始地址为 0x20
ENDC                                            ;结束变量块定义
```

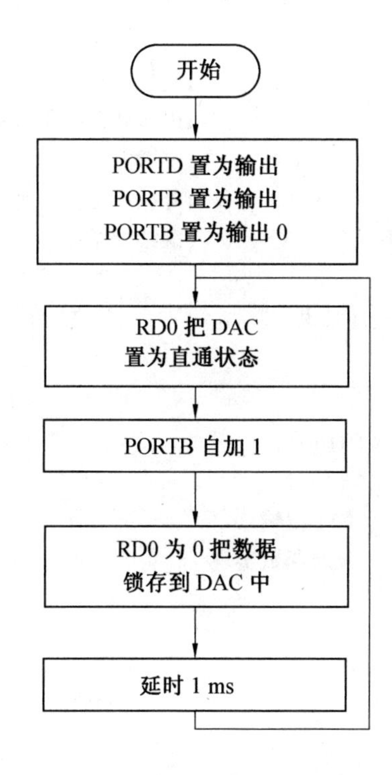

图9.13　【例9.2】程序流程图

```
        ORG      0x000              ;复位向量
        NOP
        clrf     PCLATH             ;保证代码在0页执行
        goto     main               ;跳转至主程序入口
        ORG      0x004              ;中断向量
        ;中断现场保护代码略
        ;中断现场恢复代码略
  main

    BANKSEL TRISB                   ;选择 TRISB 所在的 BANK
    CLRF    TRISB                   ;设置 B 口为输出
    CLRF    TRISD                   ;设置 D 口为输出
    BANKSEL PORTB                   ;选择 PORTB 所在的 BANK
    CLRF    PORTB                   ;B 口清零
MAINLOOP
    BSF     PORTD,RD1               ;直通
    INCF    PORTB,F                 ;PORTB 自加 1
    BCF     PORTD,RD1               ;锁存
    CALL    DELAYMS                 ;延时
    GOTO    MAINLOOP
;4MHz 下 1 毫秒延时子程序
DELAYMS         MOVLW    02H        ;外循环常数
                MOVWF    20H        ;外循环寄存器
```

```
LOOP1    MOVLW    0A3H          ;内循环常数
         MOVWF    21H           ;内循环寄存器
LOOP2    DECFSZ   21H           ;内循环寄存器递减
         GOTO     LOOP2         ;继续内循环
         DECFSZ   20H           ;外循环寄存器递减
         GOTO     LOOP1         ;继续外循环
         RETURN
END               ;汇编程序结束
```

C 语言参考程序

```
#include "pic.h"
  __CONFIG (HS & LVPDIS & WDTDIS);
#define NWR   RD1              //写信号
#define DIN   PORTB            //数字量输入
void DelayMS(unsigned int ms)  //延时函数实现
{
unsigned int i;
while(ms--)
{
for(i=0;i<83;i++);
}
}
main()
{
unsigned char i;
TRISD=0x00;            //D 口输出
TRISB=0x00;            //B 口输出
while(1)
{
   NWR=1;              // 直通
   DIN=i++;            // 数字量递增输出
   NWR=0;              // 锁存
   DelayMS(1);         //调用延时
  }
}
```

本程序运行后产生波形如图 9.14 所示。

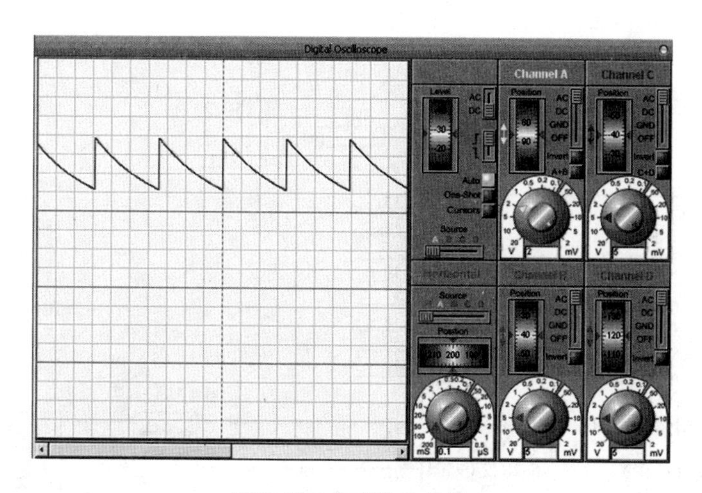

图 9.14　仿真输出结果

本章小结

本章介绍了 A/D,D/A 基本概念、技术指标及应用。

A/D 转换器又称模数转换器,它是将模拟的电压信号转换为数字信号的接口电路,本章以 PIC 单片机内置的 10 位 8 通道 A/D 转换器为例讲解了 A/D 转换器的性能参数和模块结构。A/D 转换器的相关寄存器包括 TRISA,TRISE,ADCON0,ADCON1,INTCON,PIR1,PIE1。由于 A/D 转换过程是需要保持采样的,所以建议采用教材中提供 A/D 转换工作流程实现 A/D 采样。

本章还讲解了 D/A 转换器的工作原理。D/A 转换器的主要性能指标有分辨率、线性误差、建立时间、温度灵敏度和输出电平。最后讲解了一款典型的 D/A 转换芯片 DAC0832。DAC0832 是一款 8 位 D/A 转换器芯片,采用单电源供电,从+5 ~ +15 V 均可正常工作,基准电压的范围为±10 V,电流建立时间为 1 μs,CMOS 工艺,功耗低至 20 mW。它由 1 个 8 位输入寄存器、1 个 8 位 DAC 寄存器和 1 个 8 位 D/A 转换器组成。通过单片机可以很容易的实现 D/A 转换器的输出控制。

思考与练习

1. 简述何为 A/D,D/A 及其作用,并举出两个应用实例。

2. 请解释 A/D 相关概念:分辨率、量化误差、转换时间;D/A 相关概念:分辨率、线性误差、建立时间。

3. 简述 DAC0832 内部逻辑结构、与单片机典型连接及编程控制方法。

4. 电路图如图 9.12 所示,编程实现方波、三角波、正弦波形的输出。

5. 电路图如图 9.15 所示。利用 PIC 单片机的 A/D 转换模块测量 RA0 引脚的模拟电压,并将其数字量转换结果的十六进制形式送数码管输出显示,设单片机主频为 4 MHz。

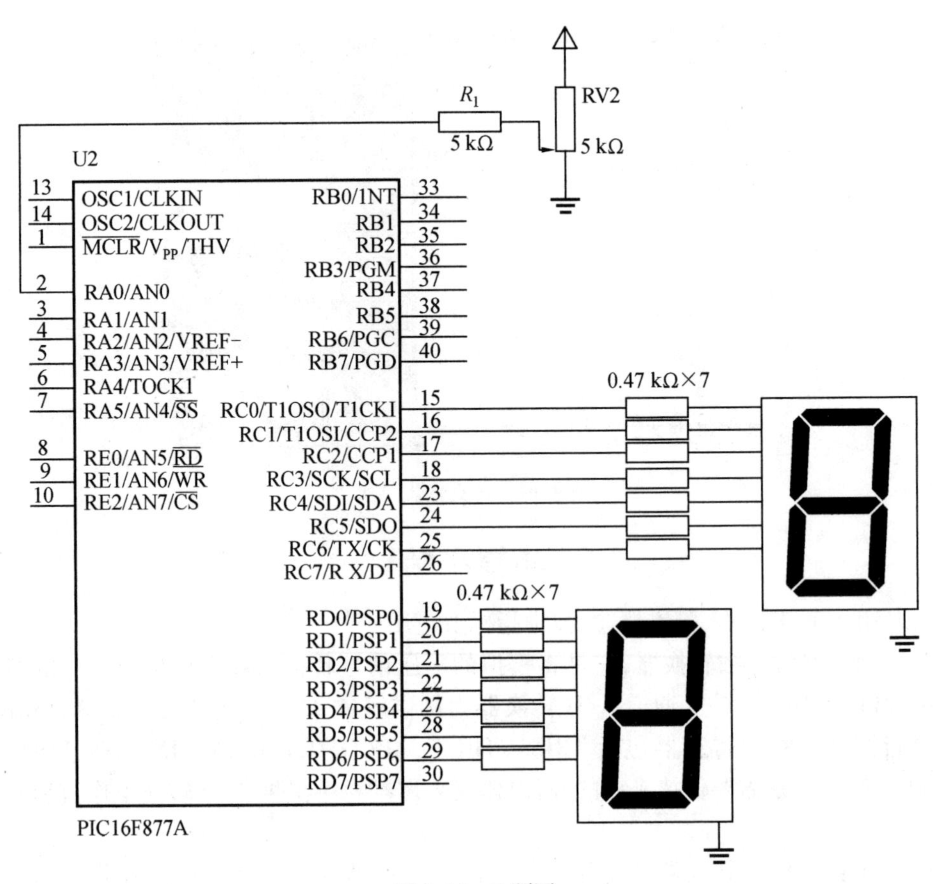
R1
5 kΩ
RV2
5 kΩ
U2
13
14
1
2
3
4
5
6
7
8
9
10
OSC1/CLKIN
OSC2/CLKOUT
MCLR/VPP/THV
RA0/AN0
RA1/AN1
RA2/AN2/VREF-
RA3/AN3/VREF+
RA4/TOCK1
RA5/AN4/SS
RE0/AN5/RD
RE1/AN6/WR
RE2/AN7/CS
RB0/1NT
RB1
RB2
RB3/PGM
RB4
RB5
RB6/PGC
RB7/PGD
RC0/T1OSO/T1CKI
RC1/T1OSI/CCP2
RC2/CCP1
RC3/SCK/SCL
RC4/SDI/SDA
RC5/SDO
RC6/TX/CK
RC7/R X/DT
RD0/PSP0
RD1/PSP1
RD2/PSP2
RD3/PSP3
RD4/PSP4
RD5/PSP5
RD6/PSP6
RD7/PSP7
33
34
35
36
37
38
39
40
15
16
17
18
23
24
25
26
19
20
21
22
27
28
29
30
0.47 kΩ×7
0.47 kΩ×7
PIC16F877A

图 9.15　5 题图

第10章　USART串行通信

本章重点：USART 模块异步模式下数据收发的程序设计方法。

本章难点：USART 模块初始化参数计算。

10.1　通信的基础知识

计算机与外界所进行的信息交换经常被人们称为数据通信（有时也简称通信）。通信的基本方式可以分为并行通信和串行通信两种。

1. 并行通信

并行通信是指一次就可以同一时刻传送多个二进制数据的传输方式（可以是 4 位、8 位、16 位等）。其优点是传输速度快；缺点是需要同时连接的信号线数目多，尤其是在通信距离较长时，传输线的成本会急剧增加。对于单片机而言，并行通信还需要占用多条宝贵的硬件引脚资源。例如，PIC16F877A 内部就有并行通信模块 PSP，它可以利用 PORTD 和 PORTE 端口的 11 只引脚(8 条数据线加 3 条控制线)，来实现与其他计算机或单片机之间的被动并行通信。

2. 串行通信

串行通信是指把一个二进制数据串逐位分时进行传输的方式。在串行通信中同一时刻只能传输一位二进制信号，例如，要传输 8 位二进制数字，设用 8 位的并行通信方式需要的时间是 T，则用串行通信的传输时间至少为 $8T$，实际传输时还需要加入额外的同步或控制信号，所以用串行通信的传输数据总是大于 $8T$ 的。虽然串行通信传输速度在相同条件下比并行通信而言要慢，但其优点也非常突出：所用传输线条数很少，往往都是用 2 根或 3 根线即可完成，特别适合远距离通信。由于串行通信所用传输线少，用单片机实现串行通信时其引脚资源占用的也很少，所以串行通信更加适合用于资源受限的单片机系统中。

无论是串行通信还是并行通信，都要涉及通信协议、数据传送方式、波特率和检错和纠错等概念，下面依次简要介绍这几个概念。

10.1.1　通信协议

在通信中为了准确地实现数据传输，人们规定了通信协议。通信协议是对数据传送方式的规定，它包括数据格式定义、数据位定义、同步方式约定、传送速率定义、检纠错方式约定、传输步骤约定和控制字符定义等。只有收发双方在遵从同一协议的情况下才能进行正确通信。串行通信协议包括异步协议和同步协议两种。同步协议是指收发双方在同一时钟下进行数据通信，实现起来简单，但应用场合不多，这里略过。下面主要介绍在实际应用中最常用的异步串行通信协议。

由于在串行通信中每个方向的数据都是通过一根数据线传输的。为了正确识别数据线上的电平何时表示有数据,有什么数据,何时无数据等问题,人们规定了一种串行数据的通信格式,术语称为帧格式。异步串行通信都以帧为单位,每个帧按顺序包含:起始位、数据位(低位在前高位在后)、奇偶校验位、停止位等内容,一个典型的帧格式见表 10.1。

表 10.1 异步串行通信帧格式

空闲	起始位	LSB			8 位数据位				MSB	校验位	停止位	空闲
1	0	1/0	1/0	1/0	1/0	1/0	1/0	1/0	1/0	1/0	1	1

格式说明

空闲:表示数据线上无数据,一般由弱上拉电阻使其保持高电平状态。

起始位:0 为串行异步通信的起始位,当接收设备检测到这个逻辑低电平后,就开始准备接收数据位信号。起始位的作用就是实现通信双方的同步。

数据位:当接收设备收到起始位后接着就会收到数据位。数据位的个数可以为 4 位、7 位、8 位或更多,由通信双方约定。单片机中经常来用 7 位或 8 位数据传输。数据发送时,低位(LSB)在前,高位(MSB)在后。

奇偶校验位:数据发送完以后,可以发送奇偶校验位。奇偶校验用于有限差错检测,通信双方约定一致的奇偶校验方式。如果选择偶校验,数据位与校验位中 1 的个数和必须是偶数;如果选择奇校验,数据位与校验位中 1 的个数和必须是奇数。

停止位:在奇偶校验位或数据位(无奇偶校验位时)之后发送的是停止位。停止位是一个字符数据的结束标志,可以是 1 位、1.5 位或 2 位的高电平。接收设备接收到停止位后,通信线便恢复到逻辑 1 的空闲状态。

10.1.2 数据的传送方式

根据收发双方的数据流向,串行通信又可以分为 3 种数据传送方式:单工方式、半双工方式和全双工方式。

1. 单工方式

单工方式采用一路数据传输线,只允许数据按照固定的方向传送。如图 10.1(a)所示,由发送端向接收端发送数据,反之则不能。

2. 半双工方式

半双工方式还是采用一路数据传输线,但允许数据分时的在两个方向传送,不能同时双向传送,如图 10.1(b)所示。

3. 全双工方式

全双工方式采用两路数据传输线,允许数据同时进行双向传送,如图 10.1(c)所示。

10.1.3 波特率

波特率是指每秒内传送的波特数,以 bps(波特每秒)为单位。它是衡量串行数据传送速度快慢的重要参数。串行通信设备间常用的波特率有:110,300,600,1 200,2 400,4 800,9 600,19 200,38 400,115 200 等。

需要注意的是,波特率不等于传输速度,因为在串行数据传输中除了传输真正需要的数据

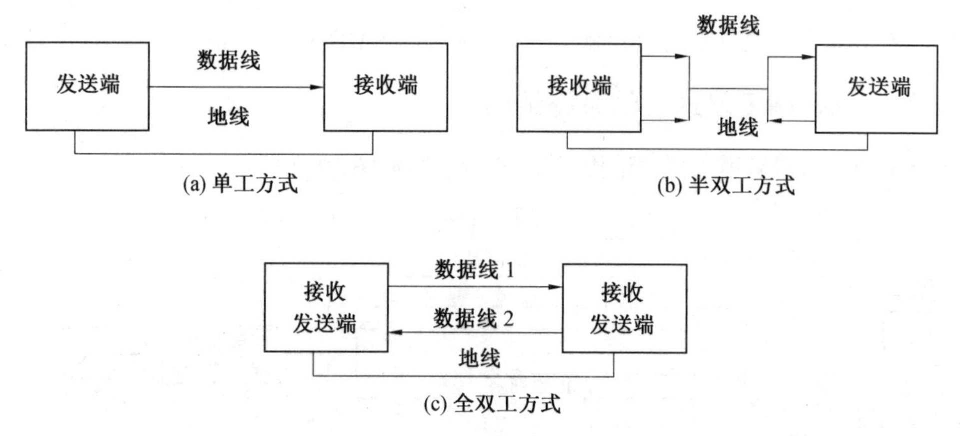

图 10.1　串行通信的数据传送方式

位之外,还需要传输起始位、停止位等额外的信息位,所以实际数据传输速度都要小于波特率。

10.1.4　串行通信的检错和纠错

在串行通信过程中存在不同程度的噪声干扰,这些干扰有时会导致在传输过程中出现差错。为了减少差错,就需要采取一定措施,这就包括检错和纠错。

1. 检错

要想减少差错,先要检测到差错的存在,这就是检错。检错的主要手段是对收到的数据进行校验,常用的校验方法有奇偶校验和 CRC 校验。这里仅简介奇偶校验。

奇偶校验是常用的一种检错方式。奇偶校验就是在发送数据位最后一位添加一位奇偶校验位(0 或 1),以保证数据位和奇偶校验位中 1 的总和为奇数或偶数。若采用偶校验,则应保证 1 的总数为偶数;若采用奇校验,则应保证 1 的总和为奇数。在接受数据时,CPU 应检测数据位和奇偶校验位中 1 的总数是否符合奇偶校验规则,如果出现误码,则应转去执行相应的错误处理服务程序,进行后续纠错。

得知传输过程中的差错数目后,进而可计算得到本系统的误码率。误码率是指数据经传输后发生错误的位数与总传输位数之比。这是衡量通信系统质量的重要指标。在计算机通信中,一般要求误码率达到 10^{-6} 数量级。误码率与通信过程中的线路质量、干扰、波特率等因素有关。

2. 纠错

在基本通信规程中一般采用奇偶校验或方阵码检错,以重发方式进行纠错。在高级通信中一般采用循环冗余码(CRC)检错,以自动纠错方式来纠错。一般说来,附加的冗余位越多,检测、纠错能力就越强,但通信效率也就越低。

10.2　USART 的系统结构

PIC16F877A 单片机内部集成了两类不同的串行通信模块,即通用同步/异步收发器(USART)和主控同步串行端口(MSSP)模块。前者主要用于两个计算机系统之间的远距离异步传输,而后者的主要应用目标是一个电路板内近距离的元件之间的同步串行通信。本章主要讲解 USART 模块。

一个完整的 USART 模块包括发送器和接收器两部分。为了清晰地介绍各自的工作原理和相关寄存器，本节把两部分分开讲解。这里先讲解 USART 的发送器。

10.2.1 USART 发送器的系统结构

USART 的发送器采用双缓冲结构，其结构示意图如图 10.2 所示。

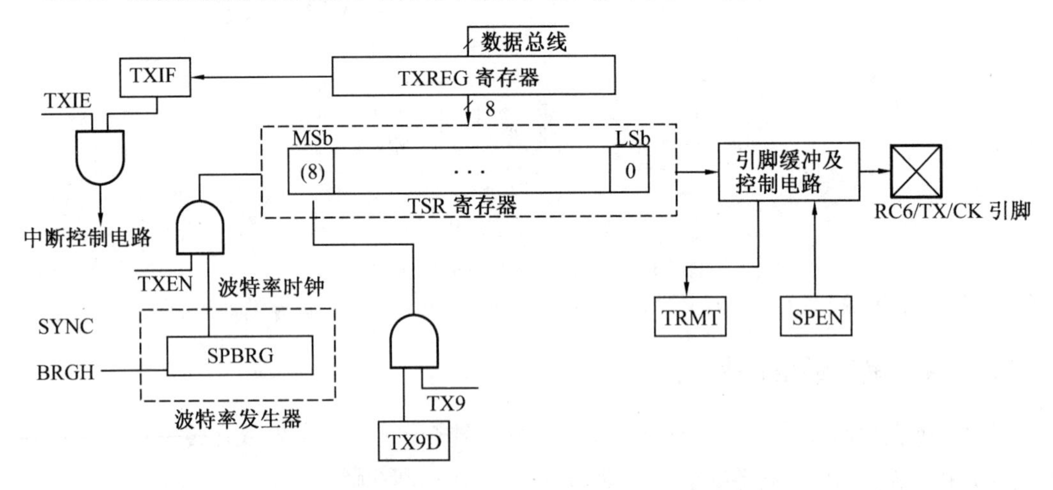

图 10.2 USART 发送器结构示意图

发送器的工作过程如下。

(1) 当 USART 工作模式选择位 SYNC 为 0 时，USART 工作于异步模式；SYNC 为 1 时，USART 工作于同步模式。

(2) 当要通过 USART 发送一个数据时，用户把要发送的数据放到发送寄存器（TXREG）中，TXIF 被自动清零。

(3) 系统会自动用一个指令周期(T_{CY})的时间把 TXREG 内容传送到发送移位寄存器 TSR（TSR 是内部寄存器，用户无法访问）中，传输完成会使 TXIF 置位。当 USART 发送中断使能位 TXIE 为 1 时，系统会向中断控制电路提出中断申请。若此时 GIE 和 PEIE 均为 1，就会产生中断响应。

(4) 当串行口使能位 SPEN 为 1 时，RC6 会被系统用做串行输出引脚 TX，TSR 中的内容会在波特率时钟（由 SPBRG 和 BRGH 决定）的驱动下依次通过 TX 引脚逐位输出。

(5) 当 TX9 信号为 1 时，TX9D 会作为数据的第 9 位通过 TX 输出。

(6) 输出完毕后，发送移位寄存器空标志位 TRMT 会被置位。

系统每发送一组数据的速度由发送器的波特率时钟来决定，用 bps（位每秒）表示。USART 的波特率时钟由一个 8 位的波特率发生器寄存器 SPBRG 和高波特率选择位 BRGH 决定。BRGH 位于 TXSTA 寄存器中。

波特率发生器的时钟来源于单片机主频，由 SPBRG 的内容和 BRGH 配合来产生某种频率的波特率时钟用来驱动 USART 发送器（或 USART 接收器）工作。给出所需的波特率数值和单片机主频 F_{OSC}，就可以用表 10.2 中的公式计算出 SPBRG 中应该写入的数值 X。

表 10.2 USART 的波特率计算公式

SYNC	BRGH=0(低速)	BRGH=1(高速)
0(异步模式)	波特率 $=F_{OSC}/(64(X+1))$	波特率 $=F_{OSC}/(16(X+1))$
1(同步模式)	波特率 $=F_{OSC}/(4(X+1))$	无

然而实际应用中总是已知传输的波特率和单片机主频,需要求的是SPBRG应该写入的数值X。由表10.2可以得到求X的公式,见表10.3。

表10.3　USART的SPBRG写入值计算公式

SYNC	BRGH=0(低速)	BRGH=1(高速)
0(异步模式)	$X=(F_{OSC}/(波特率\times64))-1$	$X=(F_{OSC}/(波特率\times16))-1$
1(同步模式)	$X=(F_{OSC}/(波特率\times4))-1$	无

下面举例说明SPBRG写入值与波特率误差的计算方法。

【例10.1】　已知单片机主频是4 MHz,希望USART异步模式下波特率为9 600 bps,试计算SPBRG的写入值和波特率误差。

📖题意分析

SPBRG的写入值通过表10.3的计算公式即可算出。表10.3中异步模式下有两种计算公式,分别计算一下写入值及其波特率误差。

计算过程中要用到除法,但计算结果只能取整数,导致单片机运行时实际波特率跟目标波特率之间存在误差,此误差被称作波特率误差,在实际应用中希望此误差<5%。

计算过程

(1)根据表中异步模式下的公式先计算BRGH=0时的写入值X:

$$X=(F_{OSC}/(波特率\times64))-1=(4\ 000\ 000/(9\ 600\times64))-1=5.510\ 42\approx6$$

(2)当X为6、BRGH=0时,实际波特率可以通过表10.2得出:

$$波特率=F_{OSC}/(64(X+1))=8\ 928.57$$

(3)此时的波特率误差为:

$$波特率误差=(实际波特率-目标波特率)/目标波特率=|(8\ 928.57-9\ 600)/9\ 600|=6.99\%$$

(4)根据表10.3中异步模式下的公式再计算BRGH=1时的写入值X:

$$X=(F_{OSC}/(波特率\times16))-1=(4\ 000\ 000/(9\ 600\times16))-1=25.041\ 7\approx25$$

(5)当X为25、BRGH=1时,实际波特率可以通过表10.2得出:

$$波特率=F_{OSC}/(16(X+1))=9\ 615.38$$

(6)此时的波特率误差为:

$$波特率误差=(实际波特率-目标波特率)/目标波特率=|(9\ 615.38-9\ 600)/9\ 600|=0.16\%$$

由计算可知,当BRGH=1时误差小很多,符合USART通信的误差要求,可以用此计算值X进行USART通信。而当BRGH=0时波特率误差较大,不符合USART通信的误差要求,不建议使用这样的配置(X=6,BRGH=0)进行USART通信。

在实际应用中,波特率单位是bps或kbps(千位每秒),波特率数值往往都是300的倍数,如1 200 bps,9 600 bps,19 200 bps,38 400 bps等。为了方便读者使用,表10.4给出了常见主频下常用波特率对应的SPBRG写入值,表10.5给出了常见主频下常用波特率的相对误差。

表10.4　各种主频和波特率要求下SPBRG写入值

BRGH=1/BRGH=0	3.686 4 MHz	4 MHz	10 MHz	20 MHz
1 200 bps	191/47	207/51	–/129	–/255
9 600 bps	23/5	25/6	64/15	129/31
19 200 bps	11/2	12/2	31/7	64/15
57 600 bps	3/0	3/0	10/2	20/4

表 10.5　各种主频和波特率要求下误差表

BRGH = 1/ BRGH = 0	3.686 4 MHz	4 MHz	10 MHz	20 MHz
1 200 bps	0/0	0.17/0.17	—/0.17	—/1.75
9 600 bps	0/0	0.16/6.99	0.16/1.73	0.16/1.73
19 200 bps	0/0	0.16/8.51	1.72/1.72	0.16/1.72
57 600 bps	0/0	8.51/8.51	1.36/9.58	3.34/8.51

由表 10.5 可以看出在主频为 3.686 4 MHz(或者其倍数)时,各种常见波特率的误差都为零,当读者的单片机系统要求精确的 USART 通信时推荐使用 3.686 4 MHz(或者其倍数)的晶振作为主频。误差大于 5 的则不建议使用。

以上就是 USART 异步发送器的工作流程及相关数据的计算方法。下面总结一下 USART 工作于异步发送模式时需要用到的特殊寄存器。

10.2.2　与 USART 发送器相关的寄存器

USART 用做发送器时涉及到的寄存器有 RCSTA,TXSTA,SPBRG,TXREG,INTCON,PIE1 和 PIR1。以下列出这些寄存器相关位的功能介绍。

1. 接收状态寄存器 RCSTA

RCSTA 是 USART 的接收状态寄存器,其中的 SPEN(见表 10.6)控制 USART 模块是否工作。

表 10.6　RCSTA 中与 USART 发送器相关位

地址	寄存器名	Bit7	Bit6	Bit5	Bit4	Bit3	Bit2	Bit1	Bit0
0x18	RCSTA	SPEN							

Bit7 SPEN:USART 模块使能位。

0:关闭 USART 模块,RC6,RC7 用做普通 I/O 引脚。

1:启用 USART 模块,RC6,RC7 用做串行通信专用引脚。

2. 发送状态寄存器 TXSTA

TXSTA 是 USART 的发送状态寄存器,其相关位功能见表 10.7。

表 10.7　TXSTA 中与 USART 发送器相关位

地址	寄存器名	Bit7	Bit6	Bit5	Bit4	Bit3	Bit2	Bit1	Bit0
0x98	TXSTA		TX9	TXEN	SYNC		BRGH	TRMT	TX9D

(1) Bit6 TX9:是否发送第 9 位数据标志位。

0:不发送第 9 位数据。

1:发送第 9 位数据。

(2) Bit5 TXEN:USART 发送器使能位。

0:禁用 USART 发送器。

1:启用 USART 发送器。

(3) Bit4 SYNC:USART 工作模式选择位。

0:异步工作模式。

1:同步工作模式。

(4)Bit2 BRGH:高波特率选择位,也称传输速度选择位,此位仅用于异步模式下。

0:低速模式。

1:高速模式。

(5)Bit1 TRMT:发送移位寄存器状态位。

0:发送移位寄存器有数据。

1:发送移位寄存器空。

(6)Bit0 TX9D:发送数据的第 9 位。

可用做软件奇偶校验位或多机通信中从机地址最高位。

3. 波特率发生寄存器 SPBRG

SPBRG 内存地址为 0x99,用来决定 USART 的通信频率,具体设置方法参考表 10.3。

4. 发送数据寄存器 TXREG

TXREG 内存地址为 0x19,当 USART 发送器配置正确后,把要发送的字节写入此寄存器即可实现自动发送。

5. 中断控制寄存器 INTCON 与外围中断使能寄存器 PIE1

USART 工作在中断方式时,需要把 INTCON 的 GIE 和 PEIE 置位,同时外围中断使能寄存器 PIE1 的 TXIE(表 10.8)也必须置位。

表 10.8　PIE1 中与 USART 发送器相关位

地址	寄存器名	Bit7	Bit6	Bit5	Bit4	Bit3	Bit2	Bit1	Bit0
0x8C	PIE1				TXIE				

Bit4 TXIE:USART 发送中断使能位。

0=禁止 USART 发送中断

1=允许 USART 发送中断

当 USART 发送器成功发送完 TXREG 中的一个字节数据后,会自动置位外围中断标志寄存器 PIR1 的 TXIF 位(表 10.9)。此位必须软件清零。

表 10.9　PIR1 中与 USART 发送模块相关位

地址	寄存器名	Bit7	Bit6	Bit5	Bit4	Bit3	Bit2	Bit1	Bit0
0x0C	PIR1				TXIF				

Bit4 TXIF:USART 发送状态位。由硬件自动置位或清零。

0=表示发送进行中,不可以向 TXREG 写入数据,否则会引起数据覆盖

1=表示发送完成,可以向 TXREG 写入数据

10.2.3　USART 接收器的系统结构

USART 接收器系统结构如图 10.3 所示。

USART 接收器的正常工作过程如下所示。

(1)当 SPEN 信号为 1 时,通过 SYNC 选择异步模式后,将 CREN 位置位使能异步接收器。

(2)在 RX/DT 引脚上接收数据,RX 的数据才能在 SPBRG 指定的波特率下输入到接收器中进入数据恢复模块。

(3)数据经由数据恢复模块输入到内部的移位接收寄存器 RSR(用户无法访问)中。

(4)当 RSR 接收完一帧数据后把实际数据字节打入到 RCREG 寄存器,同时会根据接收

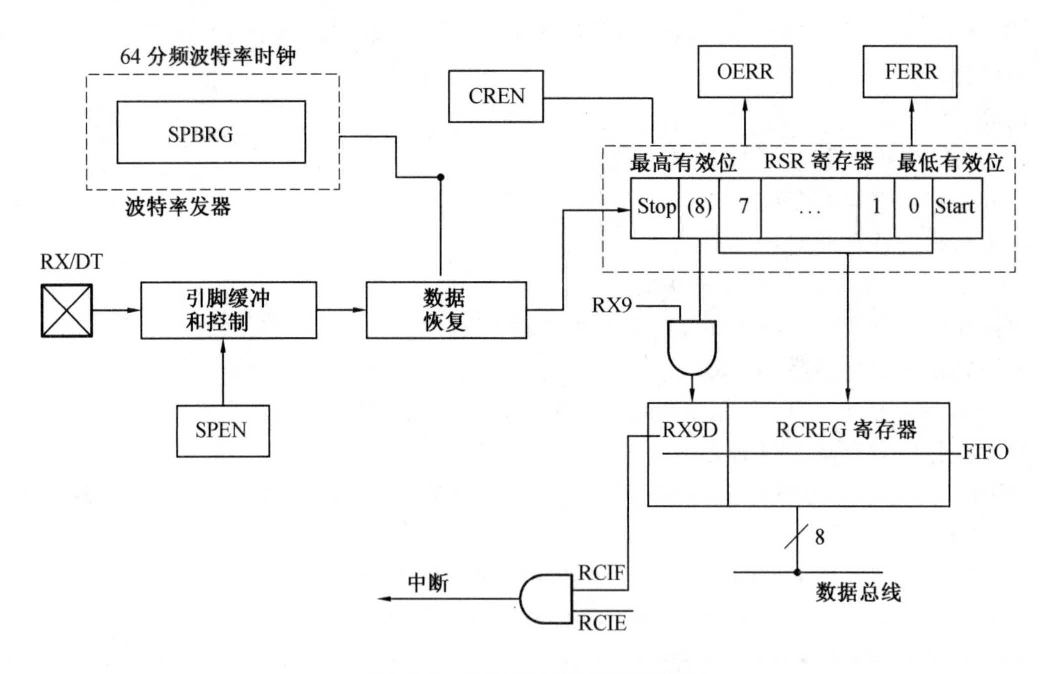

图 10.3 USART 接收器原理框图

协议约定自动设置相关 OERR,FERR 等错误标志位。

(5)RCREG 收到数据后 RCIF 标志位自动置 1,它在 RCREG 寄存器被读之后或 RCREG 寄存器为空时被硬件清零。

(6)当 RCIF 为 1 时,用户即可从 RCREG 读取接收到的数据。若此时中断使能位 RCIE,GIE,PEIE 为 1,则会产生中断。读 RCREG 后,RCIF 自动清零。

(7)重复步骤(6)即可连续接收多个数据。

以上过程是没有错误发生的情况,然而实际在通信过程中会发生数据溢出错误、帧格式错误等问题。下面分析错误产生的原因及避免方法。

RCREG 寄存器是一个双缓冲寄存器结构(FIFO),因此最多可以暂存两个字节,若此时有第 3 个字节开始移位到 RSR 寄存器。在检测到第 3 个字节的停止位后,如果 RCREG 缓冲区仍然是满的(没有读取过 RCREG),则溢出错误标志位 OERR 会被自动置位,RSR 寄存器中的数据会丢失。可以对 RCREG 寄存器读两次重新获得缓冲区中的两个字节。为了避免溢出错误,建议当 RCIF 为 1 时要立刻读取 RCREG。

OERR 位必须由软件清零,还可以通过复位接收逻辑(将 CREN 位清零后再置位)实现。如果 OERR 位被置 1,则系统会禁止将 RSR 中的数据传送到 RCREG 寄存器,因此如果 OERR 位被置 1,必须将它清零。

如果停止位检测为 0(在正常情况下停止位应该是高电平 1),当读取 RCREG 时,RCSTA 的帧出错标志位 FERR 将被置位。FERR 位和接收到的第 9 位数据也会被双缓冲器缓冲。每次读 RCREG 寄存器将会给 RX9D 和 FERR 位装入新值,用户应该在此时判断 FERR 是否为 1,若为 1 则编程处理此错误:或者通知主机重传,或者产生警告信号通知用户。

10.2.4 与 USART 接收器相关的寄存器

USART 用做接收器时涉及的寄存器有 RCSTA,TXSTA,SPBRG,RCREG,INTCON,PIE1 和 PIR1。以下列出这些寄存器相关位的功能介绍。

1. 接收状态寄存器 RCSTA

RCSTA 是 USART 的接收状态寄存器,其各位的功能见表 10.10。

表 10.10 RCSTA 数据位功能说明

地址	寄存器名	Bit7	Bit6	Bit5	Bit4	Bit3	Bit2	Bit1	Bit0
0x18	RCSTA	SPEN	RX9	SREN	CREN	—	FERR	OERR	RX9D

(1)Bit7 SPEN:USART 模块使能位。

0:关闭 USART 模块,RC6,RC7 用做普通 I/O 引脚。

1:启用 USART 模块,RC6,RC7 用做串行通信专用引脚。

(2)Bit6 RX9:9 位接收使能位。

0:选择 8 位接收。

1:选择 9 位接收。

(3)Bit5 SREN:单字节接收使能位。

此位在异步模式下未使用。

(4)Bit4 CREN:连续接收使能位。

在异步模式下:

0:禁用连续接收。

1:允许连续接收。

(5)Bit2 FERR:帧出错标志位。

0:无帧错误。

1:帧出错(读 RCREG 寄存器可更新该位,并接收下一个有效字节)。

(6)Bit1 OERR:溢出错误位。

0:无溢出错误。

1:有溢出错误(可将软件清零或清空 CREN 位,也可将此位清零)

(7)Bit1 RX9D:接收数据的第 9 位。

此位可作为软件奇偶校验位或 9 位地址最高位。

2. 发送状态寄存器 TXSTA

TXSTA 中与 USART 接收器相关的位只有 SYNC 与 BRGH 两位,见表 10.11。

表 10.11 TXSTA 中与 USART 接收器相关位说明

地址	寄存器名	Bit7	Bit6	Bit5	Bit4	Bit3	Bit2	Bit1	Bit0
0x98	TXSTA				SYNC		BRGH		

(1)Bit4 SYNC:USART 工作模式选择位。

0:异步工作模式。

1:同步工作模式。

(2)Bit2 BRGH:高波特率选择位,也称传输速度选择位,此位仅用于异步模式下。

0:低速模式。

1:高速模式。

3. 波特率发生寄存器 SPBRG

SPBRG 内存地址为 0x99,用来决定 USART 的通信频率,具体设置方法参考表 10.3。

4. 接收数据寄存器 RCREG

RCREG 内存地址为 0x1A,用来保存 USART 接收器收到的字节数据。当 USART 接收器配置正确后,USART 接收器会自动从总线上接收数据,并把接收到的一个字节自动保存到 RCREG 中,供用户读取。

5. 中断控制寄存器 INTCON 与外围中断使能寄存器 PIE1

USART 接收器可工作在中断方式。此时需要把 INTCON 的 GIE 和 PEIE 置位,同时 PIE1 的 RCIE(表 10.12)也必须置位。

表 10.12 PIE1 中与 USART 接收器相关位

地址	寄存器名	Bit7	Bit6	Bit5	Bit4	Bit3	Bit2	Bit1	Bit0
0x8C	PIE1			RCIE					

Bit5 RCIE:USART 接收中断使能位。

0=禁止 USART 接收中断。

1=允许 USART 接收中断。

6. 外围中断标志寄存器 1 PIR1

当 USART 接收器成功接收到一个字节数据后,会自动置位 PIR1 的 RCIF 位(表10.13)。此位必须软件清零。

表 10.13 PIR1 中与 USART 接收器相关位

地址	寄存器名	Bit7	Bit6	Bit5	Bit4	Bit3	Bit2	Bit1	Bit0
0x0C	PIR1			RCIF					

Bit5 RCIF:USART 接收中断标志位。由硬件自动置位或清零。

0=表示 RCREG 空,不可以从 RCREG 读取数据,否则会读到假数据。

1=表示 RCREG 满,可以从 RCREG 读取数据。

10.3 单片机与 RS-232 接口电路设计

在实际应用中,USART 通常用于单片机与 PC 机之间的串行通信。但传统 PC 机上的串行接口使用的是 RS-232 协议,其逻辑电平与单片机的逻辑电平不匹配,无法直接相连。所以需要加入一个硬件的电平转换电路来实现两者的接口。这里先简单介绍一下 RS-232 协议,再介绍单片机如何通过 USART 与 PC 通信。

RS-232 是个人计算机上的标准通信接口之一,是由美国电子工业协会(Electronic Industries Association,EIA)所制定的异步传输标准接口。RS 是英文 Recommended Standard(推荐标准)的缩写,232 为标准号,最新版本是 RS-232-C。该标准定义了数据终端设备(DTE)和数据通信设备(DCE)之间的接口信号特性,其中 DTE 通常是计算机,DCE 一般指调制解调器(MODEM)或单片机。

通常 RS-232 接口以 9 个引脚(DB-9)或是 25 个引脚(DB-25)的型态出现,传统的个人计算机上会有两组 DB-9 的 RS-232 接口,在 Windows 操作系统中分别称为 COM1

和 COM2。

虽然在 RS-232 标准中定义了 9 种信号,但对于一般双工通信,仅需 3 条信号线就可实现,如 1 条发送线(TXD)、1 条接收线(RXD)及 1 条地线(GND)。

RS-232-C 标准规定的数据传输速率为 50,75,100,150,300,600,1 200,2 400,4 800,9 600,19 200 等,单位为 bps。

RS-232-C 标准规定,驱动器允许有 2 500 pF 的电容负载,通信距离将受此电容限制,例如,采用 150 pF/m 的通信电缆时,最大通信距离为 15 m;若每米电缆的电容量减小,通信距离可以增加。传输距离短的另一原因是 RS-232 属单端信号传送,存在共地噪声和不能抑制共模干扰等问题,因此一般用于 20 m 以内的通信。

RS-232-C 标准定义了两种逻辑关系。对数据传输线采用负逻辑关系;对控制信号线采用正逻辑关系。对于 PC 与单片机通信,一般仅使用数据传输线即可。数据传输线 TxD 和 RxD 上的逻辑 1 用-3 ~ -15 V 表示,逻辑 0 用+3 ~ +15 V 表示。

PIC 单片机输入输出的逻辑电平是 TTL 电平(+5 V 代表 1,0V 代表 0),与 RS-232-C 的逻辑电平不匹配,所以 PIC 单片机的串行接口不能与 PC 的串行口直接相连,必须通过专用的硬件电路来实现逻辑电平转换。在实际应用中通常用专用的集成电路芯片来完成硬件电路设计,如 MAX232。图 10.4 是单片机与 PC 通过 MAX232 连接的典型电路图。

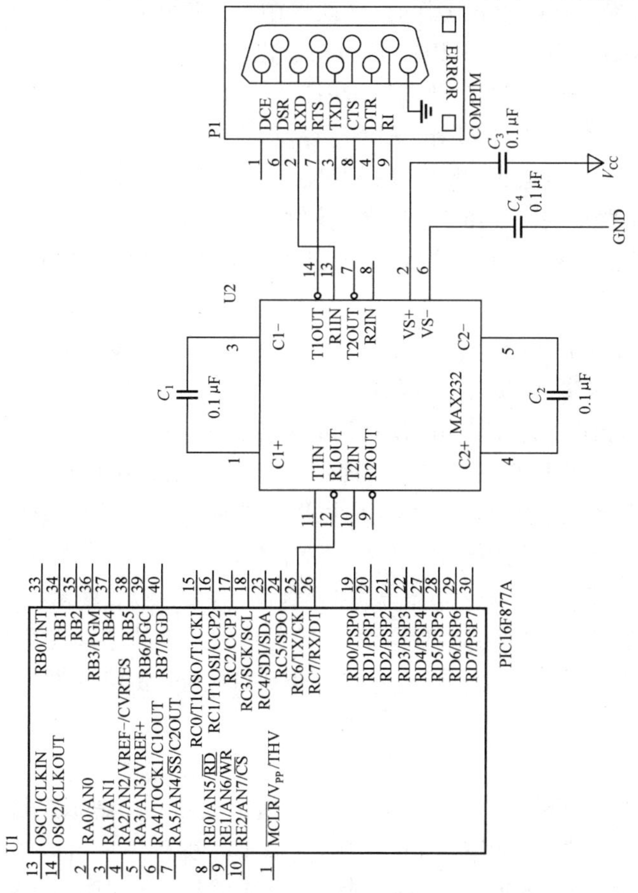

图 10.4　PIC 单片机与 PC 通过串口的硬件电路图

图 10.4 中的 U2 是电平转换芯片 MAX232,P1 是 DB-9 的插座,用来与 PC 端的 DB-9 接口相连。图 10.4 中隐藏了 U2 的 VCC 引脚和 GND 引脚、P1 的 GND 引脚。按以上硬件电路使 PC 和 PIC 单片机相连后,就可以编程实现双方通信了。

10.4 USART 异步模式下的程序设计

把 USART 设置为异步发送模式工作时,建议遵循以下操作步骤:

(1)选择合适的波特率和 BRGH,对 SPBRG 寄存器进行初始化。

(2)将 SYNC 位清零、SPEN 位置 1,使能异步串行端口。

(3)若需要中断,将 TXIE,GIE 和 PEIE 位置 1。

(4)若需要发送 9 位数据,TX9 位置 1。

(5)将 TXEN 位置 1 ,使能发送,这也将自动置位 TXIF 位。

(6)若选择发送 9 位数据,第 9 位数据应该放在 TX9D 中。

(7)把数据送入 TXREG 寄存器(自动启动发送)。

(8)当程序判断 TXIF 或 TRMT 为 1 时说明发送完毕。

(9)重复执行前两步即可发送多个字节数据。

把 USART 设置异步接收模式工作时,建议遵循以下步骤:

(1)根据波特率和 BRGH 对 SPBRG 进行初始化。

(2)将 SYNC 清零,SPEN 置 1,使能异步串口。

(3)若需要中断,将 RCIE,GIE 和 PEIE 位置位。

(4)如果需要接收 9 位数据,将 RX9 位置位。

(5)将 CREN 位置 1,使 USART 工作在接收方式。

(6)当接收完成后, RCIF 被置位,如果此时 3 个相关的中断使能位(RCIE,PEIE,GIE)都被置位,便会产生中断。

(7)读 RCSTA 寄存器获取第 9 位数据(如果已使能),并判断在接收操作中是否发生错误(FERR 或 OERR 有一位说明发生了错误)。

(8)读 RCREG 寄存器来读取 8 位接收到的数据。

(9)如果发生错误,根据功能需要进行处理,处理完毕后清除错误。

因为 PIC 的 USART 支持全双工通信,所以以上两种模式可以同时存在。下面通过一个简单的例子来演示一下如何使用 USART 收发一个字节数据。

【例 10.2】 一个基于 Proteus ISIS 软件的串口通信实验电路图如图 10.5 所示,单片机主频是 4 MHz,编程实现控制单片机在 USART 异步通信模式下从虚拟终端 VT1 读取一个字节并把该字节加一后发送给 VT1。通信格式为波特率 9 600 bps、8 位数据位、1 位停止位、无奇偶校验。

题意分析

图 10.5 中,VT1 是“Proteus ISIS”软件提供的虚拟仪器——虚拟终端,它与 Windows 操作系统中的超级终端功能类似,能够与 ISIS 中的模拟单片机系统进行异步串行通信,会以字符形式(用 PC 的显示器)接收或(用 PC 的键盘)发送符合 USART 协议的异步串行数据,便于观察程序运行结果,在没有显示设备的系统中通常用做调试信息的输出通道。

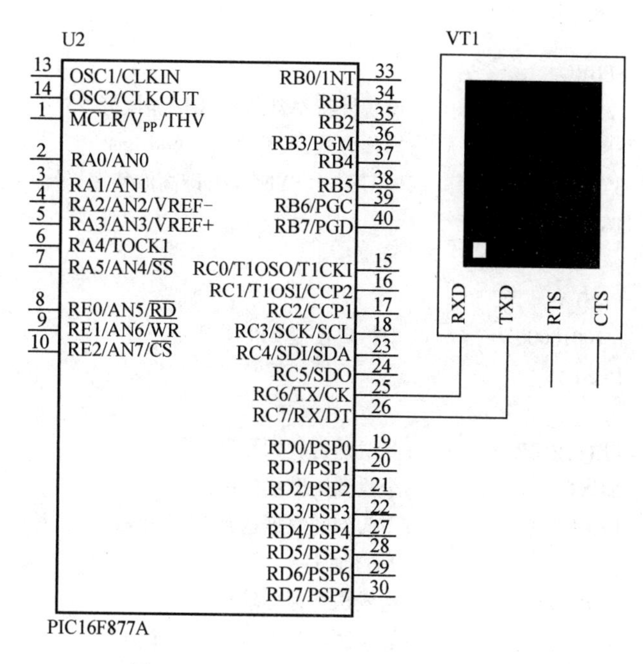

图 10.5　USART 异步通信实验电路图

图 10.5 仅仅是用来在单片机和 ISIS 中的虚拟终端通信的电路图。实际应用中单片机跟不同系统使用 USART 通信,其连接方式也有所不同。

请读者注意单片机与虚拟终端的连接方式。单片机的 TX 引脚应该与虚拟终端的 RXD 引脚相连。

结合前文对于发送过程的描述,可得出本例流程图如图 10.6 所示。

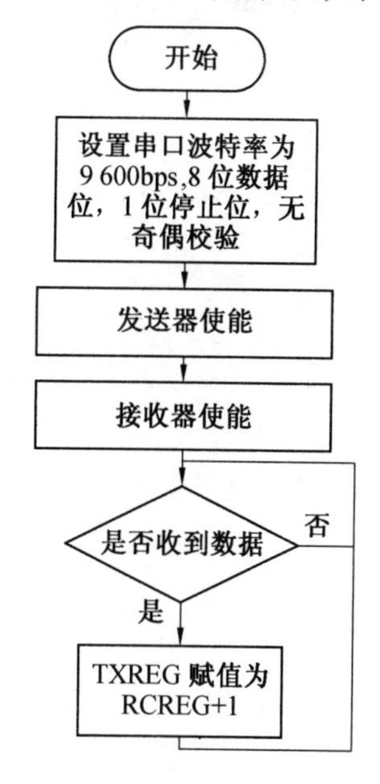

图 10.6　【例 10.2】主程序流程图

汇编语言参考代码

;中断现场保护和恢复代码略

```
MAIN
        BANKSEL     SPBRG
        MOVLW       .25             ;设置波特率常数4 MHz晶振为.25
        MOVWF       SPBRG           ;异步方式,波特率为9 600 bps
        MOVLW       b'00100100'     ;BRGH=1,SYNC=0,即高波特率,异步模式
        MOVWF       TXSTA

        BANKSEL     RCSTA
        MOVLW       b'10010000'     ;串行口使能SPEN=1
        MOVWF       RCSTA
NEXT
        BTFSS       PIR1,RCIF       ;测试是否收到数据
        GOTO        NEXT            ;未收到则继续测试
        MOVF        RCREG,W         ;把收到的数据送到W寄存器
        ADDLW       1               ;W自加1
        MOVWF       TXREG           ;送发送寄存器输出
        GOTO        NEXT            ;继续测试是否收到下一个数据
        END
```

C 语言参考代码

```
//通过USART把收到的数据加1后发送回去
//PIC单片机主频:4 MHz,波特率9 600 bps
//数据格式:8位数据位,无奇偶校验位,1位停止位
#include "pic.h"
  __CONFIG(XT & WDTDIS & LVPDIS);// ICD2调试配置字
main()
{

    SPBRG=25; //选择9 600 bps

    SYNC=0; //选择异步模式
    BRGH=1; //高速传输方式
    TXEN=1; //发送使能
    TX9=0;  //不发送第9位
    //以上4条语句建议写成TXSTA=0b00100100;

    SPEN=1; // USART使能
    RX9=0;  //不接收9位
    CREN=1; //连续接收使能
    FERR=0; //桢错误标志位清零
    OERR=0; //溢出标志位清零
    //以上5条语句建议写成RCSTA=0b10010000;

    while(1)
```

```
    {
      if(RCIF==1) //如果收到数据
        {
          TXREG=RCREG+1; //把接收到的数据再发送回去显示
        }
    }
}
```

本例程运行仿真结果如图 10.7 所示。

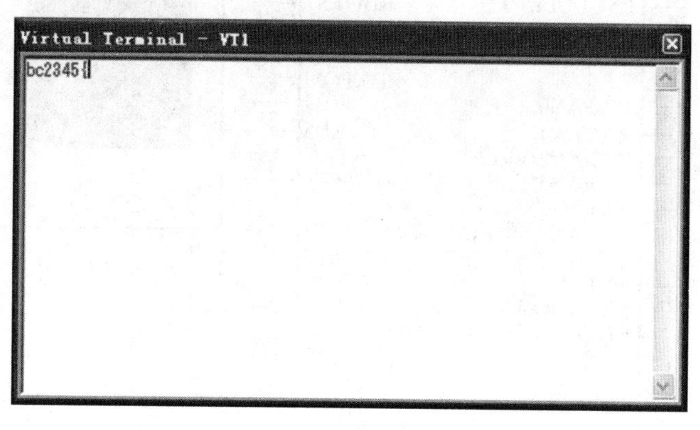

图 10.7　虚拟终端运行时截图

本章小结

本章先简单介绍了通信的基础知识,包括通信协议、数据传送方式、波特率和通信中的检错和纠错,而后重点讲解了 PIC 单片机内置的 USART 模块的用法。

USART 是一种典型的串行通信接口,主要用于两个计算机系统之间的远距离异步传输,为了保证数据传输的可靠性,其硬件上通常采用 RS-232 接口和 RS-485 接口。本章专门拿出一节讲解了单片机与 RS-232 接口电路的设计。

一个完整的 USART 模块包括发送器和接收器两部分。本教材将其分开讲解。

PIC 单片机的 USART 的发送器相关寄存器有 RCSTA,TXSTA,SPBRG,TXREG,INTCON,PIE1 和 PIR1。其采用双缓冲结构,要发送的数据写到 TXREG、发送器会自动发送,当发送完成后会产生中断信号。

PIC 单片机的 USART 的接收器相关寄存器有 RCSTA,TXSTA,SPBRG,RCREG,INTCON,PIE1 和 PIR1。当接收器工作时,接收到的完整数据保存在 RCREG 中,接收完一个字节后会产生中断信号。

最后通过一个异步模式下的程序设计实例讲解了 USART 接口的编程方法。

思考与练习

1. 什么是串行通信? 为什么需要串行通信?
2. 串行通信与并行通信各自的优缺点有哪些?
3. 常见的串行通信帧格式中包含哪些位? 各有什么作用?
4. 请查阅资料学习解释什么是 RS-485,并比较 RS-485 与 RS-232 的异同。

5. 电路如图 10.8 所示。单片机主频为 4 MHz，编程实现向虚拟中断 VT1 发送一个字符串“Hello world!”，要求波特率为 9 600 bps。

6. 电路如图 10.8 所示。单片机主频为 4 MHz，编程实现从虚拟终端 VT1 接收一个字母，并将其加 1 后发送回 VT1，要求波特率为 19 200 bps。

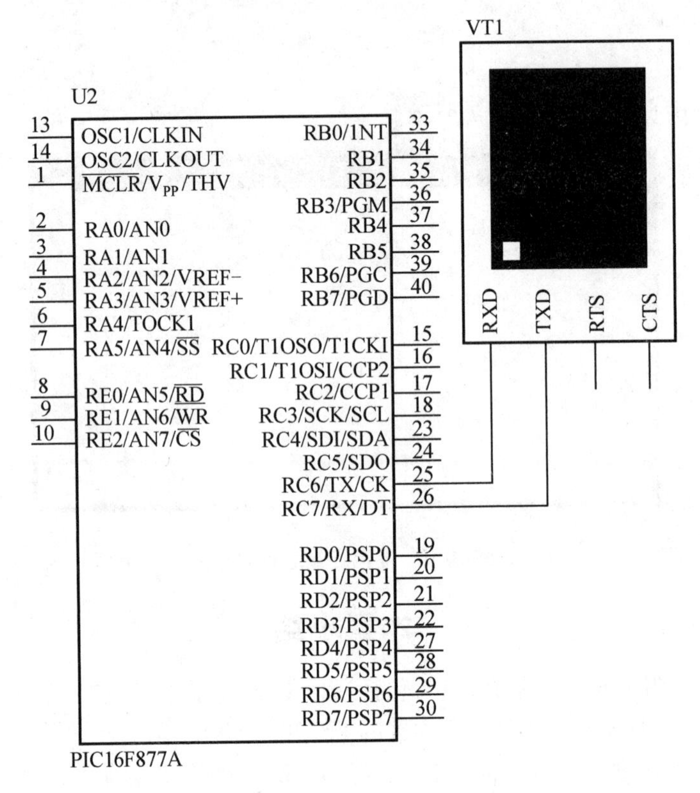

图 10.8　5 题、6 题图

附　录　HHT 实验板功能简介

本实验板是一线教师与实验教师经过多年实际教学和实践经验的总结而开发的一套适用于教学演示、上机实验、课程设计、毕业设计的多功能 PIC 单片机实验板。

本实验板采用模块化设计，通过跳线控制各独立功能模块能否工作，并对所有的 I/O 引脚进行了外接处理，方便对实验板进行扩展。实验板可以用 9 V 的直流电源进行稳压供电（正常工作电压为 5 V 或 3.3 V），通过总电源开关对实验板进行通电管理。

实验板包括基本模块电路和扩展模块电路两大部分：基本模块适用于教学演示、上机实验；扩展电路适用于学生的单片机课程设计、实训和毕业设计。

实验板基本模块电路配置包括：

（1）输出模块电路：蜂鸣器（用于发声控制实验）、8 个 LED 发光二极管（用于跑码灯控制实验）、6 个数码管（用于计数器、秒表等显示控制实验）；

（2）输入模块电路：4×4 矩阵式键盘（用于按键扫描实验或通过“RB 口电平变化中断”进行的按键识别实验）、一个外触发中断按键（用于“INT 外触发中断”实验）；

（3）USART 串行通信接口、两种 ICSP 接口（RJ11 的 ICD 接口和单排六针的 PICKit2 接口）；

（4）一路电位器输入（用于 PIC 内置 A/D 转换实验）、一路 8 位 D/A 转换输出，采用 DAC0832 实现。

实验板扩展模块电路配置包括：

（1）继电器开、关控制电路；

（2）LCD1602 字符液晶显示控制电路与 LCD12864 图形液晶显示电路；

（3）8×8 点阵显示控制电路；

（4）实验板上设计有一个步进电机和两个直流电机，其中步进电机的驱动突破常规的 L298N 模块驱动，采用了两个 SN75452BP 作为步进电机的驱动；

（5）EEPROM（24C01 或 24C02）扩展电路；

（6）SPI 扩展电路（74HC595 芯片）；

（7）PWM 输出电路；

（8）阻断式红外感应电路（发射与接收对管）；

（9）SHT10 温、湿度采集电路。

实验板附带一张光盘，其中包括电路板原理图、实验讲义、每个模块的实验源程序（包括 C 语言与汇编语言，均已调试通过）。

本实验板还提供未焊接的 PCB 裸板和分离元件，便于学生进行焊接实习。

若有需要，请与黑龙江东方学院韩洪涛老师联系：

E-mail：hht99@ eyou. com

联系电话：13503619967

参考文献

[1]张明峰. PIC 单片机入门与实战[M]. 北京:北京航空航天大学出版社,2004.
[2]刘和平. PIC 单片机原理及应用 [M]. 重庆:重庆大学出版社,2002.
[3]李荣正. PIC 单片机原理及应用[M]. 2 版. 北京:北京航空航天大学出版社,2005.
[4]张毅刚. 新编 MCS-51 单片机应用设计[M]. 3 版. 哈尔滨:哈尔滨工业大学出版社,2008.
[5]赵化启,闫广明,孙小君. 零基础学 PIC 单片机[M]. 北京:机械工业出版社,2010.
[6]闫广明,张波,孙小君. 零点起步:PIC 单片机常用模块与典型实例 [M]. 北京:机械工业出版社,2011.
[7]林锐,韩永泉. 高质量程序设计指南——C++/C 语言[M]. 北京:电子工业出版社,2007.
[8]谭浩强. C 程序设计[M]. 3 版. 北京:清华大学出版社,2005.
[9]STEVE MAGUIRE. 编程精粹——Microsoft 编写优质无错 C 程序秘诀[M]. 姜静波,译. 北京:电子工业出版社,2002.
[10]ANDREW KOENIG. C 陷阱与缺陷[M]. 2 版. 高巍,译. 北京:人民邮电出版社,2008.